（a）普通图像

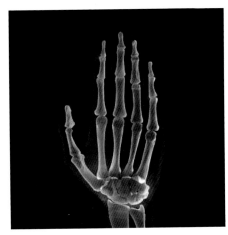

（b）X光图像

（c）气温图像

（d）遥感图像

图 1.4　各种图像

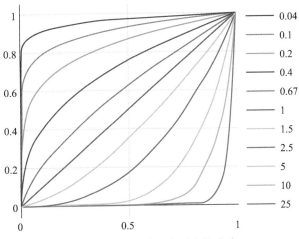

图 4.3　不同 γ 值的伽马变换曲线

（a）γ=1（原图）　　　　　　　　（b）γ=2　　　　　　　　　（c）γ=0.3

图 4.4　不同 γ 值的图像变换结果

（a）space=20　　　　　　　　　　　　（b）space=50

图 5.12　不同间隔的 SLIC 算法聚类结果

图 7.5　色彩抖动变换

（a）原始图像　　（b）角度　　（c）平移　　（d）缩放　　（e）剪切　　（f）复合变换

图 7.7　随机仿射变换

（a）原始图像

（b）随机透视变换1

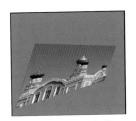

（c）随机透视变换2

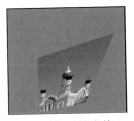

（d）随机透视变换3

（e）随机透视变换4

图 7.8　随机透视变换

（a）原始图像

（b）$k=7$，sigma=3

（c）$k=9$，sigma=5

（d）$k=11$，sigma=7

（e）$k=13$，sigma=9

图 7.9　高斯模糊变换

（a）原始图像　　　（b）bits=5　　　（c）bits=3　　　（d）bits=2　　　（e）bits=1

图 7.10　随机色调分离变换

图 7.11 随机擦除变换

（a）原始图像

（b）语义分割结果

（c）实例分割结果

图 9.1 图像分割

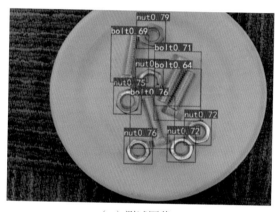

（a）测试图像 1

（b）测试图像 2

（c）测试图像 3

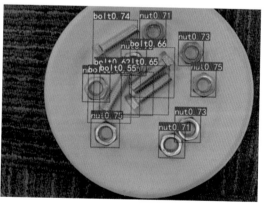

（d）测试图像 4

图 10.11 模型的预测结果

计算机视觉之
PyTorch数字图像处理

侯 伟◎编著

清华大学出版社

北 京

内 容 简 介

本书以数字图像处理为主题，在详细介绍数字图像处理主流算法的基础上，配合丰富的实战案例，用 PyTorch 深度学习框架对相关算法进行应用实践。本书一方面从张量的维度对经典数字图像处理算法进行详细的介绍，另一方面从深度学习的维度对图像分类、图像分割和图像检测进行细致的讲解，从而帮助读者较为系统地掌握数字图像处理的相关理论知识和实际应用。

本书分为 3 篇，共 11 章。第 1 篇图像处理基础知识，包括计算机视觉与数字图像概述、搭建开发环境和 Python 编程基础；第 2 篇基于经典方法的图像处理，包括图像处理基础知识、图像的基础特征、自动梯度与神经网络、数据准备与图像预处理；第 3 篇基于深度学习的图像处理，包括图像分类、图像分割、目标检测和模型部署。

本书内容丰富，讲解由浅入深、案例丰富、实用性强，特别适合数字图像处理的入门与进阶人员阅读，也适合数字图像处理的从业人员与研究人员阅读，还可作为高等院校数字图像处理相关课程的教材。

图书在版编目（CIP）数据

计算机视觉之 PyTorch 数字图像处理 / 侯伟编著.

北京：清华大学出版社，2024. 9. -- ISBN 978-7-302
-67198-5

Ⅰ. TN911.73

中国国家版本馆 CIP 数据核字第 2024ZU9742 号

责任编辑：王中英
封面设计：欧振旭
责任校对：徐俊伟
责任印制：沈　露

出版发行：清华大学出版社
　　　网　　　址：https://www.tup.com.cn，https://www.wqxuetang.com
　　　地　　　址：北京清华大学学研大厦 A 座　　　邮　　编：100084
　　　社 总 机：010-83470000　　　邮　　购：010-62786544
　　　投稿与读者服务：010-62776969，c-service@tup.tsinghua.edu.cn
　　　质量反馈：010-62772015，zhiliang@tup.tsinghua.edu.cn
印 装 者：河北鹏润印刷有限公司
经　　销：全国新华书店
开　　本：185mm×260mm　　　印　　张：16.75　　　插　页：2　　字　　数：428 千字
版　　次：2024 年 9 月第 1 版　　　　　　　　　　　　印　　次：2024 年 9 月第 1 次印刷
定　　价：79.80 元

产品编号：107700-01

数字图像处理是计算机视觉领域的主要应用场景之一。近年来随着人工智能技术的进一步发展，数字图像处理技术得到了快速发展。特别是以深度学习为主的图像处理已经达到或接近人类视觉的识别水平，解决了长期以来图像处理的各种难题。

PyTorch 是一款流行的深度学习框架，它以 Python 作为编程语言，以张量运算为中心集成了深度学习的各种算子，能够方便、快捷地构造复杂的深度学习模型，已经成为数字图像处理的重要工具之一。PyTorch 框架的优点众多，即可以将其作为高效的张量计算模块，轻松地实现经典的数字图像处理算法，并最大限度地利用 CUDA 等硬件资源加速模型的训练和部署，又可以利用其自动梯度和动态图机制构造复杂的深度学习模型，从而解决高级图像处理的各种问题。当前，PyTorch 在学术界和工业界得到了广泛的使用，已经成为学习数字图像处理的必学工具。熟练使用 PyTorch 进行数字图像处理已经成为图像处理和计算机视觉等相关岗位的必要条件。

目前，虽然图书市场上已有多本计算机视觉方面的图书，其中不乏传统数字图像处理方法的图书，但是尚缺少系统介绍 PyTorch 数字图像处理的图书。于是笔者编写了本书，希望能对想系统学习 PyTorch 数字图像处理技术的相关人员有所帮助。

本书特色

❑ **内容丰富**：不但介绍 PyTorch 的基础知识和数字图像处理的相关理论，而且从张量的维度详解经典数字图像处理算法，并从深度学习的维度详解图像分类、图像分割和图像检测三大核心任务。

❑ **学习门槛低**：从计算机视觉和数字图像的基本概念开始讲解，继而介绍开发环境的搭建、Python 基础知识和 PyTorch 基础知识等，不需要读者有太多基础知识即可快速入门。

❑ **理论结合实践**：不但对数字图像处理的主流算法理论进行系统讲解，而且在此基础上结合丰富的实战案例，用 PyTorch 深度学习框架进行应用实践。

❑ **图文并茂**：结合多幅示意图讲解相关知识点，让抽象的知识变得更加直观和易于理解，从而帮助读者高效学习。

❑ **实用性强**：结合大量真实的图像处理案例进行讲解，读者只需要对书中的案例源代码进行少量的改动，即可将其应用于自己的图像处理工作中。

❑ **配套资源丰富**：提供高清教学视频、程序源代码和教学 PPT 等配套资源，便于读者高效、直观地学习，从而取得更好的学习效果。

本书内容

第 1 篇 图像处理基础知识

第 1 章计算机视觉与数字图像概述，主要介绍计算机视觉与数字图像的概念，以及数字图像的存储和处理，并简单介绍 PyTorch 框架在图像处理中的应用。

第 2 章搭建开发环境，首先简单介绍 Python 和 CUDA 的相关知识，然后详细介绍 Python 第三方库、PyTorch 框架、可视化工具 Visdom 和集成开发环境 Spyder 的安装方法。

第 3 章 Python 编程基础，主要介绍 Python 语法基础知识、PyTorch 张量运算基础知识和 Visdom 图表绘制基础知识。

第 2 篇 基于经典方法的图像处理

第 4 章图像处理基础知识，主要介绍图像与张量的互操作、图像的点运算、图像的邻域运算和图像的全局运算等相关知识。

第 5 章图像的基础特征，主要介绍图像的特征点、线特征和面特征等相关知识。

第 6 章自动梯度与神经网络，主要介绍自动梯度、模块、激活函数、损失函数、优化器和全连接神经网络等相关知识。

第 7 章数据准备与图像预处理，首先对 Torchvision 库进行简单介绍，然后对构建数据集、数据变换与增强进行详细的介绍。

第 3 篇 基于深度学习的图像处理

第 8 章图像分类，首先介绍图像分类的任务与预训练模型的使用，然后介绍 VGGNet 和 ResNet 两个经典的卷积神经网络模型，接着介绍卷积神经网络的训练与评估，最后简单介绍迁移学习的相关知识。

第 9 章图像分割，首先简单介绍图像分割的概念和卷积神经网络在该领域的进展情况，然后详细介绍分割数据集、FCN 分割模型、UNet 分割模型、分割网络的训练与评估等相关知识，最后进行分割网络实践。

第 10 章目标检测，首先简单介绍目标检测的概念和卷积神经网络在该领域的进展情况，然后详细介绍预训练网络的使用、FCOS 模型及其训练、YOLOv5 模型及其训练等相关知识。

第 11 章模型部署，首先简单介绍模型部署的特点，然后详细介绍如何使用 LibTorch、ONNX、OpenCV 和 OpenVINO 部署模型等相关知识。

读者对象

- ❑ 数字图像处理入门人员；
- ❑ 数字图像处理从业人员；
- ❑ 数字图像处理研究人员；
- ❑ 数字图像处理技术爱好者；

- ❏ 计算机视觉研究人员和爱好者；
- ❏ 高等院校相关专业的学生和老师；
- ❏ 社会培训机构的学员。

配套资源获取

本书提供的教学视频、程序源代码和教学 PPT 等配套资源有两种获取方式：一是关注微信公众号"方大卓越"，回复数字"28"获取下载链接；二是在清华大学出版社网站（www.tup.com.cn）上搜索到本书，然后在本书页面上找到"资源下载"栏目，单击"网络资源"或"课件下载"按钮进行下载。

售后支持

由于笔者水平所限，书中可能还存在疏漏与不足之处，恳请广大读者批评与指正。读者在阅读本书的过程中若有疑问，可发电子邮件到 bookservice2008@163.com 获得帮助。

侯伟

2024 年 7 月

目录

第1篇　图像处理基础知识

第 2 篇　基于经典方法的图像处理

第 3 篇　基于深度学习的图像处理

第1篇
图像处理基础知识

第 1 章　计算机视觉与数字图像概述

与周围环境不断地交互是人类生存的基础，其中，对环境的感知是交互的前提。嗅觉、触觉、听觉、味觉和视觉等感知手段是人类获取环境信息的主要途径。大量的研究表明，在以上几种感知中，视觉获取的信息占人类感知获取信息量的 75%以上。眼睛是负责获取视觉信息的重要器官，光信号在视网膜上被转化为视觉信号，神经元再将视觉信号传入大脑。为了加工和分析大量的视觉信息，大脑中的一些特定区域可以迅速地处理这些视觉信息。

借助眼睛和大脑，人类能很自然、轻松地完成许多图像处理和分析任务。例如，人们只需要用眼睛一瞥，就能辨认出物品的类别，分辨人的性别，从人群中找到熟悉的人，甚至可以根据人的背影和姿态辨认出特定的人等。这种视觉能力每时每刻都在自觉运转，不需要进行特别的思考，十分自然。

当利用照（摄）相机和计算机模拟人的这种视觉能力时会发现，人与生俱来的视觉感知和理解能力并不是那么容易被模仿和实现的，甚至是极难被模仿和实现的。想要让机器获得与人相近的视觉能力，对瞬时视觉所成图像的研究是一个不错的开端，于是就诞生了一门专门研究如何处理图像的学科——图像处理。

早期，人们一般通过胶卷将瞬间的视觉信息记录为图像，在进行图像处理时使用各种化学或物理方法，或者直接用人工进行分析以获取图像的相关信息。随着半导体技术的发展，图像的获取和处理开始向数字化方向转变。CCD 和 CMOS 成为使用最广泛的图像感光元件，其通过光电效应将光信号转化为电信号，随后将电信号进行量化和编码等，从而以数字的形式记录光的强度和颜色，并以数字图像的形式存储成像信息。

由于计算机对数值的处理速度远快于人类，因此通过设计数值计算的方法可以模仿人进行图像信息的提取。这种通过对数字图像进行计算得到新图像的过程，或者提取具有语义信息的过程称为数字图像处理。数字图像处理的研究内容是根据特定任务设计图像信息提取的方法。

本章主要介绍计算机视觉与数字图像处理的相关概念和基础知识，并简述数字图像处理的相关内容，最后介绍使用 PyTorch 作为数字图像处理工具的优势。本章的要点如下：

- □ 人类视觉与计算机视觉：简要介绍人类视觉的基本原理与计算机视觉的研究内容等。
- □ 数字图像的简介及其类型：介绍数字图像的简介，以及数字图像与传统图像的显著区别（抽样和量化），并介绍数字图像的不同类型。
- □ 数字图像的存储：介绍常用图像文件的格式及其特点，让读者具备选择图像适用格式的能力。
- □ 数字图像的处理：介绍数字图像处理涉及的相关内容和要点。
- □ PyTorch 框架与图像处理：介绍 PyTorch 框架及其在数字图像处理方面的优势。

1.1　计算机视觉简介

计算机视觉的目的就是让计算机具备人类视觉的功能,从而完成颜色感知、物体识别、距离估计等任务,使计算机能够从图像、视频等视觉感知中获取有意义的信息。

1.1.1　人类视觉简介

人类视觉作为我们感知世界的主要方式之一,其复杂性远超过我们认识和理解的范围。它并非是一个简单的视觉信息接收过程,而是一个涉及感知和认知两个层次的复杂系统。在人类视觉系统中,视觉感知的主要功能是完成高质量视觉信息的获取,而视觉认知的主要功能是视觉信息的理解。

视觉感知作为人类视觉系统的第一个阶段,对它的科学认识最早出现在战国时期墨子研究光线沿直线传播时发现的小孔成像现象。小孔成像的原理是当环境中沿直线传播的光线经过一个小孔时会在另一侧形成一个倒立的像。例如,当光从不透明门上的小孔射进来时,它会在对面的墙上形成一个外面景物的倒像。虽然这个倒像并不完全清晰,有一些模糊和失真,但却是对视觉感知的重要认识。

在小孔成像中,当孔太小时穿过的光线少,成像虽然清晰但是比较暗淡,而当孔太大时穿过的光线多,成像虽然明亮但是比较模糊。凸透镜成像规律的发现和凸透镜的发明成功地解决了以上所述的小孔成像问题,将凸透镜放置在小孔的位置,用凸透镜替代小孔,即可起到增大小孔获得更多光线的同时保证成像清晰的作用。

利用凸透镜成像原理发明的暗箱为记录视觉感知提供了一种简单却有效的方法。图 1.1 展示了画家利用暗箱将凸透镜在墙面上所成的图像记录下来形成画作的过程。为了能够让画家进入暗箱,暗箱就要做得很大,这就使得暗箱难于搬运,而且在作画时暗箱内封闭且昏暗。借助光学知识,人们对进暗箱进行了改进,从而发明了明箱,使得画家无须进入暗箱作画。这种直接使用画家记录图像的方法虽然有效,但是十分低效。

图 1.1　利用暗箱记录图像

感光物质是一种在光线的作用下能够发生光化学反应的物质。19 世纪，欧洲人发现并改进了感光物质，利用感光物质取代画家记录图像，极大地提升了记录图像的效率。1878年，乔治·伊斯曼发明了一种涂有一层干明胶的胶片，1886 年他又研制出了卷式感光胶卷。感光胶卷就是将感光物质涂敷在塑料上用于记录图像。有了胶卷后，就能够方便地获取和记录图像了。获取和记录图像的装置称为相机，如图 1.2 所示。使用胶卷记录图像还需要经过一个冲洗步骤后才能得到存储图像的相片。此外，将连续记录的胶卷使用强光投影后，就可以形成连续的影像，早期的电影就是这样拍摄和播放的。

（a）胶卷　　　　　　　　　　　　　　　（b）相机

图 1.2　胶卷和相机

由解剖学和生理学对人体视觉系统的研究表明，人类的视觉感知过程与上述利用相机成像的原理几乎完全一致，相机和人眼的结构如图 1.3 所示。瞳孔相当于小孔或者相机上的光圈，能够调节进入眼睛的光线的多少，当处于较暗的环境时，瞳孔会变大从而增加进光量；当处于较亮的环境时，瞳孔会变小从而减少进光量。角膜、晶状体和玻璃体等起到凸透镜的作用，对进入眼睛的光线进行调整，保证在视网膜上的成像明亮、清晰，当这些器官出现病变，光线调节能力减弱时，就会出现成像模糊使人患上近视或远视等疾病，此时就需要通过眼镜进行光线调节。视网膜相当于成像平面，其上分布有许多的视杆细胞和视锥细胞，视杆细胞只能感知光线的强弱，而视锥细胞可分为进行红、绿和蓝 3 种颜色感知的 L 长波视锥细胞、M 中波视锥细胞和 S 短波视锥细胞 3 类。投影在视网膜上的光线经过视杆细胞和视锥细胞转换后变成神经冲动由视神经发送至大脑，至此完成人类视觉的感知功能。

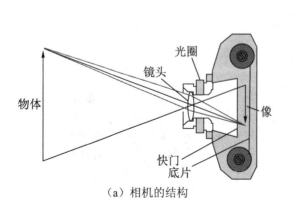

（a）相机的结构　　　　　　　　　　（b）人眼结构

图 1.3　相机和人眼的结构

视觉认知涉及对视觉信息的解释、理解和推理，主要由大脑皮层中负责视觉信息认知的区域完成，是一个高级的认知过程。大脑会利用已有的知识和经验，对视觉感知到的信息进行深入的加工和分析。例如，当看到一张人脸时，视觉认知系统不仅能够识别出这是一张人脸，还能进一步分辨出这张脸的性别、年龄和表情等特征，甚至可能触发与这张脸相关的记忆和情感反应。

相较于成熟的视觉感知研究，视觉认知与大脑功能密切相关，而人们对大脑的科学研究也不过百余年的时间，认识还十分初级，因此对于视觉认知的研究还不成熟，只能揭示大脑处理视觉信息的冰山一角。根据当前的研究，大脑对视觉认知遵循以下 3 个原则。

- 分布式：脑部的不同区域具有不同的视觉认知功能，如进行物体朝向、运动方向、相对深度、颜色和形状信息等的认知。
- 层级加工：脑部存在初、中、高级区域构成的信息加工通路，初级区域分辨亮度、对比度、颜色、单个物体的朝向和运动方向等，中级区域判别多个物体间的运动关系、场景中物体的空间布局和表面特征、前景和背景等，高级区域则可对复杂环境中的物体进行识别，并借助其他感知和感觉信息排除影响视觉认知稳定性的干扰因素，以及引导身体不同部位与环境进行交互等。
- 网络化过程：脑部视觉信息处理的各个功能区之间存在广泛的交互连接，实现信息的双向流动，类似于下级向上级汇报、上级给下级指令和同事间的相互协调等。

视觉认知的重要性在于使人们能够超越简单的视觉感知，深入了解事物的本质和意义。通过理解和解释视觉信息，帮助人们建立起对世界的丰富认知，进而指导行为和决策。

在人类视觉中，视觉感知和视觉认知并非孤立存在，而是相互交织、相互影响的。感知为认知提供了必要的信息基础，而认知则对感知到的信息进行进一步的加工和提炼。这种紧密的合作关系使得人类视觉系统成为一个高效、灵活的信息处理系统，二者共同构成了人们认识和理解世界的重要途径。

1.1.2　计算机视觉简介

借助半导体技术，人类视觉得以数字化，从而可被计算机所感知和分析。在视觉感知方面，CCD（电荷耦合器件）和 CMOS（互补金属氧化物半导体）将表示图像的光信号转变为电信号，使得其能够被计算机存储和使用。借助这些传感器在一定程度上使得计算机在视觉感知方面已经能够达到或超过人类视觉感知的极限。而对于使用计算机来实现人脑的视觉认知功能，在经过早期乐观的尝试后发现这并不是一个容易解决的问题，而是一个十分具有挑战性的问题。一方面在于对人脑进行视觉认知的原理还没有完全搞清楚，另一方面在于计算机的结构与人脑的结构完全不同，很难直接将人类视觉认知过程直接转换或翻译为计算机所执行的程序。因此，为了能够使计算机具备人类视觉认知的能力，就出现了计算机视觉这一专门的研究邻域。

让计算机直接实现人类视觉认知的所有功能是不现实的。计算机视觉研究将人类视觉的功能进行了拆分，针对视觉的主要问题分别进行研究，从而降低研究的难度，提升研究的效率。目前计算机视觉研究的主要内容如下：

- 图像处理：计算机视觉的基础，包括图像的获取、预处理、增强和压缩等技术。图像处理的主要目标是使图像更清晰、更易于分析和识别等。

- ❑ 特征提取与描述：特征提取是指从图像中提取出具有代表性的特征，用于描述和区分不同的图像。常用的特征包括角点、边缘和纹理等。特征描述是将提取到的特征用数字或向量进行描述，以便计算机进行识别和分类。

- ❑ 图像分类、图像分割和目标检测：图像分类是指将图像内部所包含的对象分为不同的类别，常用于图像检索、自动标注等应用。图像分割是将图像分割成不同的区域或物体，以便进一步分析和处理。常用的图像分割方法包括阈值分割、边缘检测和区域生长等。目标检测是指在图像中定位和识别特定的对象，如人脸、车辆和动物等。

- ❑ 三维重建与立体视觉：三维重建是指从多幅图像中恢复出物体的三维结构和形状，从而生成三维场景。立体视觉是指通过多个视角的图像来获取物体的深度信息，以实现立体感觉。三维重建和立体视觉在人类视觉的距离估计和测量中起到了重要的作用。

- ❑ 视频分析：旨在通过对视频序列中的帧进行处理和分析，从而实现对视频内容的理解、识别和提取。视频分析通常涉及目标检测和跟踪、行为分析、动作识别等任务。视频分析可以看作加入了时间维度的视觉任务。

在将视觉任务分为上述类别后，形成了对计算机视觉研究的专门领域。经过几十年的发展，计算机视觉研究出现了许多优秀的方法，主要包括以下几种：

- ❑ 传统方法：传统的计算机视觉方法主要基于经典的图像处理技术，包括边缘检测、角点检测、纹理分析和形状描述等。传统方法通常需要手动设计特征提取和分类算法，对图像的质量和环境的变化敏感，泛化性较差，只在较理想的条件下能够取得好的效果。传统方法包含对视觉认知的观点，对于其他方法具有非常大的启发意义。

- ❑ 机器学习方法：一种通过数据自动学习其模式和规律的方法，可用于多样化的数据分析任务。在计算机视觉中，机器学习常用于图像分类、目标检测和图像分割等任务。常见的机器学习方法包括贝叶斯分类器、支持向量机（SVM）、决策树和随机森林等。机器学习方法在应用于计算机视觉时通常需要与图像处理方法相结合，才能取得相对满意的效果。

- ❑ 深度学习方法：一种基于神经网络的机器学习方法，通过多层神经网络学习图像的高级特征和表示。当前深度学习在计算机视觉领域取得了巨大的成功，如卷积神经网络（CNN）的应用已经成为图像分类、目标检测和图像分割等的主流方法，取得了接近人类视觉认知的水平。

- ❑ 多视图几何方法：一种通过多个视角的图像获取物体的三维结构和形状的方法，常用于三维重建、立体视觉等任务。多视图几何方法主要依赖于数学建模，涉及大量的线性代数和最优化等知识，具有较严密的理论性。

- ❑ 融合方法：融合不同方法和技术，可以提高计算机视觉系统的整体性能和健壮性。例如，将传统方法和深度学习方法结合，可以充分利用二者的优势；将深度学习方法与多视图几何结合，出现了 NeRF（神经辐射场）、Gaussian Splatting（高斯泼溅）等新型的三维重建方法。

在众多的计算机视觉研究内容和方法中，图像处理是计算机视觉最基础的部分，对视觉感知和视觉认知起到承上启下的作用。一方面，图像处理作为视觉感知的末端，要通过一系列操作保证感知到的图像要清晰、明亮；另一方面，图像处理作为视觉认知的起始，要根据视觉任务进行必要的图像增强、变换和特征提取等操作，使得图像易于分析和识别。

图像处理作为计算机视觉发展历史最悠久的研究内容，其间出现了许多优秀的经典方法，认识和理解这些经典的处理方法对于学习和使用更高级的计算机视觉方法具有助益。在本书的开篇先针对计算视觉的基础——图像处理进行介绍，并结合近十年发展起来的深度学习方法及相关工具，以现代视角介绍和实现经典的图像处理方法，并针对深度学习方法在图像分类、图像分割和目标检测三大应用场景的应用进行实践，从而为更深入地理解计算视觉的进阶内容构建坚实的基础。

1.2　数字图像简介

本节首先介绍图像的基本概念，理解图像的概念是学习图像处理的基础。在此基础上重点介绍数字图像的相关概念和基础知识，并阐述根据不同的数据类型可以将数字图像划分为哪几种类型。

1.2.1　图像的概念

可以说，环境中的物体发射或反射的光在眼睛中的成像是对图像最直观的解释。通过研究发现，人的眼睛只能对 $400\sim780$nm 波长的可见光进行响应，这个波长范围的光可以在人的视网膜上生成彩色图像。通过对人眼仿生和小孔成像促成了照相技术的发明，最早的胶片就是利用光化学反应，使得不同强度和波长（频率）的光在底片上产生不同程度的化学反应，从而产生黑白或彩色图像。

从成像的局部来看，图像上的每个位置都与空间中特定位置的光强度相关。光的强度高，亮度就高，光的强度低，亮度就低。将可见光成像的这个规律进行类比，就可以得到更为广义的图像的概念：在某个区域，将某个或多个特征在这个区域的度量结果投影到指定平面上，并将投影后的结果映射到可见光的范围后成为人类视觉能够感受的形式。

图 1.4 展示的一些图像都符合广义图像的定义：图（a）是普通的图像（满州里的俄罗斯艺术博物馆），人类视觉的感受与图像的表达一致；图（b）是使用 X 光的成像，先测量区域的 X 光的强度，再将 X 光的强度映射为图像的亮度进行成像；图（c）是某地区的气温分布图，获取该地区的所有气象站的温度数据并通过插值技术计算出该地区每个位置的气温值，然后将气温值与颜色建立映射，从而在图像上直观地表示气温的高低；图（d）是一张卫星拍摄的遥感影像，将不同波段（色彩）组合成为假彩色图像，在合成的假彩色图像中植被显示为红色。

图像是以二维的形式展开在平面上的。这样就可以利用直角坐标系对图像上的具体位置进行定位，从而进行局部图像的描述。图像使用的坐标系与数学中常用的直角坐标系在坐标轴的选择和方向上有所区别。

图像坐标系的原点放置于图像的左上角，其 x 轴与直角坐标系的 x 轴方向相同，图像的 x 坐标为正实数，y 轴与直角坐标系 y 轴方向相反，这样图像的 y 坐标也为正实数。图 1.5 为图像坐标系，它以图像坐标展示了图像上指定的一个点。通过建立的图像坐标系，图像上的点就与一对有序的正实数建立了一一映射的关系。这样的一一映射关系可以用函数来表示，公式如下：

$$T = f(x, y)$$
$$I = g(T) \quad 0 \leqslant x < w, 0 \leqslant y < h$$

（a）普通图像

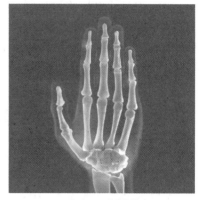

（b）X 光图像

（c）气温图像

（d）遥感图像

图 1.4　各种图像

其中，$f(x, y)$是对位置(x, y)处某个特征的测量函数，T是测量结果，$g(T)$是将测量结果映射为某个特征的颜色或亮度，w、h 表示图像的范围，一般称为图像的宽（Width）和高（Height）。上述公式的含义是通过对一定区域的每个位置进行测量，将测量值映射到灰度值（颜色）后，就可以形成一幅图像。

　　在实际环境中，空间是连续的，因此空间所形成的图像也应该是连续的，即图像上点的坐标(x, y)值是连续的。此外，图像上某个点(x, y)处的特征的测量值也可能是连续的。因此对于空间的连续和测量值的连续，在实际处理中难以用计算机进行处理，因为计算

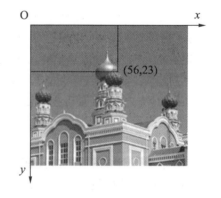

图 1.5　图像的坐标系和点的坐标

机擅长处理离散的范围和离散的数值。因此，在使用计算机处理图像之前，需要通过适当的方法将连续的模拟量转化为数字量，其中，对模拟量进行采样和量化是最常用的离散化方法。通过对图像进行离散化之后，它就转变成为数字图像。

注意：关于连续到离散的采样方法和过程，可以参考信号处理的相关知识，图像离散化的过程也称为栅格化。

1.2.2 数字图像的概念

在 1.1.1 小节的图像函数 $f(x, y)$ 中，如果 x 和 y 的值只能取整数，同时对 (x, y) 的测量值 T 也进行离散化并利用转换函数 G 转换为整数灰度值，那么整个图像就会被离散化、数字化，从而形成由数字组成的数组（矩阵）。由于这个数字数组（矩阵）表示图像的所有信息，所以可以将其称为数字图像。

图 1.6 为数字图像在计算机中的矩阵表示。右图中的每个方格表示离散化的图像空间，可以根据定义的坐标系得到每个方格的坐标对。坐标对是一对整数 (x, y)，每个方格内的灰度值也是离散化的数值。通常把离散化之后的每个方格称为像素，每个像素的值称为像素值或像素灰度值。这样像素就成为数字图像最基本和最小的单元，像素的变化就能引起图像的变化，即对象素的处理就是对图像的处理。

注意：图像的像素一般划分成矩形，通常是正方形，但也可以是三角形、六边形等。

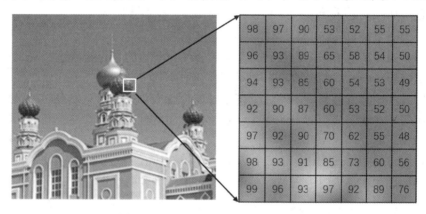

图 1.6 数字图像的表示

在理想情况下，图像的像素应该是一个没有宽度和长度的点，但实际上每个像素都具有一定的长和宽，覆盖一定的区域。通常，一个像素表示实际区域的大小，可以称之为分辨率，像素的长和宽一般具有相同的分辨率。像素值就是像素所在小块区域灰度的平均值。同一幅图像如果采样间隔小，则像素多，反映的细节就越丰富；反之，如果采样间隔稀疏，则像素少，反映的细节就越简单。

图 1.7 展示了相同的图像在不同分辨率下的效果，左侧的分辨率高，每个像素表示的区域小，图像细节的显示就充分；右侧的分辨率低，像素表示的区域大，图像缺乏细节。一般来说，图像的分辨率越高越好，但具体问题要具体分析，图像的分辨率并不是越高越好，高的分辨率会增加存储和计算负担等，因此选择合适的分辨率即可。

通过对图像空间和光的强度进行采样并离散化，然后将测量值映射到相应的亮度或色彩上，一幅图像就转变为数字图像。在图像坐标系中，数字图像可以表示为数组（矩阵），并用计算机中的数组类型进行存储。数组中的元素对应数字图像的像素，对数组的改变或对数组内部元素的改变，都会使该数组所对应的数字图像发生变化。由于数组元素的取值范围（类型）直接影响图像的呈现效果，因此可以根据图像像素的取值范围将数字图像分为不同的类型。

图 1.7　像素与图像的分辨率

1.2.3　数字图像的类型

数字图像的类型是根据图像像素在量化过程中像素值的量化级别进行确定的。不同的量化级别，既会影响图像的最终显示效果，也会影响数字图像最终的存储空间。量化级别越高，则图像在明暗或色彩上的变化就越丰富，也就需要更多的存储空间；反之，量化级别越低，则图像在明暗或色彩上的变化就越单调，同时就越节省存储空间。

与像素的空间分辨率相似，在实际的图像处理中，选择最适宜的量化级别即可。在数字图像的使用过程中，通常使用的量化级别有 1bit、2bit、4bit、8bit、24bit、32bit 等。不同量化级别的图像在显示时通常以二值图像、灰度图像和彩色图像三种类型进行显示。

1. 二值图像

二值图像是像素值只能取两个数值的图像，通常使用 0 和 1 表示这两个数值。在像素值到颜色的映射上，0 通常表示映射为黑色，1 通常表示映射为白色。二值图像一般用来描述字符图像，其优点是占用空间少，缺点是当表现人物和风景图像时，它只能展示其边缘或团块信息，图像内部的纹理特征表现不明显，如图 1.8（a）所示。同时，现在广泛使用的二维码和条型码也属于二值图像的应用。

此外，二值图像还用于图像分割，用 0 和 1 表示背景和目标两种不同的类型，得到的分割结果往往就表示二值图像。在二值图像中，由于像素只有两个值，在理想情况下可以用 1bit（比特）表示一个像素，整个图像占用的存储空间极少，适合在存储空间有限的条件下使用。

2. 灰度图像

当图像中的像素值可以取多个时，就能够表示除了黑和白两色外，介于二者之间的灰色。例如，用 2bit 可以表示 4 种灰度，3bit 可以表示 8 种灰度，4bit 可以表示 16 种灰度。

通常，计算机使用的最小单位是字节，1 个字节是 8bit，也就是可以表示 256 级灰度。

就人眼来说，能进行区分的灰度通常有几十种，随着灰度级的增加，人眼就不能够再进行区分了。因此，使用 1byte（字节）进行灰度值的存储，既能够满足存储的便利性需求，也能够满足人眼的视觉感受。灰度图像通常以黑白图像的形式展示，如图 1.8 所示，有时候也将不同的灰度值映射到其他颜色上而使用假彩色的方式进行显示。

（a）二值图像　　　　　　　　　　　　　　（b）灰度图像

图 1.8　二值图像与灰度图像

3. 彩色图像

视觉感受到的环境通常是彩色的。从物理上来看，彩色的产生是不同强度、不同波长的光进行组合后呈现出来的视觉效果。通常可以将任意一种颜色分解为红、绿、蓝（R、G、B）三种原色进行表示，通过调整三原色的不同强度和比例，从而形成五颜六色、丰富多色的颜色。

在二值图像和灰度图像中，在某个像素处只有一个值，即表示亮度（强度）。在彩色图像中，由于每种颜色被分解为红、绿、蓝三种颜色，所以每个像素就有红、绿、蓝三个值，分别表示三种颜色的强度。这样在彩色图像中，任意一个像素就使用了一组数字来表示该像素的色彩。如果将红、绿、蓝按照颜色进行分割，就能得到三张与灰度图相似的图像，通常称其为 3 个通道（Channel），如图 1.9 所示。

图 1.9　彩色图像的 RGB 通道

相比于灰度图像可以用二维数组表示，彩色图像可以看作由多个大小相同的二维数组构成，只需要增加一个通道维度，就可以使用三维数组来表示。由于三个通道的取值都是

1byte，因此总共可以显示 16 777 216（256×256×256）种颜色，这远超人类对色彩的分辨数。彩色图像的每个通道都可以单独作为灰度图像，也可以交换三个通道，从而形成不同的色彩效果。这样，数字图像和数组就绑定在一起，建立了一种关系，从图像中能够得到一个数组。反过来，也可以将三维数组转换为图像，例如图 1.4 中的（b）、（c）和（d）即是先得到数组而再生成的图像。

并不是任何情况下都能够将一个三维数组转换为图像。每个通道的数组都要符合灰度图像的条件才可以转换，即每个通道都需要转换为相应的单字节的灰度图，再进行通道重建后才得以显示。这个过程可以用 1.1.1 小节中的图像公式函数 f 和 g 明确地表达，只是对三维数组的每个维度都需要确定相应的 f 和 g。

🔔注意：彩色图像可以用多种色彩空间进行表达，不仅仅是 R、G、B（红、绿、蓝）一　　　　种，后面章节会介绍其他常用的色彩空间，读者也可以参考相关的资料。

4．多通道图像

猫可以在夜间看见猎物，火场中的红外成像仪可以探查到幸存者。这说明除了可见光以外，其他频率的电磁波也能够被记录并显示。因此，对于一个物体，除了使用红、绿、蓝三个频率的电磁波进行记录外，还可以使用红外、远红外、X 光、雷达等其他频率的电磁波进行记录。每种测量方式都可以形成一个二维数组，不同的测量方式得到相应数量的二维数组，将它们像彩色图像一样进行叠加即形成多维数组，从而构成多通道图像。

如果图像多于 3 个通道，则没有办法使用常规的方法通过图像一次性显示出所有通道的信息。通常是选取其中的 3 个通道作为红、绿、蓝三个通道，然后将其映射到彩色空间进行展示。一般将原本不属于红、绿、蓝色彩的数组映射为红、绿、蓝色而形成的彩色图像称为假彩色图像。在遥感中通常使用多通道数据中的 3 个通道合成假彩色图像，植物在假彩色图像中呈现红色，这样可以方便地进行植被覆盖的调查。在先进的高光谱传感器中，一次可以获取数百个甚至上千个通道的数据，分析和研究这些高光谱数据的应用就更为复杂了。

🔔注意：多通道图像严格来说是不合适的，因为除了 3 个通道的数据之外，其他通道的　　　　数据通常是没有办法显示的，所以也就称不上是图像，其实称为多通道数据更　　　　合适。

1.3　数字图像的存储

将图像数字化后，形成的数字图像本质上就是数字矩阵。这些数字矩阵可以使用计算机中的数组类型在内存中进行存储和运算。如果想将内存中的数字图像进行持久化保存和分享，就需要将其以一定的文件格式转存到硬盘中，直接存储和传输表示图像的数组往往会引发错误且不高效。可以对图像进行编码和压缩并将其存储为相应的图像文件格式，然后进行存储和传输，这样不仅可以消除歧义，减小存储空间，而且可以提高传输效率，方便使用。

　　根据不同的编码和压缩方式，图像的存储形成了一系列常用的图像文件格式。这些图像文件格式除了规定编码和压缩后的图像数据外，还规定了一部分用于描述图像数据的元数据，如图像的尺寸、像素的类型、色彩的映射，以及拍摄图像的设备、拍摄时间、拍摄地点等说明信息，可以更好地描述图像。

　　🔍注意：图像的元数据是指与图像相关的描述信息，主要包括图像的尺寸、颜色模式等基本信息，以及曝光时间、光圈大小等拍摄信息和版权信息。针对图像的元数据出现了专门的元数据标准研究机构，这些机构制定了 Exif 和 XMP 等图像元数据标准。

　　对于同一幅数字图像来说，可以根据不同的需要将其保存为不同格式的图像文件。目前在一个名为 GDAL 的图像存取函数库（https://gdal.org/drivers/raster/index.html）中总共记录了 160 多种不同的图像文件格式。每种图像文件格式都是相关人员智慧的结晶，它们各有鲜明的特点和适合的场景，但过多的图像文件格式给图像的使用和处理带来了困难。

　　GDAL 函数库为不同图像文件格式提供了统一的图像数据访问接口，能够让不同格式之间相互操作，让图像使用者关注于图像数据本身，而不是困于不同图像格式之间的转换。在实际中，经常使用的图像格式有数种，了解这些常用的图像文件格式的特点，熟悉它们的适用条件，就可以解决大部分在图像处理中关于图像文件格式的问题。为了便于使用，表 1.1 列出了一些常用的图像文件格式说明。

表 1.1　常用的图像文件格式

格　　式	特　　点
BMP	由微软公司根据 Windows 操作系统推出的一种符合 Windows 标准的位图图像文件格式。该格式由于在存储过程中对图像数据不进行压缩，因此不会有图像数据失真的情况。该格式支持二值图像和灰度图像，支持 RGB 和索引颜色等色彩模式，还支持 1~32 位的格式，其中，4~8 位的图像使用无损的 RLE（行程长度编码）。该格式最大的缺点就是其对数据不进行压缩，因此需要占用较大的存储空间。因为该格式文件是无损的，如果不希望图像数据因存储而改变的话可以选择。该格式的图像文件名后缀是 .bmp
JPG/JPEG	由 ISO（国际标准化组织）和 IEC（国际电工委员会）共同支持的 Joint Photographic Experts Group（联合图像专家组）开发的一种压缩图像的算法，可以将压缩后的数据保存为专用的图像文件格式。JPG/JPEG 可以大幅度压缩位图，从而减小文件的大小，标准压缩后的文件只有原文件大小的十分之一，压缩率可达到 100∶1。JPG/JPEG 采用的是有损压缩，设置不同的压缩比，可以得到不同质量的图像。由于该格式压缩比较大，图像文件不适合放大观看或制成印刷品。虽然该格式压缩比较大，但是存储的文件较小，适于网络传输和存储，因此得到了广泛的应用。大部分便携式设备所拍的图像就默认保存为此格式。压缩比的设置需要进行图像文件大小和图像质量之间的权衡。该格式的图像文件名后缀是 .jpg
PNG	PNG（Portable Network Graphic Format）是 20 世纪 90 年代中期开发的图像文件存储格式，并成为 W3C 的建议标准，是一种采用无损压缩算法的位图格式。其目的是替代 BMP 和 TIFF 文件格式，同时增加更多的元数据描述方法。PNG 用来存储灰度图像时，灰度图像的深度多达 16 位，存储彩色图像时，彩色图像的深度多达 48 位，并且还可存储多达 16 位的 Alpah 通道（透明）数据。PNG 使用从 LZ77 派生的无损数据压缩算法。其优点是在保证图像文件存储空间的占用尽可能少的情况下，无损地存储图像数据。该格式的图像文件名后缀是 .png

续表

格　　式	特　　点
TIFF	TIFF（Tagged Image File Format）作为一种标记语言，它与其他文件格式的最大不同在于，除了存储图像数据，还可以记录很多图像的元数据。它记录图像数据的方式也比较灵活，理论上来说，任何图像格式都能为TIFF所用，嵌入到TIFF里。例如JPEG、Lossless JPEG、JPEG2000和任意宽度的原始无压缩数据，都可以方便地嵌入TIFF中。由于其可扩展性，该格式的图像在数字影像和医学等领域得到了广泛的应用。该格式的图像文件名后缀是.tif或者.tiff
GIF	GIF（Graphics Interchange Format）文件是由CompuServe公司开发的图形文件格式，该公司拥有所有版权，任何商业目的使用均需要向该公司授权，需要付费。GIF图像是基于颜色列表的（存储的数据是该点的颜色对应的颜色列表的索引值），最多只支持8位（256色）。GIF文件内部分成许多存储块，用来存储多幅图像或者决定图像表现行为的控制块，用以实现动画和交互式应用。GIF文件还通过LZW压缩算法压缩图像数据来减小图像的尺寸。该格式的图像文件名后缀是.gif
EXIF	可交换图像文件格式（Exchangeable Image File Format）是专门为数码相机的照片设定的，可以记录拍摄照片时照片的属性信息和拍摄数据。Windows操作系统具备对EXIF文件的原生支持，可以通过右键单击图片打开菜单，单击属性并切换到详细信息标签下直接查看EXIF信息。EXIF信息是可以被任意编辑的，因此只有参考的功能。EXIF信息以0xFFE1作为开头标记，后两个字节表示EXIF信息的长度。所以EXIF信息最大为64KB，而内部的图像数据采用TIFF格式。该格式的图像文件名后缀是.exif
RAW	原始图像文件包含从数码相机、扫描器或电影胶片扫描仪的图像传感器所获取的数据。RAW表示这些数据是尚未被处理、打印或编辑的原始图像。在通常情况下，原始图像有宽色域的内部色彩，可以进行精确调整，可以在转换为TIFF或JPEG等其他格式的图像之前进行一些简单的修改。原始图像文件的编码往往依赖于色彩图像的设备，这些图像常常被形容为"RAW图像文件"，但实际上不是指单一的原始文件格式，使用时需要针对具体的数码设备进行分析。该格式的图像文件名后缀通常是.raw，但根据生产设备的公司不同有不同的后缀

　　在执行不同的图像处理任务时，往往需要将多源的图像进行统一的规范化存储。其中，将不同格式的图像文件转化为一致的图像文件格式是十分必要的。格式转换的需求具有广泛性，相关的组织和开发者编写的图像处理代码库中包含对多种图像格式的转换方式。GDAL 函数库能够读取不同格式的图像，可以方便地完成多种格式之间的转换。

　　除了 GDAL 函数库外，PIL 函数库能够对表 1.1 列出的几种格式的图像进行读取，完成图像格式之间的转换，并提供了简单的图像处理操作。在图像处理中，GDAL 函数库和 PIL 函数库主要用于打开和保存图像，利用 GDAL 和 PIL 函数库打开图像，把图像文件转换为数字矩阵，通过程序对数字矩阵进行处理后，再把数字矩阵通过 GDAL 和 PIL 函数库保存为图像。对数字矩阵进行的运算和变化，可以认为是对图像的处理。

🔊 **注意：** PIL 作为用 Python 进行数字图像处理的一个辅助库得到了广泛的使用。在后面的章节中会介绍 PIL 库的使用。

1.4　数字图像的处理

　　自从计算机发明后，图像处理就是它的主要用途之一。随着图像采集和显示的数字化，数字图像处理变得越来越重要，以至于出现了专门用于图形图像处理的硬件 GPU。本节就对数字图像处理及其内容进行介绍。

1.4.1　数字图像处理简介

从广义上来说，数字图像处理是通过计算机对图像进行去噪、增强、复原、分割和提取特征等处理的方法与技术。也就是说，只要对图像进行操作，如转换为数字图像，都可以认为是数字图像处理。甚至可以将数字图像处理简单地理解为：待处理的图像作为输入，经过处理后，输出一张新的图像。输出的新图像文件与原图像文件逐字节比对，只要有差异，即可认为该处理是图像处理。

这种广义的图像处理定义在一定程度上不够严谨。例如：图像从一种格式转换为另一种格式，很难认为是图像处理；对灰度图像进行假彩色渲染，从视觉上来看图像从灰色变为彩色，但实际上很难说对图像进行了处理，实际上只是对图像的像素值与颜色进行映射。对于数字图像中的像素值应当显示什么颜色，是美术人员或色彩研究人员的工作，不属于数字图像处理的范畴。

这样来看，对于数字图像来说，数字图像的处理应当更注重像素值在处理前后发生的变化。具体来说，数字图像处理可以定义为，在计算机中将数字图像转换成数组，以数组的形式进行各种运算，从而得到新的数组并将新数组转换为图像。除了对图像处理后得到新的图像属于图像处理，从图像中提取结构化信息，如图像中有哪些物体，在什么位置等语义信息也属于图像处理。这就说明，数字图像处理既包括对原始图像进行处理后得到一张新的图像，也包括经过对原始图像处理后得到图像中的某些信息。

1.4.2　数字图像处理的发展

数字图像处理的发展大致分为两个阶段。

1．21世纪2010年代以前

在 21 世纪 2010 年代以前这个阶段，数字图像处理主要以人工分析为主，先总结相关规律，随后设计相应的图像处理方法。在这个阶段，出现了一批经典的图像处理方法，在图像增强和去噪、边缘提取、图像配准及图像分类等任务中取得了一定的成果。在这个阶段，由于对图像的分析和归纳以人工观察为主，效率低下，图像处理研究人员只能分析少量的图像和极其有限的数据，使得构造的特征具有显著的有偏性和特殊性，这些特征往往只能适用于指定图像或有限的图像处理任务，致使研究人员提出的图像处理方法泛化性较差，实际应用范围极为有限。在这个阶段，图像处理的方法和理论较多，但实际应用限制较多、效果较差、精度较低、应用范围有限，因此没有在生活中得到普遍的应用。

2．21世纪2010年代以后

在 21 世纪 2010 年代以后，数字图像处理主要以基于大数据和大模型的人工智能方法为主，其中以深度学习为主要代表。深度学习中的卷积神经网络在图像处理的大部分任务中取得了远超经典图像处理方法的效果，给图像处理带来了新气象。深度学习方法在一定程度上解决了很大一部分图像处理的问题，使图像处理的精度达到了实际使用的要求，在实际生活和生产中已经产生价值并且展现出了广泛的应用前景。

Yoshua Bengio、Yann LeCun 和 Geoffrey Hinton 数十年来长期坚持研究和发展深度学习，2018 年，三人共同获得了图灵奖，这肯定了他们在深度学习方面的贡献，由此也引领了此次人工智能的研究热潮。在图像处理领域，深度学习在图像分类方面已经取得与人类分类能力相同的精度；在图像分割和目标检测方面也取得了远超经典图像处理方法的精度；在人脸识别和人体关键点检测等应用方面同样达到了实用的水平。总之，以深度学习为代表的人工智能图像处理方法，使数字图像处理技术得到了质的飞跃。

深度学习在图像处理领域取得的成功与两个条件密不可分：一是 GPU 高并行运算的能力，为处理大规模数据提供了计算硬件；二是以 Image Net 为代表的大规模数据集的出现。二者为深度学习提供了坚实的基础。目前，在性能不断提高的 GPU、新的大规模数据集、方便又好用的深度学习框架以及新的深度学习模型等因素的共同作用下，数字图像处理技术越来越先进。

1.4.3　数字图像处理的内容

数字图像处理包括以下几项：

□ 图像的点运算，包括图像的线性增强、非线性增强、色彩空间变换、阈值分割和二值化，以及灰度图的伪彩色显示等。

□ 图像的邻域运算，包括均值滤波、中值滤波、高斯滤波、卷积运算、膨胀和腐蚀等形态学运算，以及图像的 LBP 和 LMI 等局部特征提取。

□ 图像的全局运算，包括图像的裁切、缩放、旋转、翻转、仿射变换，以及图像的蒙版（Mask）运算和混合运算，直方图均衡化等。

□ 图像的基础特征提取，包括图像的点特征提取、图像的边缘特征提取和图像的面特征提取等。

□ 图像分类，指对图像整体所表现的内容进行分类，通常是对已知感兴趣的内容进行分类。

□ 图像分割，指对图像中的每个像素进行类别划分。

□ 图像检测，指对图像中目标的类别和位置进行识别。

1.5　PyTorch 框架与图像处理

PyTorch 是 Facebook（脸书）公司基于 Python 编程语言开发的一款具有自动梯度功能的张量计算框架（https://pytorch.org/）。与其他张量计算模块如 NumPy 相比，PyTorch 可以利用 GPU（图形处理器）加速张量运算，提升计算速度，并且具备张量的自动梯度功能。目前，PyTorch 已经在图像处理、自然语言处理和科学计算等领域得到了广泛的应用，是常用的热门、易学习的深度学习框架。

PyTorch 框架主要由一组相关的库组成：torch 库用于张量计算，它是整个 PyTorch 框架的核心库；torchaudio 库提供了语音信号读取和处理的方法，它为 PyTorch 语音处理上提供了辅助功能；torchtext 库提供了自然语音读取和处理的方法，它为 PyTorch 自然语言处理提供了辅助功能；torchvision 库提供了图像和视频的读取与处理方法，它为 PyTorch 视觉处理提供了辅助功能。

　　PyTorch 的设计就是以张量运算为核心，而数字图像正好可以表示为张量。因此，在张量运算方面，功能强大的 PyTorch 对图像处理具有天然的优势。具体来说，用 PyTorch 进行图像处理主要有以下几方面的优势：

- 数据类型多样，主要以 32 位浮点数（Float32）类型为主。Float32 类型能够充分地满足图像处理的需求，在对图像进行处理的过程中不会因为数据表示范围不足、精度不够而发生错误，也不会在对图像进行处理时由于转换类型的多样而引起溢出错误。当需要将浮点张量输出为图像时，能够方便地转化为 uint8 类型。

- 数据结构与数字图像相适应。数字图像以数字矩阵的形式表示，而 PyTorch 在设计时就把数字矩阵作为其主要操作对象，创建了张量（Tensor）数据类型进行数字矩阵的存储和运算。这样数字图像与张量就建立了紧密的联系，可以用张量来存储数字图像数据。PyTorch 的张量运算就转变为图像处理工具。

- 操作灵活，运算丰富。张量是 PyTorch 的核心对象。PyTorch 对张量的操作和运算进行了最大程度的扩展，对张量提供了广泛的处理方法，既可以对张量的单个元素直接进行访问和修改，又可以对张量的部分或全部元素进行统一的操作，抛弃了以往需要使用循环遍历进行逐个元素处理的方式，在运算时将多种张量运算函数进行封装，以便直接调用。

- 计算速度快。PyTorch 对张量类型的运行进行了最大程度的优化，比其他相似的科学计算模块速度更快。如果在计算环境中拥有具有 CUDA 功能的英伟达 GPU 或者 ROCm 功能的 AMD GPU，则可以成倍地提高张量的计算速度，大幅减少运算时间，从而提升计算效率。

- 跨平台、跨系统。PyTorch 编写的张量处理程序在不需要更改，既可以在有 GPU 的情况下加速运行，又可以在无 GPU 的情况下正常运行，既可以在 Windows 平台上运行，又可以在 Linux 平台上运行，即程序编写一次，可以多处运行。

- 学习曲线平滑，容易上手。PyTorch 是基于 Python 语言编写的。Python 语言是一种高级语言，其规则相对简单，学习曲线平滑，容易上手。这就使建立在 Python 语言基础上的 PyTorch 入门也相对容易，它可以让开发者可以把精力集中在如何解决问题上，而非深陷编程语言本身的特性上。

- 可方便、快捷地构建深度神经网络。PyTorch 的张量类型及其运算带有自动梯度功能，通过动态图机制，能够构建和训练复杂的深度神经网络。近年来，深度神经网络在图像处理领域取得了比传统方法更好的效果，某些图像处理任务的最终效果甚至超过了人类的平均水平。

- 对图像数据支持友好。PyTorch 拥有专门支持图像数据处理的 torchvision 库，对图像数据的访问、组织、预处理和后处理等提供了便捷、高效的方法。

- 有丰富的预训练模型。一些图像处理新方法，特别是以深度学习为代表的方法在公开其研究成果时，往往会公开其模型源代码和训练完成的模型。使用者只需要将其稍加修改就能完成相关任务。这些公开其源代码和模型的组织和个人，能够广泛地吸引同行的关注，获得更多的引用，产生更大的学术影响力。这使得许多最新的模型在发布的第一时间就能够吸引开发人员进行学习和研究，这大大促进了图像处理技术的发展。

1.6　小　　结

本章首先对图像和数字图像的概念进行了介绍，包括数字图像常用的存储格式及其特点，依据像素中的数值类型，把数字图像划分为不同的类型。然后对数字图像处理进行了简要的介绍，最后介绍了 PyTorch 框架，指出 PyTorch 进行数字图像处理的最大优势是强大的张量运算能力。此外，本章对数字图像紧密联系的一些基础概念，如像素、像素值、像素坐标、灰度值、二值化、颜色空间、元数据、多维数组、通道和张量等做了相关的解释和说明。这些概念是数字图像的一些常用术语，理解这些概念，会对数字图像处理的学习有很大的帮助，在后面的章节中还会使用到这些概念。

1.7　习　　题

1. 根据图像的概念，解释反映气温的温度图是如何生成的。

2. 从图像到数字图像要进行空间和亮度（颜色）两个离散过程，这两个过程通常被称作什么？

3. 根据像素的量化方式，可以将图像分为哪些类型？

4. 给出 5 种常见的图像存储格式，并简要介绍其特点。

5. 简要介绍 PyTorch 并列举几个 PyTorch 的优点。

第 2 章　搭建开发环境

本章介绍 PyTorch 开发环境的搭建，主要包括 Python、CUDA 和集成开发环境 Spyder 等应用程序，以及 PyTorch、PIL 和 Visdom 等 Python 第三方库的相关知识。

本章的要点如下：

- ❑ Python：介绍 Python 的下载和安装，并介绍如何运行 Python 程序。
- ❑ CUDA：介绍 CUDA 的用途，并介绍 CUDA 的下载和安装。
- ❑ Python 第三方库：介绍 Python 第三方库的作用，并介绍 Python 第三方库的安装方法。
- ❑ PyTorch：介绍正确选择 PyTorch 的版本，并介绍 PyTorch 的安装方法。
- ❑ Visdom：介绍可视化工具 Visdom，并介绍 Visdom 的安装方法。
- ❑ Spyder：介绍集成开发环境 Spyder，并介绍 Spyder 的安装方法。

🔔注意：本章以 Windows 操作系统为例进行介绍，其他操作系统下的安装方法与其类似，不再赘述。

2.1　Python 简介

在进行数字图像处理时，需要选择相应的编程语言完成算法的设计和编写。Python 作为一款开源、灵活、功能丰富的编程语言，非常适合用于数字图像的处理。本节先对 Python 的发展历程进行介绍，然后对 Python 程序的下载和安装进行详细介绍。

2.1.1　Python 的发展历程

在 TIOBE 的计算机编程语言排行榜上，近十年以来 Python 一直稳居前 10 位，近几年 Python 甚至已经超过 C 语言而名列榜首，成为当下最流行的计算机编程语言。实际上，Python 是一门非常"年轻"的计算机编程语言，从发明至今也不过三十多年的时间，因其持续改进，不断创新，从而铸造了当前的辉煌。Python 的标志如图 2.1 所示。

图 2.1　Python 的标志

Python 一词的原意和其标志一样，意为"巨蟒"。以"巨蟒"对 Python 编程语言进行命名的就是其发明人——Guido van Rossum。Rossum 出生于 1956 年，是地道的荷兰人。他从阿姆斯特丹大学取得了数学和计算机硕士学位，毕业后在一个名为 CWI 的组织进行编程语言的研究和开发工作。随着经验的积累，他对编程语言有了自己的想法，想要进行改进和创新，从 20 世纪 80 年代开始，Rossum 就在编写一门新的编程语言。

1991 年，Rossum 完成了对这门编程语言的开发，他希望这门编程语言的名称简洁、独特且神秘。当时 Rossum 很喜欢观看 BBC 电视台的喜剧 *Monty Python's Flying Circus*，于是这门编程语言就被命名为 Python。

在 2000 年之前，Python 主要以 Rossum 开发为主。Rossum 一边上班一边开发。2000 年之后，随着 Python 编程语言的成熟，Rossum 联合其他开发者成立了 Python 基金会（PSF）。在引入社区的力量后，Python 得到了迅速的发展。这一时期，Python 2.x 系列的功能越来越完善，使用越来越方便，被广泛地接受和认可，使用范围不断扩大。由于在 Python 2.x 中存在一些不合理的地方，在完成 Python 2.7 版本的开发后，Python 基金会决定不再继续开发 Python 2.8 及 Python 2.x 的其他版本。

2008 年，在 Python 2.x 版本开发的同时，Python 3.x 横空出世。Python 3.x 对 Python 2.x 进行了彻底的改变，在一定程度上可以说是全新的，Python 2.x 原有的语法和库都不能直接在 Python 3.x 中使用。这使得从 Python 2.x 到 Python 3.x 的迁移成本变高，一度让 Python 3.x 的前景并不明朗。值得庆幸的是，先进的 Python 3.x 逐渐被认可后，Python 2.x 也逐渐淡出了。Python 3.x 成为 Python 的默认版本，得到了更好的发展成为流行的编程语言之一。

Python 的发明人 Guido van Rossum 在将 Python 交给 Python 基金会后，仍然参与 Python 的开发，他加入了微软公司，进行下一代 Python 的开发和研究工作。图 2.2 为 Python 的发明人 Guido van Rossum，他被尊称为"Python 之父"。

图 2.2　Python 之父 Guido van Rossum

2.1.2　下载 Python 安装包

Python 作为一门开源、免费的编程语言，任何人都可以使用和修改。Python 的官方网站 https://www.python.org/提供了关于 Python 最权威的信息，以及可供下载的 Python 安装包。Python 安装包的下载步骤如下：

（1）打开 Python 官网，如图 2.3 所示。在 Downloads 菜单下提供了各平台的 Python 版本，选择 Windows 选项，进入 Windows 平台的 Python 安装包下载页面。

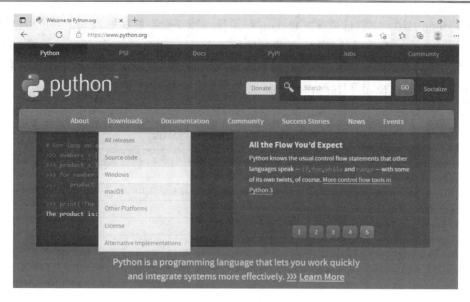

图 2.3　Python 官网

（2）在下载页面中提供了各种平台和版本的 Python 安装包的下载链接，如图 2.4 所示。可以看到，目前 Python 最新的稳定版本是 3.10.3。根据操作系统选择 32 位或 64 位的版本，单击相应的版本即可开始下载 Python 安装包。

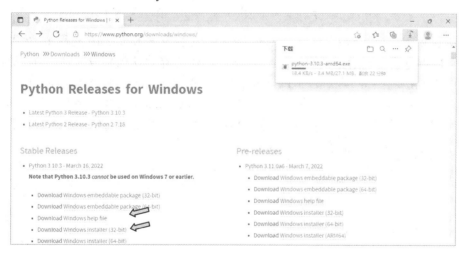

图 2.4　Python 下载页面

注意：如要查看操作系统的版本，可以在命令提示符（cmd）窗口中输入 systeminfo 命令，在显示的信息中，"系统类型"项目下的 x86 表示系统为 32 位，x64 表示系统为 64 位。

2.1.3　安装 Python

Python 的安装十分简便。双击下载的 Python 安装包，弹出如图 2.5 所示的安装对话框。

将 Add Python 3.10 to PATH（添加 Python 到路径环境变量）复选框勾选上，可以把 Python 的可执行程序和相关便利程序加入搜索路径，从而方便直接在命令提示符窗口中使用 Python 和进行包的管理。安装路径既可以使用默认的路径，又可以使用指定的目录。完成后单击 Install Now 按钮开始 Python 的安装，稍等几分钟即可完成安装。

图 2.5　安装 Python

注意：第一次接触 Python 的读者，务必将图 2.5 中的 Add Python 3.10 to PATH 复选框选中，方便以后在控制台中激活 Python 和使用 pip 命令安装 Python 第三方库。

安装完成后，在"开始"菜单的程序目录中即可找到 Python 3.10 的程序，如图 2.6 所示。整个 Python 程序目录包括四部分：第一部分 IDLE 是默认的集成开发环境，提供了一个简单的可视化工作台；第二部分 Python 3.10 是默认的 Python 命令行程序，用于执行用户输入的动态命令，也可以在命令提示符窗口中使用 python 命令进行编程环境；第三部分是 Python 的用户手册，包含 Python 教程和标准库等详细的帮助信息；第四部分是 Python 模块文档，提供当前安装的所有包的 API 文档。

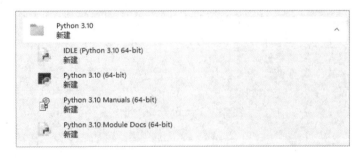

图 2.6　Python 程序

在图 2.6 中选择 IDLE 选项即可进入图 2.7（a）所示的 Python 集成开发环境；选择图 2.6 中的 Python 3.10 选项即可进入如图 2.7（b）所示的命令提示符窗口。以上任意一种方式操作成功即表明 Python 安装成功。

注意：命令提示符窗口可以直接在任务栏的搜索栏内输入 cmd 快速找到。命令提示符窗口也是安装 Python 第三方库便利的方式之一。

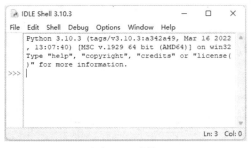

（a）IDLE 窗口　　　　　　　　　　（b）命令行提示符窗口

图 2.7　Python 动态编程环境

2.1.4　执行 Python 程序

　　Python 是一种动态语言，既支持即时输入即时执行的方式，又支持先编写再执行的文件方式。即时执行的方式只需要在 Python 的动态编程环境中输入命令，按 Enter 键即可执行。图 2.8 为即时运行的命令。一般情况下，即时运行方式通常只用于练习或短代码的测试。

　　Python 程序执行的常见的方式是将代码保存到后缀为.py 的文件中，然后使用 Python 解释器运行。文件方式可以编写大规模的程序，

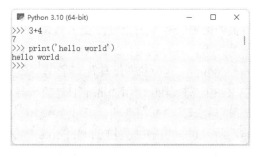

图 2.8　Python 即时运行的命令

也是 Python 程序运行的主要方式。文件方式的执行效果如图 2.9 所示，先在图 2.9（a）所示的 IDLE 中创建一个名为 mypro.py 的文件，输入相应的代码，编写完成并保存后，按下 F5 键即可执行 mypro.py 文件中的代码并且会打开新的窗口显示输出结果，如图 2.9（b）所示。

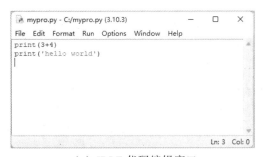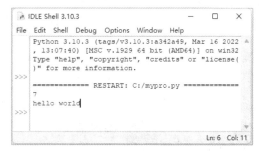

（a）IDLE 代码编辑窗口　　　　　　　　（b）运行结果窗口

图 2.9　Python 动态编程环境

　　注意：虽然 Python 内置的集成开发环境具备了一些基本的功能，但是对于大型项目的开发，其在功能上还有些欠缺。因此，通常需要安装功能更丰富的第三方集成开发环境。

2.2　CUDA 简介

在深度学习的发展过程中，CUDA 扮演着重要的角色，为深度学习的崛起提供了算力保证，使得大规模深度学习模型的训练和使用成为可能，为人工智能的发展做出了重要贡献。

2.2.1　CUDA 的发展历程

GPU（Graphics Processing Unit，图形处理器）主要用来替代 CPU 完成图形图像的处理和输出。GPU 由众多功能简单的计算单元构成，能够对矢量运算进行并行加速。英伟达（Nvidia）公司在研究 GPU 的过程中发现，GPU 中众多的计算单元稍加改变，就可以用于数值的运算，从而大幅度地提升计算效率。随后，英伟达公司又提出了将 GPU 用于通用计算的技术，并称为 CUDA（Compute Unified Device Architecture，通用计算架构）。

2009 年，英伟达公司发布了第一款集成 CUDA 的新型 Fermi 架构的 GPU 显卡——GTX480。GTX480 使用 40nm 工艺的半导体制程，含有近 30 亿个晶体管，拥有 480 个 CUDA 计算单元。CUDA 在数值计算上展现出了强大的功能，能够大幅提升计算速度。随着 CUDA 的不断改进，目前最先进的 GeForce RTX4090 显卡使用了台积电 TSMC 4N 制程工艺，含有近 760 亿个晶体管，拥有 24GB GDDR6X 显存，16 384 个 CUDA 计算单元。

相比于其他类型 GPU 提供的通用计算功能，英伟达的 CUDA 具有极大的优势，成为市场上主流的通用计算架构。CUDA 的优点主要体现在以下几个方面：

❏ CUDA 是免费的。下载并安装 CUDA 程序，就可以免费获得 GPU 的加速功能。

❏ CUDA 程序的安装十分方便。CUDA 对 Windows、Linux 和 macOS 都有非常好的支持，可以在英伟达的官网下载安装程序，方便地进行安装。

❏ CUDA 在底层原生支持 C、C++和 Fortan 语言编程。

❏ CUDA 拥有众多第三方编程语言的接口，可以集成 Java、Python 和 Julia 等。

❏ CUDA 具有广泛的社区支持，参考资料丰富。

❏ CUDA 拥有众多用于并行计算的第三方库，方便开发 CUDA 程序。

❏ CUDA 相较其他通用计算架构速度更快，如 OpenCL。

基于以上的优点，在人工智能发展的浪潮中，CUDA 扮演着关键的角色，为深度学习提供了算力支撑，能够加速深度学习模型的训练和推理，使深度学习模型走出实验室，在工业领域得到应用，产生巨大的经济价值。

2.2.2　安装 CUDA

CUDA 是英伟达显卡特有的功能。目前支持 CUDA 的最新显卡是英伟达 40 系列，如果计算机配置有英伟达的显卡，则可以安装 CUDA 程序包，如果计算机没有配置英伟达显卡，则可跳过此节，不使用 GPU 的 CUDA 功能加速张量运算，使用 CPU 进行操作即可。

CUDA 的官方下载网址是 https://developer.nvidia.com/cuda-downloads，如图 2.10 所示。

根据自己的操作系统进行相关版本的下载。网络传输性能条件好的，可以选择网络安装版本；网络性能较差的，可选择先下载独立的安装包。

图 2.10　CUDA 的下载页面

下载完成后，双击安装包，即可开始 CUDA 的安装。安装完成后，在命令提示符窗口中输入命令 nvcc -V，能够正确执行并显示 CUDA 的版本表明安装成功。

注意：CUDA 不是 PyTorch 运行的必备软件，PyTorch 有 CPU 和 GPU 两个版本，具有相同的 API，对于本书的学习基本没有差别。

2.3　Python 第三方库简介

Python 的流行与其可拓展性具有密切的联系，活跃的社区和热情的开发者创建了数量庞大的第三方库，实现了各种功能。在使用 Python 进行新项目的开发时，为了加快开发进度，防止"重复造轮子"，应当先查看是否已经存在符合要求且满足相关功能的第三方库，从而高效地解决问题。

2.3.1　检索 Python 第三方库

为了便于检索和分发第三方库，Python 官方维护了一个第三方库的管理、查询和分发系统，该系统称为 Python Package Index（PyPI），其网址是 https://pypi.org/。PyPI 收集了官方认可的第三方库，数量众多，安装方便，大部分库的质量较高，但也存在部分质量较差的库，需要仔细甄别。一般而言，第三方库的下载数量与其质量正相关。

图 2.11 展示了使用 PyPI 第三方库搜索功能查询 NumPy 数组计算库的全过程,其中,图（a）是进入 PyPI 系统后检索的主页面,在搜索框内输入要搜索的模块名 numpy,单击搜索按钮;图（b）是检索结果列表,结果依检索匹配度进行排序,其中,第一个就是数组计算库 NumPy,版本是 1.19.2,单击该条记录即可进入 NumPy 库主页;图（c）是 NumPy 库的主页,详细介绍了该库的一些基本信息（项目主页、使用方法、文档地址和库的功能简介等）,在模块名的下方注明了该库的安装命令 pip install numpy。

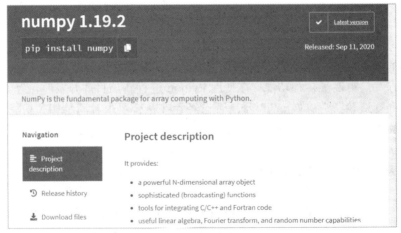

（a）PyPI 系统主页面

（b）检索结果列表

（c）NumPy 库主页

图 2.11　第三方库 NumPy 的查询及其项目界面

注意：由于 PyPI 官网中提供的第三方库检索功能较弱，所以在 PyPI 中进行检索之前，需要了解第三方库的具体名称，或在相关的参考代码中找到具体使用方法再进行检索，从而提高检索效率。

2.3.2　安装 Python 第三方库

大部分 Python 的第三库都能使用命令 pip install xxx 进行安装，xxx 表示需要安装的第三方库名。pip 是 Python 内置的第三方库管理和维护工具，也是 Python 的一个第三方库，主要用于查询、安装、升级和卸载 Python。下面以 NumPy 的安装为例介绍 pip 的使用方法和常用命令。

（1）打开命令提示符窗口。pip 程序需要在命令提示符窗口中运行。命令提示符窗口可以在 Windows 任务栏的搜索栏中输入 cmd，检索得到的第一个程序单击即可打开命令提示符窗口。

（2）安装模块 NumPy，在命令提示符窗口输入：

```
pip install numpy
```

按 Enter 键后，pip 会先下载 NumPy 第三方库，之后自动安装该库。此时，命令提示符窗口显示如下：

```
Collecting numpy
  Downloading numpy-1.19.2.zip (7.3 MB)
...
Successfully installed numpy-1.19.2
```

此外，除了可以安装第三方库，pip 还有更加强大的功能，下面介绍几个关于第三方库管理和维护的命令。

（3）升级第三方库：

```
pip install --upgrade numpy
```

（4）查看已经安装的第三方库：

```
pip list
```

（5）查看指定第三方库的信息：

```
pip show numpy
```

（6）卸载指定的第三方库：

```
pip uninstall numpy
```

（7）下载指定第三方库到当前目录下：

```
pip download numpy
```

当网络不稳定或者需要离线安装模块时，可以先使用 pip download 下载命令将需要的第三方库下载到本地，再使用 pip install 命令进行安装即可。

总之，pip 作为 Python 第三方库管理工具，使用方便，极大地降低了安装和使用第三方库的难度。pip 本质上也是 Python 的一个模块，可以通过检索页面进行检索，找到其官方网站，查阅文档，获取更详细的使用方法。

🔔注意：更多关于 pip 工具的详细说明，可以参考其官方网站，网址为 https://pip.pypa.io/。

2.3.3　与图像处理相关的第三方库

在图像处理方面，Python 的标准库仅在一个多媒体模块里有一个判断图像类型的 imghdr 类，没有关于图像处理的更高级的标准库。因此，在用 Python 进行图像处理时，需要借助 Python 的第三方库。Python 强大的拓展功能和胶水语言的特性，使得有许多专门开发的或从其他语言移植而来的数字图像处理的第三方库。表 2.1 列出了与图像处理相关的第三方库，包括库名、功能简介及官方网址。这些图像处理的第三方库都可以使用前面介绍的 Python 第三方库安装方法进行安装。

表 2.1　图像处理库

第三方库名称	功　能　简　介	官　方　网　址
GDAL	支持最广泛图像（栅格）格式，主要用于图像的存取和图像文件格式的转换	https://gdal.org/
Pillow	之前称为PIL库，是最常用的图像处理库，提供了常用图像格式的读取以及较丰富的图像处理功能	https://pillow-cn.readthedocs.io
opencv-python	opencv的Python接口，提供了对opencv的完全支持，拥有强大的图像处理功能	https://github.com/skvark/opencv-python
SimpleCV	比opencv更易使用，功能与opencv类似	http://simplecv.org/
NumPy	提供强大的数组计算功能，可用于图像处理，提供灵活的自定义图像处理方法	https://numpy.org/
Scipy	在NumPy库的基础上，提供更高级的科学计算功能，提供了一些图像处理的方法	https://scipy.org/
Matplotlib	基于本地的数据可视化工具，提供了丰富的数组可视化效果，并提供了方便的图像显示功能	https://matplotlib.org/
Visdom	基于Web的数据可视化工具，能够灵活地嵌入需要可视化的代码中	https://github.com/facebookresearch/visdom
TensorFlow	Google公司开发的具有梯度反传的张量计算模型，是构建深度学习模型的主要框架之一	https://tensorflow.google.cn/
Torchvision	与PyTorch进行协同的库，提供主要用于图像预处理的方法、图像与张量的转换，以及常用的图像处理预训练模型	https://github.com/pytorch/vision
PyTorch	Facebook公司开发的具有梯度反传的张量计算库，是构建深度学习模型的主要框架之一	https://pytorch.org/
Paddlepaddle	百度公司开发的具有梯度反传的张量计算库，是构建深度学习模型的主要框架之一	https://www.paddlcpaddle.org.cn/

2.4　安装 PyTorch

PyTorch 是基于 Python 编程语言的以张量运算及自动梯度为核心功能的一个开源的 Python 第三方库。因此，可以使用以上介绍的第三方库的安装方法进行安装。需要注意的是，由于 PyTorch 需要根据计算机的软件和硬件选择不同的版本，错误的安装可能会导致功能异常或安装失败，从而影响 PyTorch 库的正常使用。

PyTorch 的官网（https://pytorch.org/）提供了详细的安装指导，如图 2.12 所示。PyTorch 的最新版本是 1.13.1（本书写作时为 1.11.0），支持 Windows、Linux 和 maxOS 三种平台，支持 conda 和 pip 等多种安装方式，支持 CUDA 和 CPU 等多种计算平台。下面主要介绍在 CUDA 和 CPU 计算平台上以 Pip 方式安装 PyTorch 1.11.0 的方法。

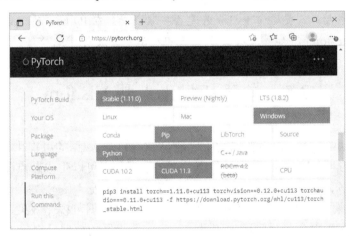

图 2.12　不同环境下的 PyTorch 库的安装方法

1．安装CUDA版本的PyTorch

在安装 CUDA 版本的 PyTorch 前，需要确保计算机显卡是英伟达的显卡，然后在 Windows 平台上完成 11.3 版本 CUDA 的安装。在 Windows 平台上安装 CUDA 版本的 PyTorch 使用如下命令：

```
pip install torch==1.11.0+cu113 torchvision==0.12.0+cu113 torchaudio===
0.11.0+cu113 -f https://download.pytorch.org/whl/cu113/torch_stable.html
```

注意：由于 PyTorch 更新速度快，安装时还需要参考 PyTorch 官网提供的最新安装方法。

2．CPU版本的PyTorch

在没有 GPU 的环境中，可以安装 CPU 版本的 PyTorch。在 Windows 平台上安装 CPU 版本的 PyTorch 使用如下命令：

```
pip install torch torchvision torchaudio
```

上述安装命令的作用是进行 PyTorch 1.11.0 版本、torchvision 0.12 版本和 torchaudio0.11

版本的安装。复制上述命令到命令提示符窗口，按 Enter 键即可进行 PyTorch 库的安装。由于 PyTorch 库的文件较大，在线安装容易被打断，导致安装失败，可以先下载安装包再安装，命令如下：

```
#下载 Windows 平台上的 CUDA11.3 版本的 PyTorch 安装包
pip download torch==1.11.0+cu113 torchvision==0.12.0+cu113 torchaudio===
0.11.0+cu113 -f https://download.pytorch.org/whl/cu113/torch_stable.html

#下载 Windows 平台上的 CPU 版本的 PyTorch 安装包
pip  download torch torchvision torchaudio
```

以上命令将会下载 PyTorch、torchvision 和 torchaudio 及其他依赖的第三方库。下载完成后，可以通过文件浏览器查看下载的所有第三方库。下载完成后，使用 pip install xxx.whl 命令逐个进行第三方库的本地安装。

注意：安装完成后，需要验证 PyTorch 是否安装成功。在 Python 动态交互环境里执行命令 import torch，如果没有提示错误即表示安装成功。

2.5　安装可视化工具 Visdom

Visdom 是一款 Facebook 开源的用于创建、组织和共享数据的可视化工具，支持 Python 编程语言，使用方便。Visdom 专注于科学数据的可视化，可以生成散点图、拆线图、柱状图，三维视图等多种类型的图形和图像，功能强大使用方便，显示效果十分出众。Visdom 通过提供 Web 可视化服务，能够使用浏览器方便地查看数据可视化效果，并能够实时更新图像处理的结果和深度学习模型的训练进度，是一款优秀的数据可视化工具。

在图像处理中，Visdom 可以直接将表示图像的数组或张量展示为图像，无须先把数组或张量转为图像，再把图像送入显示工具进行显示。在深度学习中，Visdom 与 PyTorch 能够进行无缝衔接，可对网络的训练过程和特征进行多样化的可视化。

Visdom 可视化工具是一个 Python 第三方库，其安装方法与其他第三方库相同。Visdom 的安装命令如下：

```
pip install visdom
```

安装完成后，Visdom 的使用非常方便，只需要在命令行中输入命令：

```
visdom
```

即可启动 Visdom 服务器。启动 Visdom 服务器成功后，会在输出的信息中显示访问链接（http://localhost:8097），将链接复制到浏览器中打开，此时会展示一个用于显示可视化结果的工作台。

Visdom 服务器启动后，就可以在 Python 程序中使用 Visdom 的相关方法展示图像和绘制相应的图表了。图 2.13 为 Visdom 可视化平台及不同的数据可视化效果。

注意：启动 Visdom 服务器也可使用命令 python -m visdom.server。

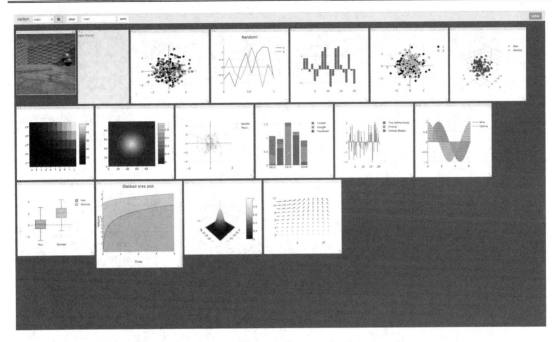

图 2.13　Visdom 可视化效果

2.6　安装集成开发环境 Spyder

Python 自带的集成开发环境 IDLE 功能较为有限，不适合较大的程序的编写和管理。因此多个组织和公司开发了 Jupyter、Pycharm、IPython、VS Code 和 Spyder 等高级的集成开发环境。Spyder（Scientific Python Development Environment，Python 科学计算开发环境）是一款基于 Qt 开发的主要用于科学计算并且免费开源的 Python 集成开发环境。关于 Spyder 的详细介绍和使用方法，可以通过其官方主页（https://www.spyder-ide.org/）进行查看。

Spyder 本身就是一个 Python 的第三方库，因此 Spyder 的安装十分简单，直接使用 Python 第三方库的安装方法即 pip 命令进行安装：

```
pip install spyder
```

Python 会自动下载相关依赖并完成 Spyder 集成开发环境的安装。安装完成后，只需要在命令提示符窗口中继续输入命令：

```
spyder3
```

然后按 Enter 键，即可启动 Spyder 集成开发环境。图 2.4 是 Spyder 集成开发环境的界面，整个开发界面包括菜单栏、工具栏、状态栏和主窗体几个部分。主窗体左侧是代码编辑区，可进行多个文件的切换。主窗体右侧分为上下两个部分，上面是一些辅助信息窗口，下面是 IPython 动态交互环境窗口，可以在其中即时编写代码并查看运行结果。关于 Spyder 详细的使用方法，可以参考其帮助文档。

🔔注意：可以在桌面上创建 Spyder 的快捷方式，或者将 Spyder 添加到任务栏上，在以后的使用中双击图标即可启动 Spyder 集成开发环境。

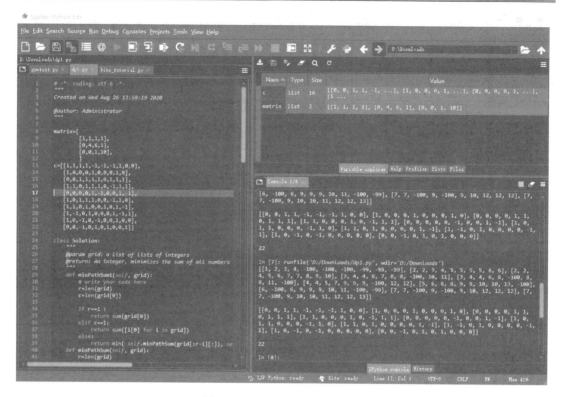

图 2.14　Spyder 集成开发环境

2.7　小　　结

本章对开发环境的搭建过程进行了详细介绍。通过本章内容的学习，读者可以掌握
Python 的下载和安装方法，掌握 Python 第三方库的安装方法，学会与图像处理相关的
NumPy、PyTorch、Visdom 和 Pillow 等第三方库和 Spyder 集成开发环境的安装方法。此外，
本章还介绍了 CUDA 的下载和安装方法，CUDA 可以加速深度学习模型的训练和预测。

2.8　习　　题

1．介绍 Python 的下载和安装方法，以及两种执行 Python 程序的方法及其特点。

2．解释 CUDA 是什么，其具有哪些优点？

3．Python 第三方库的管理、查询和分发系统是什么？安装和管理第三方库的命令是
什么？请以 NumPy 库为例进行说明。

4．简要介绍 Visdom 是什么，其有哪些可视化功能？

第 3 章　Python 编程基础

本章对图像处理涉及的编程基础知识进行介绍，主要包括 Python 基础知识、PyTorch 基础知识和 Visdom 基础知识，为后续的图像处理算法的实现和数据可视化打下基础。

本章的要点如下：

- ❑ Python：介绍面向对象的机制，以及基本的数据类型、控制流程和函数的使用，并介绍与图像处理有关的第三方库的简单使用。
- ❑ PyTorch：介绍张量的创建和基本运算，以及与图像处理密切相关的点运算和邻域运算。
- ❑ Visdom：介绍基本图表的绘制方法，以及单幅图像和多幅图像的显示方法。

3.1　Python 语法基础知识

了解 Python 基础知识是学习 PyTorch 和数字图像处理的前提。本节主要对图像处理涉及的 Python 语法进行介绍，同时还会介绍与数字图像处理有关的模块和第三方库。

3.1.1　数据类型与类

Python 是一种面向对象的编程语言，其所有变量和常量都是某一类的实例。因此，以面向对象的思想理解 Python 内置的数据类型及第三方库定义的其他类型十分有必要。简而言之，在面向对象的程序设计中，一个类有属性和方法两种操作方式，并且类要有相应的构造方法以便初始化（实例化）得到类的实例。Python 自带的每一种数据类型都是一种类，可以在 Python 标准库文档里找到相应的说明。下面以编程示例的形式介绍一些 Python 内置的数据类型及其方法。

1. 整数类型

示例如下：

```
#赋值
>>> a=23                     #直接赋值
>>> b=int('23')              #类的初始化
>>> c=int('23',8)            #类的初始化，第二个参数表示待转换的数据类型为八进制
>>> print(a,b,c)             #输出变量数值
#输出结果：
23 23 19
```

```
#运算
>>> d=a+c                          #加法运算符
#使用类方法进行加法运算，上面的加法运算符即调用了内置的__add__()方法
>>> e=a.__add__(c)
>>> print(d,e)
#输出结果：
42 42

#查看实例所属的类（型）
>>> type(a)                        #使用type()函数查看变量的类型
<class 'int'>

#查看实例的方法
>>> dir(a)                         #使用dir()函数查看a所属类的所有方法和属性
#显示的所有整型类型的方法和属性
['__abs__', '__add__', '__and__', '__bool__', '__ceil__', '__class__',
'__delattr__', '__dir__', '__divmod__', '__doc__', '__eq__', '__float__',
'__floor__', '__floordiv__', '__format__', '__ge__', '__getattribute__',
'__getnewargs__', '__gt__', '__hash__', '__index__', '__init__',
'__init_subclass__', '__int__', '__invert__', '__le__', '__lshift__',
'__lt__', '__mod__', '__mul__', '__ne__', '__neg__', '__new__', '__or__',
'__pos__', '__pow__', '__radd__', '__rand__', '__rdivmod__', '__reduce__',
'__reduce_ex__', '__repr__', '__rfloordiv__', '__rlshift__', '__rmod__',
'__rmul__', '__ror__', '__round__', '__rpow__', '__rrshift__',
'__rshift__', '__rsub__', '__rtruediv__', '__rxor__', '__setattr__',
'__sizeof__', '__str__', '__sub__', '__subclasshook__', '__truediv__',
'__trunc__', '__xor__', 'as_integer_ratio', 'bit_length', 'conjugate',
'denominator', 'from_bytes', 'imag', 'numerator', 'real', 'to_bytes']

#查看方法的功能
>>> help(a.bit_length)             #使用help()函数查看类的具体某一方法的功能和用法
Help on built-in function bit_length:      #显示当前类型的方法
bit_length() method of builtins.int instance
    Number of bits necessary to represent self in binary.
    >>> bin(37)
    '0b100101'
    >>> (37).bit_length()
    6
```

以面向对象的观点来看，整数类型是包括整数数值和整数的相关方法两个部分的整数类。首先，Python 是弱类型的语言，变量的具体类型可能会随时发生变化，因此通过 type() 函数查询变量所属的类型。其次，通过 dir()函数查询实例所属类包含的属性和方法。最后，通过 help()函数即时获取相关的帮助信息。以上是平时经常会用到的 3 个函数，要熟练掌握。

📢**注意**：对于实例的类型判断还可以使用 isinstance()函数，例如 isinstance(3,int)，返回布尔值 True。

2. 浮点数类型

示例如下：

```
>>> a=2.3                          #直接赋值
>>> b=float('2.3')                 #类的初始化
```

```
>>> print(a*b,a/b,a**b)                    #浮点数的乘、除、乘方，并输出计算结果
#输出的结果
5.289999999999999 1.0 6.791630075247877
```

3. 布尔类型

示例如下：

```
>>> a=True                                 #赋值为真
>>> b=not a                                #非运算
>>> print(a, b, a or b, a and b, not(a and b))  #逻辑运算
True False True False True                  #输出结果
```

注意：0 对应布尔值的假，其他整数都表示布尔值的真。对于其他类型，需要使用 if 条件语句进行测试。

4. 字符串与字节串

在 Python 3 中将字符串（string）与字节串（bytearray）进行了明确的区分。简单来说，字节串是内存中连续的一段空间里相应字节连成的串，字节是字节串的基本单位，而字符串是有明确意义的字符连成的串，字符是字符串的基本单位。二者的相同点是：二者都以串进行存储，并且各自都由相同的基本单位组成，甚至二者包含的方法也十分类似，在使用过程中容易混淆。二者的主要区别是：一个字符可以占据一个或多个字节；根据编码不同，一个字符可能对应不同的字节串。此外，字符串通常可以打印或显示，字节串更多的表示物理上的存储。

示例如下：

```
>>> a1,a2='你好','中国'                      #字符串赋值
>>> print(a1.encode('utf-8'), a1.encode('gbk'))  #将字符串编码转为字节串
(b'\xe4\xbd\xa0\xe5\xa5\xbd', b'\xc4\xe3\xba\xc3')  #不同的编码生成不同的字节串
>>> len(a1),len(a1.encode())                #len()函数用于计算字符串与字节串的长度
(2, 6)
```

注意：常用的字符串编码有 ASCII、GBK 和 UTF-8 等，如果想要了解更多的字符和编码知识，可以搜索字符编码。

在数字图像中，图像本身不包含字符，但图像在存储过程中需要指定存储路径和图像名称等，这些都需要使用字符串来表示。此外，在程序运行过程中当需要在终端输出一些文字信息时，就需要将数据格式化为字符串。下面举例介绍，代码如下：

```
>>> path='d:/img/p1/1.jpg'                  #文件路径
>>> path.split('/')                         #字符串以特定字符进行分割
['d:', 'img', 'p1', '1.jpg']
#用特定字符串连接多个字符串并生成路径
>>> '/'.join(['d:', 'img', 'p1', '1.jpg'])
'd:/img/p1/1.jpg'
>>> path.replace('1.jpg','1.png')           #替换字符串
'd:/img/p1/1.png'
>>> a=45
>>> b=0.567
>>> str(a),str(b)                           #使用str()函数强制将对象转化为字符串
('45', 0.567)
```

```
>>> 'a={},b={}'.format(a,b)          #使用 format()方法将占位符{}里的内容进行替换
a=45,b=0.567
>>> '{0}{1}{0}'.format(a, b)         #{}中的序号表示替换参数的位置
'450.56745'
#<表示左对齐>表示右对齐, 5 表示输出宽度, .2 表示保留小数位
>>> '{0:<5},{1:.2},{0:>5}'.format(a, b)
'45   ,0.57,   45'
>>> '{:.2%}'.format(b)               #百分号输出
'56.70%'
```

更多关于字符串处理和格式化输出方法，可以查阅 Python 标准库的字符串相关内容。

5. 元组

元组（Tuple）是不可变的序列，即在初始化后，内部的元素不能够再被修改。元组常用于将多个值封装为单个对象。在引用内部的单个元素时可以使用索引位置的方式进行访问。元组主要有以下几种构造方法：

❑ 空元组用一对()表示；

❑ 结尾加逗号以表示单个元素的元组，例如 a, 或者(a,)；

❑ 用逗号分割连接不同的元素，如：a,b,c 或者(a,b,c)；

❑ 使用 tuple()构造函数进行构造，如：tuple('abcdefg')。

元组除了支持自身的一些方法外，还支持一些通用的序列方法：

```
>>> t=tuple(range(10))               #range()函数产生一个迭代器用于构造元组
(0, 1, 2, 3, 4, 5, 6, 7, 8, 9)
>>> t=t*2                            #序列的乘法与传统意上的乘法不同
(0, 1, 2, 3, 4, 5, 6, 7, 8, 9, 0, 1, 2, 3, 4, 5, 6, 7, 8, 9)
>>> t.index(3),t.index(3,5)          #查找相应元素所在的位置
(3, 13)
>>> t.count(0)                       #对某个元素的个数计数
2
>>> 9 in t, 15 in t, 3 not in t, 10 not in t   #判断元组是否包含指定的元素
(True, False, False, True)
>>> t[5],t[5:12],t[-1]               #元组元素的访问
(5, (5, 6, 7, 8, 9, 0, 1), 9)
>>> len(t)                          #元组的长度
20
>>> min(t),max(t)                    #元组的最小值和最大值
0,9
>>> tt=t[0],t[5:10],t[-3:]           #元组的嵌套
(0, (5, 6, 7, 8, 9), (7, 8, 9))
>>> t[3]=100                         #元组的元素不可修改
TypeError: 'tuple' object does not support item assignment
```

6. 列表

列表是在 Python 中使用最广泛的一种数据类型，其包含数据结构中的链表、栈和队列的所有功能，并且使用范围更广，支持面向对象的方法，使用简单。列表包含元组的大部分特性，但其与元组的最大区别是列表元素可以修改。下面用一些实例说明列表的使用方法：

```
>>> l=[]                            #空列表
>>> l=[3,'abc',(6,7,8)]             #多元素列表
>>> l.remove('abc')                 #删除某个元素
```

```
[3, (6, 7, 8)]
>>> l.insert(1,'bbd')                    #在指定位置插入某个元素
[3, 'bbd', (6, 7, 8)]
>>> l.clear()                            #清空列表
[]
>>> l=list(range(1,10))                  #list 构造函数
>>> l.append(34)                         #列表最后追加元素
>>> l.pop()                              #弹出最后一个元素并返回该元素，出栈
34
>>> l.pop(0)                             #弹出第一个元素并返回该元素
1
>>> l.reverse()                          #列表 l 自身逆序
[9, 8, 7, 6, 5, 4, 3, 2]
>>> l.sort()                             #列表 l 自身排序
[2, 3, 4, 5, 6, 7, 8, 9]
>>> l.append(l)                          #列表追加
[2, 3, 4, 5, 6, 7, 8, 9, [...]]
>>> l.extend(l)                          #列表合并与 l+l 效果相同
[2, 3, 4, 5, 6, 7, 8, 9, 2, 3, 4, 5, 6, 7, 8, 9]
```

7. 字典

字典使用键值对的形式存储数据，访问其内部的数据像查字典一样，以偏旁部首作为键，字的解释和内容作为值，通过规律的偏旁部首可以迅速定位到要查找的目标。字典的键可以是数值、布尔值、字符串和元组等，但不能是列表。从某种程度上可以认为列表和元组也是一种字典，其键是自动分配的数值序号，可以根据序号访问对应的数据。字典这个类型在其他语言中通常称为哈希表。下面通过一个例子介绍字典的使用方法。

```
>>> d={}                                 #定义空字典，等价于 d=dict()
>>> d={'<': 60, '=': 61, '>': 62, '?': 63, '@': 64, 'A': 65, 'B': 66, 'C':
67, 'D': 68, 'E': 69}
>>> d['@']                               #查看键@对应的 ASCII 值
64
>>> d['a']                               #对于不存在的键报错误
KeyError: 'a'
>>> d.get('a','not exist')               #使用字典的 get()方法具有安全性，可设置字典的默认值
'not exist'
>>> d['F']=73                            #增加新键值对
>>> d['F']=70                            #修改存在的值
>>> del d['F']                           #删除键值对
>>> d.pop('E')                           #弹出值，并从字典中移除键值
69
>>> d.keys()                             #获取字典里的所有键
dict_keys(['<', '=', '>', '?', '@', 'A', 'B', 'C', 'D'])
>>> d.values()                           #获取字典里的所有值
dict_values([60, 61, 62, 63, 64, 65, 66, 67, 68])
>>> d.items()                            #获取字典所有的键值
dict_items([('<', 60), ('=', 61), ('>', 62), ('?', 63), ('@', 64), ('A',
65), ('B', 66), ('C', 67), ('D', 68)])
```

以上就是 Python 内置的数据类型及其简单使用方法，这些内置数据类型均是建立在面向对象的基础上，所有的类型都是类，适用类的构造方法，包含类的属性和方法。对这种具有一致性的类型定义方法，通过学习常用的数据类型，即可熟悉其他类型的使用方法，

增加了易用性。

3.1.2　流程控制

一段程序包含多条语句，这些语句以什么样的顺序执行，需要用流程进行控制。流程控制有 3 种结构：顺序结构、选择结构和循环结构。下面分别介绍这 3 种结构：

1．顺序结构

顺序结构是按照代码出现的先后顺序进行执行，代码的格式要符合 Python 语法。由于 Python 是一种使用缩进格式进行标记的语言，所以顺序结构执行的语言必须左对齐，否则 Python 执行环境会报错。此外，Python 的单行注释代码使用#开头，运行时会自动跳过。示例如下：

```
#这是单独的一条注释
>>> a=3                              #这是语句后的注释
>>>   b=4                           #多余的空格引起错误
```

运行以上代码，程序会报 IndentationError: unexpected indent 错误。

2．选择结构

选择结构通过对条件进行判断，以满足特定条件而执行的相应的语句或程序块。处于条件块里的语句要进行缩进，通常是 4 个空格。选择结构通常使用 if…elif…else…的语法规则进行构造。下面的代码展示了选择结构的使用方法。

```
x = int(input("请输入一个整数："))
if x < 0:
    x = 0
    print('负数置0')
elif x == 0:
    print('等于0')
elif x == 1:
    print('等于1')
else:
    print('大于1')
```

使用 if…else…语句块需要占据多行，并不方便。为了提高易用性，Python 为简单的选择条件提供了一个便利的选择语句，示例如下：

```
x = int(input("请输入一个整数："))
print('奇数' if x%2 else '偶数')
```

3．循环结构

重复执行是计算机运行的一项重要功能，在进行图像处理时，通常需要遍历每个像素并执行相同的处理，这些都需要循环结构的支持。Python 提供了多种循环方式，可以满足不同情况下的需要。下面的代码展示了几种常用的循环方式。

```
#while循环计算阶乘
>>> res=1
```

```
>>> n=15
>>> while n>0:                    #while 循环，满足条件执行循环块内的语句，否则退出循环
    res*=n
    n-=1
>>> print(res)
1307674368000

#for 循环计算阶乘
>>> res=1
>>> n=15
>>>for n in range(1,n+1):         #for 循环，需要明确循环的次数，达到循环次数就退出循环
    res*=n
    n-=1
>>> print(res)
1307674368000

#对于元组、列表和字典等可以迭代的类型，可以使用更简单的列表推导进行循环
l=list(range(256))
[chr(i) for i in l]               #以列表推导方式对列表内的每个元素进行转换
>>> ['\x00', '\x01', '\x02', '\x03', '\x04', '\x05', '\x06', '\x07',
...
    ...'A', 'B', 'C', 'D', 'E', 'F', 'G', 'H', ..., 'ú', 'û', 'ü', 'ý', 'þ',
'ÿ']
```

3.1.3　函数

　　函数将代码通常按照一定的功能组织代码，并为其命名，以便标记和复用。一个函数通常由函数名、参数、函数体和返回值构成。在 Python 中使用关键字 def 作为函数定义的标记。函数体需要缩进，表示语句属于该函数。下面以实现 RGB 颜色到 HSV 颜色转换的功能为例，介绍颜色空间变换函数的创建和使用。

代码 3.1　函数定义-色彩空间转换：t3.1.py

```
def rgb2hsv(r, g, b):
    #将 RGB 颜色转换为 HSV
    r, g, b = r/255, g/255, b/255
    mx = max(r, g, b)
    mn = min(r, g, b)
    m = mx-mn
    if mx == mn:
        h = 0
    elif mx == r:
        if g >= b:
            h = ((g-b)/m)*60
        else:
            h = ((g-b)/m)*60 + 360
    elif mx == g:
        h = ((b-r)/m)*60 + 120
    elif mx == b:
        h = ((r-g)/m)*60 + 240
    if mx == 0:
        s = 0
    else:
        s = m/mx
```

```
    v = mx
    H = int(h / 2)
    S = int(s * 255.0)
    V = int(v * 255.0)
    return H, S, V

#调用转换函数将绿色和灰色转换到 HSV 空间
>>> print(rgb2hsv(0,255,0),rgb2hsv(127,127,127))
(60, 255, 255) (0, 0, 127)
#批量转换
>>> [rgb2hsv(i,j,k) for i in range(1,255,25) for j in range(255,1,-25) for
k in range(1,255,25)]
#返回超过 430 行的结果，调用函数上千次
```

上面的代码将颜色从 RGB 空间转换到 HSV 空间，定义了转换函数 rgb2hsv()，其功能是接收颜色的 RGB 值，在转换为 H（色度）、S（饱和度）和 V（亮度）后输出 HSV 空间的值。在代码的最后展示了函数 rgb2hsv() 的使用方法，并且使用列表推导完成了批量的颜色转换。如果每个颜色对应一个像素，那么就可通过此方法完成整幅图像的颜色空间转换。

使用关键字 def 通常用于定义规模较大的函数，对于功能较简单的函数，Python 还提供了由表达式构成的匿名函数 lambda()，只需要用一条语句就定义一个 lambda() 函数：

```
v=lambda r,g,b:max(r,g,b)      #定义 lambda() 函数，将 RGB 颜色转换为灰度
v(33,45,67)                    #调用 lambda() 函数
>>> 67
```

📖注意：关于图像色彩的相关内容将在后面的章节中进行介绍。

3.1.4　类与对象

类提供了一种组合数据和功能的方法。创建一个新类意味着创建一个新的对象（数据）类型，从而允许创建一个或多个该类型的新实例。每个类的实例可以拥有保存自己状态的属性，也可以有改变自己状态的（定义在类中）方法。类可以看作一个封闭、自治的王国，其具有严格的边界，与外部交互时需要通过类的方法来完成。

关键字 class 用于类的定义，通常在定义类时需要实现初始化__init__()方法，类的其他方法可以根据需要自行定义。类的每个方法在结构上其实都是函数。这样类也可以看作数据（属性）和函数的集合体，因为特定的函数总是用来处理特定的数据，将二者结合形成类也是十分自然的事情。下面的代码定义了一个 ASCII 码构成的图像类。

代码 3.2　类的定义-ASCII码图像类：t3.2.py

```
class ASCIImage:               #使用 class 关键字声明类的定义，ASCIImage 是类名
    def __init__(self,size=60,default=' ',fill='*'):   #类的初始化函数
        self.size=size                 #定义 ASCII 图像的大小
        self.default=default           #定义 ASCII 的背景字符
        self.fill=fill                 #定义 ASCII 的前景字符
        self.data=self.initdata()      #初始化画布
    def initdata(self):
        #使用列表迭代的方法生成二维数组
        return [[self.default]*self.size for i in range(self.size)]
    def drawcircle(self,r=5):          #以画布中心为圆心，指定半径画圆
```

```
        ct=self.size//2
        r2=r*r
        for r in range(self.size):
            for c in range(self.size):
                if (r-ct)**2+(c-ct)**2<=r2:
                    self.data[r][c]=self.fill
    def clear(self):                        #清空画布
        self.data=self.initdata()
    def show(self):                         #输出 ASCII 图像到终端
        t=[ ''.join(r) for r in self.data ]
        print('\n'.join(t))
#创建一个 ASCII 图像，长和宽均为 21 字符，背景为 x，前景为¤
>>> ai=ASCIImage(21,default='×',fill='¤')
>>> ai.drawcircle(7)                        #绘制一个半径为 7 的圆
>>> ai.show()                               #将绘制结果打印出来，如图 3.1 所示
```

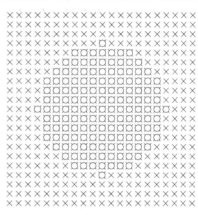

图 3.1 为代码的运行结果，在代码中创建了一个由 ASCII 字符串组成的图像。在还没有接触到图像处理的情况下，使用不同的字符分别作为前景和背景，在列表嵌套结构中实现了一个由二维数组构成的"画布"，并将一个"圆"绘制在这个画布上，最后将绘制好的画布输出为图像。

在这个 ASCIImage 类的实现上，类初始化函数 __init__()通过接收 3 个参数来确定图像的大小、图像的背景填充字符及画笔填充字符。通过这三个参数的设定，可以对画布进行初始化。在初始化函数中画布使用两层列表嵌套实现，外层表示行，里层表示该行的不同列。画圆的过程就是遍历每个像素，对符合条

图 3.1　ASCII 图像类绘制结果

件的像素进行修改（填充颜色），可以看作图像处理的过程。最后的输出就是将处理后的图像进行保存或在屏幕上显示。这个简单的例子包含图像处理的基本过程：图像数组创建，图像像素修改（图像处理），图像的输出。复杂的图像处理也是按照此流程进行的。

可以看出，类作为 Python 的核心概念，不论在理论还是实践上都具有重要的意义。Python 中的每个类型都是类，标准库和第三方库提供的功能大部分也是按照类进行组织的。掌握了类的基本原理后，会大大降低对于类的其他库和模块的学习难度。

注意：关于类的定义与详细构造说明，请查看官方文档，网址为 https://docs.python.org/zh-cn/3/tutorial/classes.html。

3.1.5　标准库

Python 标准库包含常用的功能和方法，并且提供了详细的 API 和文档说明。在编程过程中，大部分情况下直接调用相关标准库里的方法即可免除大量重复性的工作。标准库包括二十多个不同种类和功能的库，例如，与操作系统交互的库、文件目录访问管理的库、网络连接传输的库、数字处理的库、数据存储的库、加密的库、GUI 界面的库、多线程编程的库。标准库功能多样，并没有在 Python 默认环境中导入，使用时需要即时导入，语法

是：import xxx。Python 的所有的标准库都可以在其标准库文档里找到，可以访问 https://docs.python.org/zh-cn/3/library/index.html。下面对与图像处理相关的标准库进行介绍。

1. random库

random 库用于生成随机数和对序列随机采样。下面介绍该库的一些常用方法。

```
>>> import random              #导入模块
>>> random.seed(10)            #设置伪随机数生成器的种子，相同的种子生成的序列相同
>>> random.randint(10,100)     #产生一个随机整数 N，满足 a ≤ N ≤ b
83                             #因为设定了种子，所以此处都应该输出 83
>>> l=[chr(i) for i in range(256)]            #产生一个列表（序列）
>>> random.choice(l)           #从序列里进行随机采样
'i'                            #输出结果随机
>>> random.shuffle(l)          #对序列进行打乱（洗牌）
>>> random.sample(l,10)        #对序列进行指定数量的随机采样
['\x08', 'C', 'S', 'ý', '\x9c', '÷', '\x89', '6', '\x01', '\°']
>>> random.random()            #返回 [0.0, 1.0) 范围内的下一个随机浮点数
0.7335490721200181
```

2. os库

os 库提供了一种调用操作系统相关功能的简便途径。其中，os.path 子模块提供了用于处理目录文件路径的便利函数。下面介绍该模块的一些常用方法。

```
>>> import os
>>> os.environ                 #返回操作系统的环境变量并以字典形式保存
>>> os.environ['HOME']         #返回用户的主目录
'C:\\Users\\Administrator'
>>> os.getcwd()                #获取当前目录，当前目录是当前正在运行的目录
'D:\\ProgramData'
>>> os.chdir('d:/')            #改变当前目录
>>> os.getcwd()                #查看当前目录，已经改变
'd:\\'
>>> os.system('dir')           #调用系统的命令
>>> os.path.exists('d:/ProgramData/Scripts/pip.exe')#判断文件或目录是否存在
True
>>> os.path.isfile('d:/ProgramData/Scripts/pip.exe')     #判断是否是文件
True
>>> os.path.isdir('d:/ProgramData/Scripts/')             #判断是否是路径
True
>>> os.path.basename('d:/ProgramData/Scripts/pip.exe')#获取文件或目录名
'pip.exe'
>>> os.path.dirname('d:/ProgramData/Scripts/pip.exe')    #获取所在文件夹的路径
'd:/ProgramData/Scripts'
>>> os.path.join('d:','test','1','tmp','2.png')          #合成路径
'd:test\\1\\tmp\\2.png'
```

3. glob库

glob 库采用 UNIX 终端使用规则找出所有匹配特定模式的路径名，使用"*""？"等通配符筛选相关的文件或文件夹。glob 库可用于文本、图像和视频等各种文件的检索，使用十分方便。

```
>>> import glob
>>> glob.glob('*')                        #获取当前目录下的所有文件和文件夹
['0.bmp', '2.bmp', ... '0.csv', 'bb.jpg']
>>> glob.glob('*.bmp')                     #获取当前目录下以.bmp 结尾的所有文件
['0.bmp', '2.bmp']
```

4．datetime库

datetime 库提供了有关日期和时间处理的相关功能，能够获取当前日期，进行日期计算等。在批量保存文件或数据时可以用该模块生成时间戳，将时间戳作为文件名，从而保证文件的唯一性，并且可以标识文件的先后顺序。

```
>>> import datetime
>>> d=datetime.datetime.now()            #得到当前系统的日期
datetime.datetime(2020, 10, 26, 14, 52, 1, 21865)
>>> d.year,d.month,d.day,d.weekday()     #分别获取年、月、日等信息
(2020, 10, 26, 0)
>>> d.hour,d.minute,d.second             #分别获取时、分、秒等信息
(14, 52, 1)
>>> d.strftime('%H_%M_%S.jpg')           #格式化时间为字符串
'14_52_01.jpg'
>>> '{d.hour}_{d.minute}_{d.second:0>2}.jpg'.format(d=d)   #使用字符串格式化
'14_52_01.jpg'
```

以上介绍的几个标准库主要与文件访问操作相关，在数字图像处理中常用于图像文件路径的生成和检索，并提供相应的文件保存和读取路径。

3.1.6　第三方库

第三库为 Python 完成多样化的任务提供了强有力的支持，其中对于图像处理任务，需要借助 Python 第三方库。这些第三方库概括来说包含三类：图像读取类、图像处理类（数组，矩阵，张量操作）和图像（数据）显示类。下面以 PIL 作为图像读取类的代表，以 NumPy 作为数组处理类的代表，简要介绍它们在图像处理中的用法和作用，对于张量的操作和数据的可视化将在后面的内容中进行介绍。

1．PIL模块

PIL 模块提供了图像文件的读取、创建和保存等接口功能，广泛应用于图像处理的输入、输出阶段，常用作张量与图像的来回转换任务。同时，该模块也具有一定的图像处理功能，可以完成简单的图像处理任务。下面介绍 PIL 模块的用法。

```
>>> from PIL import Image                 #导入 PIL 模块里的 Image 类
#打开图像，确保当前目录里存在图像，参考 os 模块切换目录
>>> img=Image.open('1.png')
>>> img.show()                           #显示图像
#弹出系统图像显示窗口，如图 3.2（a）所示
#保存图像为.jpg 格式，常用的后缀还有.bmp、.tif 和.gif 等
>>> img.save('1.jpg')
>>> rimg=img.rotate(60)                   #逆时针旋转 60°
>>> rimg.show()                          #显示旋转后的图像
#弹出系统图像显示窗口，如图 3.2（b）所示
```

（a）原始图像　　　　　　　　　　　　（b）旋转图像

图 3.2　PIL 调用系统图像显示窗口显示

上面利用 PIL 库中的 Image 类完成了图像的打开、显示、处理（旋转）操作，并将其存储为指定格式的图像文件。此外，PIL 库也支持从数据中生成图像，下面以生成灰阶图像为例进行介绍。

```
d=[i for i in range(256)]*100          #产生图像数据
imgd=bytes(d)                          #转化为字节串
#根据图像数据，生成宽为 256，高为 100 的渐变灰度图像
img=Image.frombytes('L',(256,100),imgd)
img.save('gb.png')                     #保存图像为 gb.png，如图 3.3 所示
```

在上面的代码中，Image 的静态方法 frombytes()会把用字节串表示的数据，按照指定的宽高和图像类型，将数据转换为图像。待转换的数据长度必须与目标图像一致时才能成功。

注意：PIL 库在本书中主要用于图像数据与图像　　图 3.3　从数据中生成生成灰阶图像 gb.png
　　　文件的中介，即进行二者的互操作。PIL 库包含大量的图像处理函数和像素操作
　　　方法，读者可以查阅其官方文档进行学习。

2. NumPy模块

NumPy 模块提供了数组（矩阵，张量）类型，以及进行数组操作的各种运算。由于数字图像在计算机中是用数组类型表示的，所以可以用数组存储图像数据。利用数组提供的计算方法可以免去逐像素的嵌套循环，使得大量像素的计算与单个像素的计算具有相似的形式，降低了代码的复杂程度。PyTorch 里的张量类型与 NumPy 的数组操作具有一定的重合性，并且 PyTorch 包含 GPU 加速和自动梯度计算等更复杂的功能。下面举例介绍 NumPy 模块的用法。

```
>>> from PIL import Image
>>> import numpy as np               #导入 NumPy 模块并起别名为 np
#生成灰阶图
>>> y=np.ones((100,1))               #生成一个 100×1 大小的以 1 填充的数组
>>> x=np.arange(0,256)               #生成一个 0～255 的数组
```

```
>>> imgd=x*y                       #使用广播机制生成灰度图数据
>>> Image.fromarray(imgd).show()   #从数组中生成灰阶图并显示，如图 3.3 所示
```

在上述代码中，先使用 NumPy 数组的广播机制产生一个高为 100、宽为 256 的数组，再使用 PIL 库中 Image 类的 fromarray()方法将 uint8 类型的数组转换为与数组形状相同的图像，如图 3.3 所示。此外，把现有的图像转换为数组，利用数组提供的方法实现图像处理任务。下面的代码展示了将 PIL 库的图像转为 NumPy 数组，并利用 NumPy 提供的数组运算方法完成从彩色图像到灰度图像的变换，并进行图像的 Gamma 较正。

```
#将图像转为数组，进行图像像素计算
>>> img=Image.open('1.png')
>>> imgd=np.array(img)             #把图像转化成为数组
>>> imgd.shape                     #图像的尺寸
(400, 450, 3)                      #高为 400，宽为 450，RGB3 个通道
>>> greyd=imgd.max(axis=2)         #将 RGB 转换为灰度图，参见前面介绍的灰度转换方法
#将转换后的灰度图像进行保存，见图 3.4（a）
>>> Image.fromarray(greyd).save('greyo.png')
>>> tgreyd=(greyd/255)**(1/3)      #将像素的灰度值进行调整，以开三次方调整
>>> tgreyd=np.uint8(tgreyd*255)               #将像素值转换为 0～255
>>>Image.fromarray(tgreyd).save('tgreyo.png')  #保存转换后的图像，见图 3.4（b）
```

图 3.4（a）是利用数组的 max()方法把一幅 Image 类表示的彩色图像转换灰度图像；图 3.4（b）是利用数组的数值运算，实现图像的伽马校正对灰度图像进行增强。

（a）转换为灰度图像　　　　　　　　　　（b）伽马校正

图 3.4　NumPy 图像处理

在以上两个图像处理中，都进行了逐像素的循环和计算。在彩色转为灰度图像的处理中，对每个像素上红绿蓝三通道取最大值作为最终的灰度；在图像伽马校正中对每个像素使用了一个相同的变换函数：

$$x' = \sqrt[3]{\left(\frac{x}{255}\right)} \times 255$$

其中，x 是输入图像中像素的灰度值，x' 是 x 开三次方后输出的灰度值。在上述代码中，利用数组运算的特性在不使用循环的情况下就完成了对图像中所有像素的处理，避免了显式循环的使用，这是使用数组进行图像处理的优势之一。对于 NumPy 库的使用，有专门的文档和书籍，这里主要使用 NumPy 中的数组类型与 PyTorch 中的张量类型进行互操作。

3.2　PyTorch 基础知识

PyTorch 以张量（数组）类型为核心提供了丰富的张量运算功能，并且在拥有 CUDA 的环境下可以使用 GPU 加速张量的运算，PyTorch 还拥有自动梯度计算功能，能够快速实现复杂的数据处理任务。本节对 PyTorch 里的张量及其运算进行详细介绍，为通过 PyTorch 进行数字图像处理打好基础。

3.2.1　张量的创建

张量（Tensor）是 PyTorch 的核心概念，是 PyTorch 中最重要的数据类型。PyTorch 里的一切操作都是直接或间接对张量进行运算和处理。PyTorch 里的张量与数学里的多维数组在一定程度上是同义词，与 NumPy 里的数组类型相近，同一个张量中的元素具有相同的类型，但 NumPy 里的数组不具备的自动梯度计算功能以及在 CUDA 环境下 GPU 加速张量运算功能等。

表 3.1 列出了 PyTorch 中的张量元素的数据类型，并给出了创建方法。由于 PyTorch 使用的是面向对象的方法构建张量类，所以将张量的创建、维护和处理等一系列操作进行了封装。张量的创建是张量运算和处理的第一步。对于张量的创建，主要有以下几种方法。

表 3.1　张量元素的数据类型

数 据 类 型	dtype标记名	张量创建示例/tc=torch
32位浮点数	torch.float torch.float32	tc.tensor(3,dtype=tc.float32) tc.tensor([3,4],dtype=tc.float)
64位浮点数	torch.float64 torch.double	tc.tensor(3,dtype=tc.float64) tc.tensor([3,4],dtype=tc.double)
16位浮点数	torch.float16 torch.half	tc.tensor(3,dtype=tc.float16) tc.tensor([3,4],dtype=tc.half)
复数	torch.complex64	tc.tensor(3+3j) tc.tensor([3,4],dtype=tc.complex64)
8位无符号数	torch.uint8	tc.tensor(3,dtype=tc.uint8)
8位有符号数	torch.int8	tc.tensor(−3,dtype=tc.int8)
16位有符号数	torch.int16 torch.short	tc.tensor(−3,dtype=tc.int16) tc.tensor([3,44],dtype=tc.short)
32位有符号数	torch.int32 torch.int	tc.tensor(−3,dtype=tc.int32) tc.tensor([3,44],dtype=tc.int)
64位有符号数	torch.int64 torch.long	tc.tensor(−3,dtype=tc.int64) tc.tensor([3,44],dtype=tc.long)
布尔值	torch.bool	tc.tensor([−3,0],dtype=tc.bool)

1．通过标量创建张量

通过标量创建的张量对象具有一些内置的属性和方法：

```
>>> import torch as tc        #导入 PyTorch 并设置别名为 tc，以下用 tc 表示 torch
#以给定的数字创建一个张量，dtype 表示创建的数据类型
>>> t=tc.tensor(3,dtype=tc.float)
>>> t.dtype                   #张量的 dtype 属性保存了张量元素的数据类型
>>> torch.float32             #张量的元素类型，所有类型见表 3.1
>>> tc.is_tensor(t),tc.is_tensor(3)    #判断一个变量是否为张量类型
(True, False)
>>> tc.is_floating_point(t)            #张量的元素类型是否为浮点数
True
>>> tc.get_default_dtype()            #获取默认的元素数据类型
torch.float32
t.numel()                             #获取张量元素总数
1
>>>t.item()                           #对于只有一个元素的张量得到 Python 的数值类型
3
```

注意：在导入 PyTorch 时，使用语句 import torch as tc 将 torch 包重命名为 tc 以方便输入，在下文中 tc 就表示 torch。

2．通过列表创建张量

可以使用列表嵌套的方法产生多维的张量，需要列表里的元素都是数值或布尔值，并且如果是嵌套列表，同一层级的子列表要具有相同的长度。

对于包含多个元素的张量，可以使用 tolist() 方法将张量转换为列表。

```
>>> tc.tensor([3],dtype=tc.uint8)     #从只有一个元素的列表中创建张量
>>> tc.tensor(range(10))              #从迭代器中创建一维张量
>>> tc.tensor([[1,2],[3.0,4]])        #从嵌套列表中创建二维张量
tensor([[1., 2.],
        [3., 4.]])
>>> t= tc.tensor([[1,2],[3.0,4]])     #引用上一步骤的结果
>>> t.tolist()                        #将张量转为 Python 的列表类型
[[1.0, 2.0], [3.0, 4.0]]
```

3．通过NumPy数组创建张量

张量类型与 NumPy 数组类型可以无缝地进行相互转换。下面的代码展示了如何将张量与 NumPy 数组进行相互转换。

```
>>> import numpy as np
>>> arr=np.random.random((3,4))      #创建一个 3×4 的 NumPy 数组
>>> tc.from_numpy(arr)               #将 NumPy 数组转换为张量
tensor([[0.5849, 0.9092, 0.3122, 0.3854],
        [0.6706, 0.8828, 0.3209, 0.2485],
        [0.1657, 0.5935, 0.5383, 0.7052]], dtype=torch.float64)
>>> tc.tensor(arr,dtype=tc.float)    #将 NumPy 数组转换为指定类型的张量
tensor([[0.5849, 0.9092, 0.3122, 0.3854],
        [0.6706, 0.8828, 0.3209, 0.2485],
        [0.1657, 0.5935, 0.5383, 0.7052]])
```

```
>>> t=tc.tensor([[0.5761, 0.4008, 0.0085, 0.9668],          #创建张量
        [0.7024, 0.2471, 0.6806, 0.8914],
        [0.8682, 0.6080, 0.4192, 0.4086]],dtype=tc.float)
>>> t.numpy()                         #使用张量的 numpy()方法转化为 NumPy 数组
array([[0.5761, 0.4008, 0.0085, 0.9668],
        [0.7024, 0.2471, 0.6806, 0.8914],
        [0.8682, 0.608 , 0.4192, 0.4086]], dtype=float32)
```

4. 创建指定尺寸的张量

PyTorch 提供了一些特殊的张量,如空张量、0 张量、元素值为 1 的张量、常数张量和范围张量等便捷的创建方法。

```
>>> tc.empty(2,4)                     #创建一个 2×4 的张量,值为创建时的内存中的数据
tensor([[2.3694e-38, 2.3694e-38, 3.3631e-44, 0.0000e+00],
        [1.4013e-45, 0.0000e+00, 5.6052e-45, 8.4490e-39]])
#创建一个元素类型为 uint8 的尺寸为 2×3×4 的张量,值为创建时的内存中的数据
>>> tc.empty(2,3,4,dtype=tc.uint8)
tensor([[[ 65, 114, 114,  97],
         [121,  82, 101, 102],
         [ 12,   0,   0,   0]],

         ...  ...  ...  ...
         [[  0,   0,   0,   0],
         [  1,   0,   0,   0],
         [  0,   0,   0,   0]]], dtype=torch.uint8)
>>> tc.zeros(2,4)                         #创建一个 2×4 的元素值为 0 的张量
tensor([[0., 0., 0., 0.],
        [0., 0., 0., 0.]])
>>> tc.ones(2,4,dtype=tc.int8)        #创建一个 2×4 的张量并设置元素值为 1
tensor([[1, 1, 1, 1],
        [1, 1, 1, 1]], dtype=torch.int8)
>>> tc.full((3,4),2,dtype=tc.int)    #创建一个 3×4 的张量,以 2 为默认值
tensor([[2, 2, 2, 2],
        [2, 2, 2, 2],
        [2, 2, 2, 2]], dtype=torch.int32)
>>> tc.eye(4,4)                        #创建一个对角线元素为 1、其余元素为 0 的张量
tensor([[1., 0., 0., 0.],
        [0., 1., 0., 0.],
        [0., 0., 1., 0.],
        [0., 0., 0., 1.]])
>>> tc.arange(1,10,0.7)        #创建一个一维张量,起始值为 1,终值是 10,步长为 0.7
tensor([1.0000, 1.7000, 2.4000, 3.1000, 3.8000, 4.5000, 5.2000, 5.9000,
6.6000, 7.3000, 8.0000, 8.7000, 9.4000])
#创建一个一维张量,起始值为 1,终值是 10,等间隔为 11 等份
>>> tc.linspace(1,10,11)
>>> tensor([1.0000, 1.9000, 2.8000, 3.7000, 4.6000, 5.5000, 6.4000,
7.3000, 8.2000, 9.1000, 10.0000])
```

5. 创建指定尺寸,元素为随机数的张量

示例如下:

```
>>> tc.rand(3,4)                      #创建 3×4 的张量,每个元素服从 0~1 均匀分布
tensor([[0.4581, 0.4829, 0.3125, 0.6150],
        [0.2139, 0.4118, 0.6938, 0.9693],
        [0.6178, 0.3304, 0.5479, 0.4440]])
```

```
>>> tc.randn(3,4)                           #创建 3×4 的张量，每个元素服从标准正态分布
tensor([[-0.8692, -0.9582, -1.1920,  1.9050],
        [-0.9373, -0.8465,  2.2678,  1.3615],
        [ 0.0157,  1.0990,  0.9537,  1.4011]])
#创建 3×4 的张量，每个元素在 0～256（不含）均匀分布
>>> tc.randint(0,256,(3,4),dtype=tc.uint8)
>>> tensor([[141,  92,  86,  30],
            [158,  89, 140,  65],
            [ 31,  57,  36,  27]], dtype=torch.uint8)
>>> t=tc.rand(3,4)
>>> tc.bernoulli(t)                         #以 t 中的元素为伯努利分布的概率 p 进行抽样
tensor([[0., 1., 1., 0.],
        [1., 0., 1., 1.],
        [1., 0., 0., 1.]])
>>> tc.randperm(4)                          #创建一个 0～4 的一个随机置换
tensor([2, 1, 0, 3])
```

6. 创建与已知张量尺寸相同的张量

使用 tc 模块的 tc.xxx_like()方法构建与已知张量相同尺寸的张量。PyTorch 支持 'empty_like'、'full_like'、'ones_like'、'rand_like'、'randint_like'、'randn_like'和'zeros_like'等几种创建方式。

```
>>> t=tc.rand(3,4)
>>> tc.empty_like(t)              #创建一个与 t 尺寸相同的空张量
tensor([[0., 1., 1., 0.],
        [1., 0., 1., 1.],
        [1., 0., 0., 1.]])
>>> t.shape, _.shape              #张量的 shape 属性存储了张量的尺寸信息
(torch.Size([3, 4]), torch.Size([3, 4]))    #like 方法创建的张量具有相同的尺寸
>>> t.size()                      #张量的 size 方法与 shape 属性的作用相同
torch.Size([3, 4])
>>> tc.zeros_like(t)              #创建一个与 t 尺寸相同的元素为 0 的张量
tensor([[0., 0., 0., 0.],
        [0., 0., 0., 0.],
        [0., 0., 0., 0.]])
>>> tc.ones_like(t)               #创建一个与 t 尺寸相同的元素为 1 的张量
tensor([[1., 1., 1., 1.],
        [1., 1., 1., 1.],
        [1., 1., 1., 1.]])
>>> tc.rand_like(t)               #创建一个与 t 尺寸相同的元素服从 0～1 均匀分布的张量
tensor([[0.7391, 0.9211, 0.3748, 0.3942],
        [0.4632, 0.5956, 0.1567, 0.3049],
        [0.6348, 0.5106, 0.5878, 0.9422]])
>>>tc.randn_like(t)               #创建一个与 t 尺寸相同的元素服从正态分布随机数的张量
tensor([[ 1.3434,  0.3223, -1.2424,  1.2005],
        [ 0.5422, -0.4183, -0.0697,  1.3905],
        [-0.5476, -0.2296, -1.1123, -1.1118]])
#创建一个与 t 尺寸相同的元素服从 0～100 均匀分布的张量
>>> tc.randint_like(t,1,100)
tensor([[85., 90., 66., 39.],
        [93., 38., 98., 29.],
        [32., 63., 50.,  2.]])
```

```
#查看 PyTorch 支持哪些同尺寸张量创建方法
>>> [i for i in dir(tc) if 'like' in i]
['empty_like', 'full_like', 'ones_like', 'rand_like', 'randint_like',
'randn_like', 'zeros_like']
```

7. 创建与已知张量元素类型相同的张量

调用已知张量 t 的 t.new_xxx()方法创建与已知张量元素类型相同的张量。从已知张量创建张量的方法有'new_empty'、'new_full'、'new_ones'、'new_tensor'和'new_zeros'等几种。

```
>>> t=tc.rand(3,4,dtype=tc.half)            #创建一个 16 位浮点数的张量
tensor([[0.8184, 0.0874, 0.2568, 0.9956],
        [0.3442, 0.1797, 0.9761, 0.8877],
        #dtype 用于显示元素数据类型
        [0.1753, 0.8120, 0.9751, 0.1309]], dtype=torch.float16)、
>>> t.new_zeros(2,3)            #创建一个与 t 元素类型相同的 0 张量，张量尺寸为 2～3
tensor([[0., 0., 0.],
        [0., 0., 0.]], dtype=torch.float16)
>>> t.new_ones(3,4)            #创建一个与 t 元素类型相同的 1 张量，张量尺寸为 2～3
tensor([[1., 1., 1., 1.],
        [1., 1., 1., 1.],
        [1., 1., 1., 1.]], dtype=torch.float16)
>>> t.new_empty(3,4)            #创建一个与 t 元素类型相同的空张量，张量尺寸为 3～4
tensor([[0.0000e+00, 0.0000e+00, 0.0000e+00, 0.0000e+00],
        [7.1526e-07, 0.0000e+00, 0.0000e+00, 0.0000e+00],
        [5.9605e-08, 0.0000e+00, 0.0000e+00, 0.0000e+00]], dtype=torch.
float16)
#创建一个与 t 元素类型相同的张量，张量尺寸为 3～4，元素设置为 2
>>> t.new_full((3,4),2)
tensor([[2., 2., 2., 2.],
        [2., 2., 2., 2.],
        [2., 2., 2., 2.]], dtype=torch.float16)
>>> [i for i in dir(t) if 'new' in i]    #查看张量支持哪些同类型张量计算方法
['__new__', 'new', 'new_empty', 'new_full', 'new_ones', 'new_tensor',
'new_zeros']
```

8. 格网张量的创建

格网张量通常用于生成坐标，进行与位置有关的运算，用途十分广泛。PyTorch 提供了方便的格网张量生成方法，能够快捷、便利地生成规则的格网数据。

```
>>> x=tc.linspace(-1,1,10)  #创建[-1,1]有 10 个元素的等间距列表，作为 x 坐标
>>> y=tc.linspace(0,1,10)  #创建[0,1]有 10 个元素的等间距列表，作为 y 坐标
#得到 xx,yy 两个表示 x 坐标，y 坐标的两个格网
>>> xx,yy=tc.meshgrid(x,y,indexing='xy')
>>>xx
tensor([[-1.0000, -0.7778, -0.5556, -0.3333, -0.1111 ,0.1111, 0.3333,
0.5556, 0.7778, 1.0000],
        [-1.0000, -0.7778, -0.5556, -0.3333, -0.1111, 0.1111, 0.3333,
0.5556,0.7778, 1.0000],
        ...
        [-1.0000, -0.7778, -0.5556, -0.3333, -0.1111, 0.1111, 0.3333,
0.5556,0.7778, 1.0000]])
>>> yy
tensor([[0.0000, 0.0000, 0.0000, 0.0000, 0.0000, 0.0000, 0.0000, 0.0000,
0.0000, 0.0000],
```

```
      [0.1111, 0.1111, 0.1111, 0.1111, 0.1111, 0.1111, 0.1111, 0.1111,
0.1111, 0.1111],
      ...
      [0.8889, 0.8889, 0.8889, 0.8889, 0.8889, 0.8889, 0.8889, 0.8889,
0.8889, 0.8889],
      [1.0000, 1.0000, 1.0000, 1.0000, 1.0000, 1.0000, 1.0000, 1.0000,
1.0000, 1.0000]])
```

9. 张量的持久化存取

张量可以用 Python pickle 模块提供的方式保存为本地文件，以持久化保存。同时，PyTorch 也提供了张量的保存方法 save() 和张量的读取方法 load()。示例如下：

```
>>> t=tc.rand(3,4)
>>> tc.save(t,'./ts.pt')#save()方法将张量保存到给定路径和文件名为 ts.pt 的文件中
>>> s=tc.load('./ts.pt')          #load()方法从文件中读取张量
>>> t==s                          #读取的张量与存储前的张量比较，二者相同
tensor([[True, True, True, True],
        [True, True, True, True],
        [True, True, True, True]])
```

10. 张量元素在不同数据类型间的转换

张量里的元素可以是表 3.1 中列出的任意类型。在张量与张量进行交互的过程中，不同类型的张量在元素数据类型一致的情况下能避免数据类型隐式转换带来的操作风险。

```
>>> t=tc.randn(3,4)*3
tensor([[ 2.9699, -1.8459, -4.2330, -5.6950],
        [-7.6896, -1.2519,  0.8669,  0.5231],
        [-1.4335,  2.7257,  0.9310,  1.6308]])
>>> t.byte()                      #转换为 uint8 类型
#uint8 类型没有负数导致负数转换失败，其他数损失小数部分
tensor([[  2, 255, 252, 251],
        [249, 255,   0,   0],
        [255,   2,   0,   1]], dtype=torch.uint8)
>>> t.char()                      #转换为 int8 型，有符号会舍去小数部分
tensor([[ 2, -1, -4, -5],
        [-7, -1,  0,  0],
        [-1,  2,  0,  1]], dtype=torch.int8)
>>> t.int()                       #转换为 32 位 int 型
tensor([[ 2, -1, -4, -5],
        [-7, -1,  0,  0],
        [-1,  2,  0,  1]], dtype=torch.int32)
>>> t.long()                      #转换为 64 位 int 型
tensor([[ 2, -1, -4, -5],
        [-7, -1,  0,  0],
        [-1,  2,  0,  1]])
>>> t.double()                    #转换为 64 位浮点型
tensor([[ 2.9699, -1.8459, -4.2330, -5.6950],
        [-7.6896, -1.2519,  0.8669,  0.5231],
        [-1.4335,  2.7257,  0.9310,  1.6308]], dtype=torch.float64)
>>>t.to(dtype=tc.int8)            #to()方法指定要转换的类型
tensor([[ 2, -1, -4, -5],
        [-7, -1,  0,  0],
        [-1,  2,  0,  1]], dtype=torch.int8)
```

注意：从高精度向低精度类型转换时，可能会使精度甚至数值发生改变，从而导致结果错误。

11. 通过复制张量创建一个新的张量

创建一个与已知张量相同的张量。示例如下：

```
>>> t=tc.randn(3,4)
tensor([[-0.6609, -1.0826,  0.1728,  1.6564],
        [-1.4023, -0.1391, -0.0850, -1.4596],
        [-1.2312,  0.6246, -0.2902,  0.4131]])
>>> s=t.clone()                    #张量的clone()方法，创建复制的张量
>>> s==t
tensor([[True, True, True, True],
        [True, True, True, True],
        [True, True, True, True]])
```

注意：在原张量存在梯度反传的情况下，复制后的张量间的梯度是共享的，需要在复制后使用.detach()方法打破梯度共享。

12. 张量在CPU与GPU之间的转换

张量以相同的使用方式可以在 CPU 和 GPU 之间无差别地进行运算是 PyTorch 的优点之一。PyTorch 提供了非常方便的方法可以将张量在 CPU 与 GPU 之间进行转换，通过设置参数 device 为 cpu 或 cuda 完成张量的转换。

```
#创建 tensor 时使用 device 参数指定张量的设备 cpu 或 cuda
>>> t=tc.zeros(3,4,device='cpu')
>>> t.cuda()                   #将张量转换到 gpu 上
>>> t.cpu()                    #将张量转换到 cpu 上
>>> t.to('cpu')               #使用张量的 to 方法 device 参数进行张量所在设备的转换
```

3.2.2 张量的运算

张量的运算可以分为单个元素的运算、聚合运算、张量间的运算和基于邻域的运算。下面主要介绍基于单个元素的运算、聚合运算和张量间的运算。由于基于邻域的运算对图像处理具有重要的意义，所以放在下一节介绍。

1. 单个元素的运算

单个元素的运算可以认为将一个单变量的函数与张量的所有元素逐个遍历进行求值。利用张量的单个元素的运算，可以在不显式使用循环结构的情况下，对数组中的所有元素进行相同的运算。单个元素的运算可以表示为：

$$x' = f(x)，\quad x \in t$$

其中，t 表示张量，x 是张量的一个元素，f 是单变量函数，x'是运算结果。图 3.5 展示了这种从 x 到 x'的变换 f 所构成的

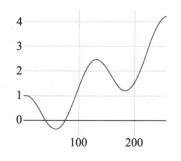

图 3.5　单个元素运算的函数图像

函数图像。单个元素的运算结果张量与输入张量具有相同的尺寸，但元素数据类型可能会发生变化。单个元素的运算可用于图像增强、全局的阈值分割、伽马校正和色彩变换等图像处理操作。

下面是单个元素运算的例子。

```
>>> t=tc.randn(3,4)
tensor([[-1.3449, -0.4545, -0.2082,  1.1070],
        [ 0.6372, -2.1727, -0.7946,  1.0538],
        [-1.4107,  0.3494, -0.8141, -1.3296]])
>>> 2*t**2+3*t-t/2+1            #数值的四则运算，加、减、乘、除、乘方，加一个数字
tensor([[1.2553, 0.2769, 0.5662, 6.2182],
        [3.4051, 5.0096, 0.2763, 5.8555],
        [1.4535, 2.1178, 0.2903, 1.2116]])
>>> tc.abs(t)                          #绝对值
tensor([[1.3449, 0.4545, 0.2082, 1.1070],
        [0.6372, 2.1727, 0.7946, 1.0538],
        [1.4107, 0.3494, 0.8141, 1.3296]])
>>> tc.neg(t)                          #取负值
tensor([[ 1.3449,  0.4545,  0.2082, -1.1070],
        [-0.6372,  2.1727,  0.7946, -1.0538],
        [ 1.4107, -0.3494,  0.8141,  1.3296]])
>>> tc.add(t,20,alpha=0.5)             #带 Alpha 的加法与 t+alpha×20 相同
tensor([[ 8.6551,  9.5455,  9.7918, 11.1070],
        [10.6372,  7.8273,  9.2054, 11.0538],
        [ 8.5893, 10.3494,  9.1859,  8.6704]])
>>> tc.mul(t,2.3)                      #乘法，  与 t×2.3 相同
tensor([[-3.0933, -1.0453, -0.4788,  2.5460],
        [ 1.4656, -4.9972, -1.8275,  2.4238],
        [-3.2447,  0.8037, -1.8725, -3.0580]])
>>> tc.sin(t),tc.cos(t),tc.tan(t)      #三角函数，正弦、余弦、正切
...
>>> tc.asin(t),tc.acos(t),tc.atan(t)   #反三角函数，反正弦、反余弦、反正切
...
>>> tc.sinh(t),tc.cosh(t),tc.tanh(t)   #双曲函数，双曲正弦、双曲余弦、双曲正切
...
>>> tc.exp(t),tc.expm1(t)              #指数函数 e 的 t 次方，e 的 t 次方减1
...
#对数函数，底分别是 2、10、e、e
>>> tc.log2(t),tc.log10(t),tc.log(t),tc.log1p(t)
...
>>> tc.square(t),tc.sqrt(t)            #平方和开方
...
>>> tc.pow(t,2),tc.reciprocal(t)       #幂函数，二次幂，t 的倒数
...
#截取 t 的小数部分，截取 t 的整数部分，截取 t 的符号位
>>> tc.frac(t),tc.trunc(t),tc.sign(t)
...
>>> tc.floor(t),tc.ceil(t)   #比 t 小的最大的整数，比 t 大的最小的整数
...
>>> tc.clamp(t,-1,1)         #将 t 转换到-1～1，小于-1 的修改为-1，大于 1 的修改为 1
...
>>> tc.sigmoid(t)            #Sigmoid()函数常用于神经网络的激活函数
...
>>> tc.relu(t)              #relu()函数常用于神经网络的激活函数
```

```
...
>>> tc.round(t)                          #四舍五入运算
```

2. 聚合运算

与单个元素运算不同,聚合运算通常是计算张量全部或部分元素的统计量或运算结果。由于有多个元素参与运算得到一个结果,所以运算结果与原始张量具有不同的尺寸。张量在聚合运算前往往需要指明沿着某个维度或某几个维度进行计算,因此选择不同的维度可以使张量中参与计算的元素范围发生变化,从而使计算结果也不同。

维度(Dimension)是对张量(多维数组)的空间复杂度的描述。在使用中,对于维度的具体某一维称为轴(Axis)。使用张量的 dim() 方法可获得张量具有的轴(维度)的个数。在 PyTorch 里可以构造从 0 维到数十维度的张量,并以数字对各轴(维度)进行顺序编号。在构造张量时,以括号由外到内的顺序从 0 开始递增计数作为轴(维度)的编号,如 0 轴,1 轴,…,k 轴。当进行聚合操作时,需要指定在某个轴上进行聚合,以此轴为主轴,对其他轴进行逐元素地遍历,沿主轴方向进行计算。下面是聚合运算的示例。

```
>>> tc.tensor(3).dim()                   #标量的维数是 0
0
>>> tc.tensor([3]).dim()                 #一维张量的维数是 1
1
>>> tc.tensor([[[[[3]]]]]).dim()         #张量的维数与表示张量的中括号的个数有关
5
>>> t=tc.rand(3,4)                       #二维张量, 0 轴有 3 个元素, 1 轴有 4 个元素
>>> t
tensor([[7.2540e-01, 8.5176e-02, 3.2802e-01, 6.7238e-01],
        [6.1530e-01, 3.1443e-03, 8.8632e-01, 8.6441e-01],
        [9.4779e-01, 3.1760e-01, 3.6802e-01, 8.6606e-04]])
>>> tc.max(t,dim=0)                      #沿着 0 轴方向上的 3 个元素求最大值
torch.return_types.max(                 #max 返回最大值和最大值所在的序号
        values=tensor([0.9478, 0.3176, 0.8863, 0.8644]),
        indices=tensor([2, 2, 1, 1]))
>>> tc.max(t[:,0],dim=0),tc.max(t[:,1],dim=0),tc.max(t[:,2],dim=0),
tc.max(t[:,3],dim=0)
(torch.return_types.max(                #使用分部的方法实现与上例相同的效果
        values=tensor(0.9478),
        indices=tensor(2)), torch.return_types.max(
        values=tensor(0.3176),
        indices=tensor(2)), torch.return_types.max(
        values=tensor(0.8863),
        indices=tensor(1)), torch.return_types.max(
        values=tensor(0.8644),
        indices=tensor(1)))
>>> tc.max(t,dim=1)                      #沿轴 1 计算最大值,注意与 dim=0 的结果不同
torch.return_types.max(
        values=tensor([0.7254, 0.8863, 0.9478]),
        indices=tensor([0, 2, 0]))
>>> tc.min(t)                           #没有 dim 参数时求张量中所有元素的最小值
tensor(0.0009)
>>> tc.argmin(t)                        #最小值的索引,得到的值是张量 flatten 后的值
tensor(11)
>>> tc.argmax(t)                        #最大值的索引,得到的值是张量 flatten 后的值
tensor(8)
```

```
>>> tc.mean(t,dim=1)                    #沿轴 1 的均值
tensor([0.4527, 0.5923, 0.4086])
>>> tc.median(t,dim=0)                  #沿轴 0 的中值
torch.return_types.median(
        values=tensor([0.7254, 0.0852, 0.3680, 0.6724]),
        indices=tensor([0, 0, 2, 0]))
>>> tc.prod(t)                          #元素连乘
tensor(1.9380e-09)
>>> tc.sum(t,dim=1)                     #沿着轴 1 求和
tensor([1.8110, 2.3692, 1.6343])
>>> tc.std(t,dim=0)                     #求标准差
tensor([0.1694, 0.1631, 0.3114, 0.4534])
>>> tc.std_mean(t,dim=0)                #求标准差和均值
(tensor([0.1694, 0.1631, 0.3114, 0.4534]), tensor([0.7628, 0.1353, 0.5275,
0.5126]))
>>> tc.var(t,dim=0)                     #求方差
tensor([0.0287, 0.0266, 0.0970, 0.2056])
>>> tc.var_mean(t,dim=0)                #求方差和均值
(tensor([0.0287, 0.0266, 0.0970, 0.2056]), tensor([0.7628, 0.1353, 0.5275,
0.5126]))
>>> tc.dist(t,0.5*t)                    #求两个张量的 p 距离，默认 p=2，即欧氏距离
tensor(2.9072)
```

3. 张量间的运算

张量与张量之间的运算通常以对应元素间的运算为主，一般需要参与运算的两个张量在尺寸上一致，或符合矩阵运算的要求。虽然广播（Broadcasting）机制给不同尺寸的张量之间的运算带来了便利，但是同时也存在理解困难，容易导致计算结果与预期不符。因此，在处理张量之间的运算时，保证其尺寸相匹配是十分重要的。下面介绍张量间的常用运算，示例如下：

```
>>> a=tc.rand(3,4)
>>> b=tc.randn(3,4)
#张量的数值运算
>>> a+b                                 #矩阵的加法，与 tc.add(a,b)相同
tensor([[ 0.8607,  0.4096,  0.0564, -1.3168],
        [ 0.5868,  1.4429,  1.5700,  0.7390],
        [ 1.2607,  0.5292, -0.7058,  0.2353]])
>>> tc.sub(a,b)                         #矩阵的减法，与 a-b 相同
tensor([[-0.4203,  0.6649,  1.6682,  2.4579],
        [-0.2661,  0.2853, -1.3287,  0.7369],
        [ 0.0910,  1.2512,  2.2256,  1.2383]])
>>> 3*a+4*b-1/a+b**2                     #进行四则运算
tensor([[-0.9086, -0.7439, -1.1468, -4.0282],
        [-3.8667,  4.0855, -0.0280,  0.8628],
        [ 3.2295,  0.2335, -2.7507, -0.9012]])
#张量间的矩阵运算
>>> tc.mm(a,b.T)                        #矩阵的乘法，需要尺寸匹配，.T 表示转置
tensor([[-1.6993,  1.6553, -1.6152],
        [-1.4976,  0.7442, -0.7651],
        [-1.6838,  1.9057, -1.4094]])
>>> a=tc.rand(3,4)
>>> c=tc.rand(4)
>>> tc.mv(a,c)                          #矩阵与一维张量的乘法
```

```
tensor([1.4904, 0.5357, 0.8232])
>>> tc.matrix_power(tc.mm(a,a.T),3)            #矩阵的幂
tensor([[8.9472, 4.4351, 5.6725],
        [4.4351, 2.2337, 2.8219],
        [5.6725, 2.8219, 3.5995]])
>>> tc.det(tc.mm(a,a.T))                       #方阵的行列式
tensor(0.0464)
>>> tc.inverse(tc.mm(a,a.T))                   #方阵的逆矩阵
tensor([[ 3.8897,  0.4966, -5.8771],
        [ 0.4966,  3.6388, -3.3153],
        [-5.8771, -3.3153, 12.2693]])
#张量间的逻辑运算
>>> s=tc.randint(1,10,(3,4))
tensor([[2, 5, 2, 1],
        [9, 1, 2, 4],
        [5, 5, 6, 2]])
>>> t=tc.randint(1,10,(3,4))
tensor([[2, 5, 9, 6],
        [7, 9, 6, 5],
        [8, 5, 2, 2]])
#判断两个张量的对应元素是否相等，反之，判断不相等则使用tc.ne()函数
>>> tc.eq(s,t)
tensor([[ True,  True, False, False],
        [False, False, False, False],
        [False,  True, False,  True]])
>>> tc.ge(s,t)                        #元素大于或等于，小于或等于的比较函数tc.le
tensor([[ True,  True, False, False],
        [ True, False, False, False],
        [False,  True,  True,  True]])
>>> tc.gt(s,t)                        #元素大于、小于的比较函数tc.lt
tensor([[False, False, False, False],
        [ True, False, False, False],
        [False, False,  True, False]])
#张量间的选择运算
>>> tc.where(s>t,s,t)                 #两个张量取最大值与tc.maximum()相同
tensor([[2, 5, 9, 6],
        [9, 9, 6, 5],
        [8, 5, 6, 2]])
>>> tc.where(s>t,t,s)                 #两个张量取最小值与tc.minimum()相同
tensor([[2, 5, 2, 1],
        [7, 1, 2, 4],
        [5, 5, 2, 2]])
```

📖注意：以上张量运算是张量的基本操作，在图像处理中非常重要，要熟练掌握。

3.2.3　卷积及局部邻域的运算

　　3.2.2 节介绍的逐元素运算和张量间的运算大部分都是张量的单个元素或两个元素之间的运算，而聚合运算通常是以某个轴上的所有元素进行的操作。这些运算在图像处理中可用于单个像素的处理。在图像处理的发展中，基于单个像素的运算作用有限，经常要将像素及其邻域的其他像素包含在内进行处理，因此需要进行邻域操作。

　　邻域操作的基本思想是在提取单个像素的信息时，不仅要考虑像素本身，而且要考虑

其周边的像素为上下文信息提供辅助决策。在图像处理中经常使用邻域运算方法，例如，均值滤波、高斯滤波、中值滤波、形态学运算、边缘增强和卷积运算等操作。实际上，在深度学习中以卷积和池化为代表的局部邻域操作对图像处理发挥了重要的作用。下面就对张量的邻域运算进行介绍。

由于图像通常可用二维或三维张量进行表示，为了方便，这里以二维张量介绍邻域运算的过程。首先，邻域运算通常是对张量中的每个元素进行计算，并得出该元素所在位置的运算结果；其次，邻域运算与点运算不同，不是单变量的一元函数，而是多变量的多元函数，该多元函数的变量由待计算元素和位于该元素一定邻域内的其他元素构成。张量的邻域计算式如下：

$$x' = f(x, x_1, x_2, x_3, \cdots, x_k)$$

其中，x' 不为待计算的元素，x_1, x_2, x_3, $\cdots$, x_k 为 x 在一定邻域内的其他元素，通常在二维张量里取矩形邻域，在三维张量里取立方体邻域。以上就是邻域运算的基本过程，当定义不同的邻域运算函数 f 时，就会构成不同的邻域运算。

当 f 为线性函数时，就称邻域运算 f 为卷积运算。卷积运算是一种常用的邻域运算，即邻域的线性运算，本质上就是邻域的加权和，可用下面的公式表示：

$$x' = x \times w_0 + x_1 \times w_1 + x_2 \times w_2 + x_3 \times w_3 + \cdots + x_k \times w_k + b$$

其中，w 是权重参数，b 是偏置，上式可以用矢量的形式简写为：

$$x' = W^T * X + b$$

其中，$*$ 为向量的内积运算，W 可以称作卷积核，W 的长度（变量 k）的值与邻域的取法和大小有关，通常邻域取 3×3、5×5 或 7×7 等奇数组成的矩形窗口，k 也称为卷积核或滑窗的尺寸。在确定好窗口大小、权重参数 w 和偏置 b 的具体值后，对张量上每个元素进行遍历操作即可。

由于遍历的过程像是一个用卷积核 W 沿着图像在滑动，因此称这种操作为卷积。图3.6 展示了卷积的计算原理，W 是卷积核，X 是待处理的张量，卷积核 W 在张量 X 上滑动，在每一个位置上按照加权和的形式进行计算，从而得到该位置的卷积结果。在全部计算完成后，得到的卷积结果比原始的结果尺寸变小，可以使用填充扩边来保证尺寸相同。此外，在部分情况下，也可以使用非连续的滑窗，并且滑窗可以是其他形状。

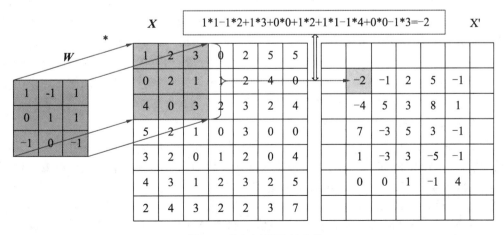

图 3.6　卷积运算原理示意

PyTorch 的 torch.nn 子模块 functional 定义了高级的张量操作，特别是提供了有关邻域的运算。在 functional 模块里定义了多种类型的邻域运算函数，可对特定尺寸的张量进行卷积运算，其中，卷积计算函数 conv2d() 可用于图像张量的运算，将卷积运算功能进行了封装，只需要调用此函数，设定卷积核和偏置等参数即可完成卷积运算。下面以图 3.6 所示的张量和卷积核进行的卷积运算为例，介绍 conv2d() 的使用方法。

```
>>> from torch.nn import functional as F    #关于邻域操作的函数都在此模块下
>>> x=tc.tensor([[[[1., 2., 3., 0., 2., 5., 5.],
                   [0., 2., 1., 1., 2., 4., 0.],
                   [4., 0., 3., 2., 3., 2., 4.],
                   [5., 2., 1., 0., 3., 0., 0.],
                   [3., 2., 0., 1., 2., 0., 4.],
                   [4., 3., 1., 2., 3., 2., 5.],
                   [2., 4., 3., 2., 2., 3., 7.]]]])    #构建待卷积的张量 x
>>> w=tc.tensor([[[[ 1., -1.,  1.],              #构建卷积核 w
                   [ 0.,  1.,  1.],
                   [-1.,  0., -1.]]]])
>>>F.conv2d(x,w)                                 #计算卷积核对张量 x 的卷积
#输出:
 tensor([[[[-2., -1.,  2.,  5., -1.],
           [-4.,  5.,  3.,  8.,  1.],
           [ 7., -3.,  5.,  3., -1.],
           [ 1., -3.,  3., -5., -1.],
           [ 0.,  0.,  1., -1.,  4.]]]])          #卷积运算结果
```

在上面的实例代码中，构造了待卷积的张量 x，张量本身是二维的，但 conv2d() 函数需要接受一个四维张量，因此对张量添加两个维度后再送入 conv2d() 函数。同样，对于卷积核 w 也需要扩充到四维。

🔔**注意**：conv2d() 卷积函数只能进行元素类型是 tc.float32 的张量的卷积运算，其他类型的数据需要进行类型转换后再操作。

conv2d() 函数里除了需要待卷积的张量和卷积核外，还有 bias、stride、padding 及 dilation 等参数，它们都能影响卷积的最终结果。bias 是偏置项，对应卷积计算公式中的 b；stride 是每次滑动的距离，默认是每次滑动一个元素，设置为 2 时表示每次滑动时跳过一个元素不计算，可以用两个元素设置水平和竖直两个方向的 stride；padding 是对输入张量在卷积前进行扩充元素的个数，正确的扩充会使得卷积结果与输入张量具有相同的尺寸。

许多数字图像的处理都可以看作使用不同卷积核在输入图像上进行卷积运算。例如，当卷积核大小为 3×3 的张量且元素值均为 1/9 时，对数字图像进行卷积操作常用来消除噪声和平滑图像的均值滤波。如果卷积核是高斯核，那么就是高斯模糊；如果卷积核是梯度算子，那么就是经典的边缘提取算子。

对于均值滤波，除了使用自定义的均值滤波模板和 conv2d() 函数实现外，由于其用途广泛，所以在 functional 子模块里直接定义 avg_pool2d() 的函数用来进行均值滤波操作。avg_pool2d 函数的使用方法与 conv2d() 函数基本相同。

```
#x 为上部代码中的 x
>>>F.avg_pool2d(x,3,stride=1)    #使用窗口为 3 的均值滤波，步长 stride 设为 1
#可以进行验算，与均值滤波相同
tensor([[[[1.7778, 1.5556, 1.8889, 2.3333, 3.0000],
```

```
              [2.0000, 1.3333, 1.7778, 1.8889, 2.0000],
              [2.2222, 1.2222, 1.6667, 1.4444, 2.0000],
              [2.3333, 1.3333, 1.4444, 1.4444, 2.1111],
              [2.4444, 2.0000, 1.7778, 1.8889, 3.1111]]]])
#使用 conv2d() 进行均值滤波
>>> w=tc.full((1,1,3,3),1/9)              #创建一个均值滤波器
>>> F.conv2d(x,w)                         #进行卷积运算
#与使用 avg_pool2d() 的结果相同
tensor([[[[1.7778, 1.5556, 1.8889, 2.3333, 3.0000],
              [2.0000, 1.3333, 1.7778, 1.8889, 2.0000],
              [2.2222, 1.2222, 1.6667, 1.4444, 2.0000],
              [2.3333, 1.3333, 1.4444, 1.4444, 2.1111],
              [2.4444, 2.0000, 1.7778, 1.8889, 3.1111]]]])
```

　　avg_pool2d() 函数与 conv2d() 函数类似，也可以接收其他参数，完成更复杂的均值滤波功能，具体可以参考其官方文档中的介绍。

　　上面介绍的卷积运算都是以线性多元函数对一定邻域内的元素进行的加权和。如果用其他非线性函数代替线性多元函数，那么就可以得到其他基于邻域运算方法。这样的函数可以是求邻域内的最大值、最小值或中值等一系列非线性函数，如求邻域最大值的 max_pool2d() 函数及生成张量邻域的 unfold() 函数等。

　　max_pool2d() 函数是将邻域运算中的函数 f 设定为最大值函数，将邻域内的最大元素值作为计算结果。由于求最大值函数是非线性的操作，所以该操作不能使用卷积来完成。PyTorch 对于这种求最大值的邻域运算也进行了封装，通过 max_pool2d() 函数可以方便地调用。

```
>>> F.max_pool2d(x,3,stride=1)
tensor([[[[4., 3., 3., 5., 5.],
              [5., 3., 3., 4., 4.],
              [5., 3., 3., 3., 4.],
              [5., 3., 3., 3., 5.],
              [4., 4., 3., 3., 7.]]]])
```

　　如果要实现更复杂的邻域运算，通常需要进行多层的循环嵌套。PyTorch 提供提供了一对用于邻域展开和折叠的便利函数，可以支持实现任意自定义的邻域运算。对于在邻域内定义的其他函数，PyTorch 提供了 unfold() 函数用于得到所有滑窗内的数据，在对所有滑窗数据处理完成之后，可以使用 fold() 函数恢复新张量。下面就以 PyTorch 提供的邻域展开与折叠函数，实现与 max_pool2d() 函数功能相同的最大值池化为例，介绍 unfold() 函数和 fold() 函数的使用方法：

```
>>> uf=F.unfold(x,3) #对于 7×7 的张量 x 用 3×3 的窗口展开，可以得到 5×5 总共 25 个滑窗
>>> uf.shape
#最后一维表示展开得到的 25 个滑窗，9 表示窗口内的 9 个邻域元素
torch.Size([1, 9, 25])
>>> mx=tc.max(uf,dim=1,keepdims=True)[0]     #得到每个邻域内的最大值
>>> mx.shape
torch.Size([1, 1, 25])                        #最后得到每个滑窗内的最大值

#将滑窗计算的结果进行恢复，(5,5)指恢复后的尺寸，1指恢复后的通道数
>>>F.fold(mx,(5,5),1)
tensor([[[[4., 3., 3., 5., 5.],               #结果与 max_pool2d() 的结果相同
```

```
          [5., 3., 3., 4., 4.],
          [5., 3., 3., 3., 4.],
          [5., 3., 3., 3., 5.],
          [4., 4., 3., 3., 7.]]]])
```

通过对最大值滤波运算进行实现后，可以看出，unfold()函数直接按照给定的滑窗大小展开张量以获取所有窗口数据，fold()函数将所有滑窗运算完的结果恢复为原始维度。这样张量的邻域运算就可以先使用 unfold()获取所有的窗口数据，而后可以根据自定义的函数 f 对每个窗口里的数据进行运算，最后使用 fold()函数将计算结果恢复到相应的尺寸。

🔔注意：在图像处理中，将 unfold()函数的功能称为 img2col。

中值滤波是一种图像去噪的滤波算法，可有效去除孤立的点噪声。该图像处理方法可以在 unfold()函数和 fold()函数的协助下，先使用 unfold()函数对张量展开从而得到所有的邻域数据，然后对各个邻域计算中值，最后使用 fold()函数恢复结果，完成中值滤波。

```
>>> uf=F.unfold(x,3)
>>> md=tc.median(uf,dim=1,keepdims=True)[0]
>>> F.fold(md,(5,5),1)
tensor([[[[2., 2., 2., 2., 3.],
          [2., 1., 2., 2., 2.],
          [2., 1., 2., 2., 2.],
          [2., 1., 1., 2., 2.],
          [3., 2., 2., 2., 3.]]]])
```

图像的局部方差能够反映局部灰度变化的程度，可用于图像的自适应阈值分割。在使用 PyTorch 的邻域展开、邻域折叠和张量计算函数后，仅用三行代码即可完成求取指定邻域范围内的方差。

```
>>> uf=F.unfold(x,3)                      #将张量以 3×3 的邻域展开
>>> var=tc.var(uf,dim=1,keepdim=True)     #计算 3×3 邻域内的方差
>>> F.fold(var,(5,5),1)                   #将滑窗计算的结果恢复
tensor([[[[1.9444, 1.2778, 1.1111, 2.2500, 2.7500],
          [3.0000, 1.0000, 1.1944, 1.8611, 2.7500],
          [2.9444, 1.1944, 1.5000, 1.5278, 2.7500],
          [2.5000, 1.0000, 1.2778, 1.5278, 3.3611],
          [1.7778, 1.5000, 0.9444, 0.8611, 4.1111]]]])
```

以卷积为代表的张量邻域运算在数字图像处理中起到了关键性的作用，帮助近年来以深度学习为代表的方法在图像处理任务上取得了突破。PyTorch 不仅提供便利的卷积函数来降低卷积运算的使用难度，同时，为了方便开发者自定义邻域运算，PyTorch 提供了张量的 unfold()和 fold()这两个生成邻域数据和恢复数据的便利函数。此外，邻域运算中的邻域可以调整大小和形状，往小可以缩为单个元素大小，往大可以扩展为整个张量，因此，邻域数据的生成和邻域的运算，对数字图像处理具有广泛的普适性。

3.2.4　张量的变换

在张量的运算过程中，张量的尺寸对运算具有极为重要的影响。在卷积运算中，如果

卷积结果与输入张量在尺寸上发生变化，如尺寸缩小(k-1)个元素，那么在邻域操作中的 unfold()函数和 fold()函数都会改变张量尺寸。此外，当两个或多个张量进行运算时，一般需要在相同的尺寸条件下进行。张量的变换就是根据需要将一个或多个张量的尺寸进行改变，以适应不同的用途。张量的变换可以分为：张量的切片、张量的轴的交换、张量元素位置的变换、张量的扩展与缩放、张量的维度变换等。

1. 张量的切片

张量的切片方法与列表的切片方法类似，就是从一个张量中提取一个元素构成子张量。张量的切片主要使用下标索引的方法进行切片。示例如下：

🔔注意：切片后的结果张量的维度可能会发生变化。

```
>>> t=tc.randn(3,4)
tensor([[-0.6940,  0.4020,  1.0802, -0.2174],
        [-0.2954,  1.2400, -0.8841,  0.4154],
        [ 0.7557, -1.5201, -1.5141, -0.9020]])
>>> t[1,3]                       #使用元素的下标，提取指定位置的元素
tensor(0.4154)
>>> t[1:2,3:4]                   #提取指定位置的元素时保留维度不变
tensor([[0.4154]])
>>> t[0,:]                       #获取指定行
tensor([-0.6940,  0.4020,  1.0802, -0.2174])
>>> t[:,2]                       #获取指定列
tensor([ 1.0802, -0.8841, -1.5141])
>>> t[:,2:3]                     #获取指定列并保留维度
tensor([[ 1.0802],
        [-0.8841],
        [-1.5141]])
>>> t[1:,1:]                     #提取从 1,1 开始后的所有元素
tensor([[ 1.2400, -0.8841,  0.4154],
        [-1.5201, -1.5141, -0.9020]])
>>> t[1:,1:3]                    #提取部分范围的元素
tensor([[ 1.2400, -0.8841],
        [-1.5201, -1.5141]])
>>> t[0,::2]                     #具有步长的行切片
tensor([-0.6940,  1.0802])
>>> t[1:,1::2]                   #具有步长的块切片
tensor([[ 1.2400,  0.4154],
        [-1.5201, -0.9020]])
```

2. 张量元素位置的变换

张量元素位置的变换主要是数字图像处理中的几何变换，如水平或竖直翻转，90°、180°、270°和 360°旋转，以及翻转与旋转的复合。对于这些变换，PyTorch 给出了相关的张量操作函数可以直接调用，下面以二维张量的变换为例，介绍这些函数的使用。

```
>>> t=tc.randn(3,4)
tensor([[-0.0981,  0.6180,  1.5858, -0.9752],
        [ 0.3580, -0.0029, -0.8511,  0.3281],
        [-1.5610,  0.9467, -1.5658,  0.7360]])
>>> tc.fliplr(t)                 #进行水平翻转并返回翻转后的结果
tensor([[-0.9752,  1.5858,  0.6180, -0.0981],
```

```
            [ 0.3281, -0.8511, -0.0029,  0.3580],
            [ 0.7360, -1.5658,  0.9467, -1.5610]])
>>> tc.flipud(t)                    #进行竖直翻转并返回翻转后的结果
tensor([[-1.5610,  0.9467, -1.5658,  0.7360],
        [ 0.3580, -0.0029, -0.8511,  0.3281],
        [-0.0981,  0.6180,  1.5858, -0.9752]])
>>> tc.flip(t,[0])                  #使用 flip() 函数指定轴翻转
tensor([[-1.5610,  0.9467, -1.5658,  0.7360],
        [ 0.3580, -0.0029, -0.8511,  0.3281],
        [-0.0981,  0.6180,  1.5858, -0.9752]])
>>> tc.flip(t,[0,1])                #使用 flip() 函数多轴同时翻转
tensor([[ 0.7360, -1.5658,  0.9467, -1.5610],
        [ 0.3281, -0.8511, -0.0029,  0.3580],
        [-0.9752,  1.5858,  0.6180, -0.0981]])
>>> tc.t(t)                        #用于转置二维张量, 张量的尺寸可能会发生变化
tensor([[-0.0981,  0.3580, -1.5610],
        [ 0.6180, -0.0029,  0.9467],
        [ 1.5858, -0.8511, -1.5658],
        [-0.9752,  0.3281,  0.7360]])
>>> tc.rot90(t)                     #逆时针旋转 90°
tensor([[-0.9752,  0.3281,  0.7360],
        [ 1.5858, -0.8511, -1.5658],
        [ 0.6180, -0.0029,  0.9467],
        [-0.0981,  0.3580, -1.5610]])
>>> tc.rot90(t,3)                   #旋转 3 个 90°, 即 270°
tensor([[-1.5610,  0.3580, -0.0981],
        [ 0.9467, -0.0029,  0.6180],
        [-1.5658, -0.8511,  1.5858],
        [ 0.7360,  0.3281, -0.9752]])
>>> tc.roll(t,-1,0)                #沿着张量的 0 轴向上使张量循环滚动 1 个元素的距离
tensor([[ 0.3580, -0.0029, -0.8511,  0.3281],
        [-1.5610,  0.9467, -1.5658,  0.7360],
        [-0.0981,  0.6180,  1.5858, -0.9752]])
```

注意: 在部分变换操作后, 张量的尺寸会发生改变。例如, 尺寸为 3×4 的张量旋转 90° 后成为尺寸 4×3 的张量。

3. 张量的扩展与缩放

在卷积等邻域运算中, 输入与输出的张量具有不同的尺寸, 往往需要对输入进行扩展后再进行卷积, 以期得到相同尺寸的张量。此外, 在数字图像处理中, 图像的缩放也是最常用的处理方式。下面举例说明张量的扩展和缩放在 PyTorch 里的使用。

```
#张量扩展(1,1,1,1 表示扩展方向和扩展长度), value 是填充值
>>> F.pad(t,(1,1,1,1),value=0)
tensor([[ 0.0000,  0.0000,  0.0000,  0.0000,  0.0000,  0.0000],
        [ 0.0000, -0.0981,  0.6180,  1.5858, -0.9752,  0.0000],
        [ 0.0000,  0.3580, -0.0029, -0.8511,  0.3281,  0.0000],
        [ 0.0000, -1.5610,  0.9467, -1.5658,  0.7360,  0.0000],
        [ 0.0000,  0.0000,  0.0000,  0.0000,  0.0000,  0.0000]])
>>> F.pad(t,(-1,-1,1,1),value=0 )          #部分方向收缩, 部分方向扩展
tensor([[ 0.0000,  0.0000],
        [ 0.6180,  1.5858],
        [-0.0029, -0.8511],
```

```
            [ 0.9467, -1.5658],
            [ 0.0000,  0.0000]]])
#最近邻采样放大一倍
>>> F.interpolate(t.unsqueeze(0).unsqueeze(0),scale_factor=2,mode=
'nearest')
tensor([[[[-0.0981, -0.0981,  0.6180,  0.6180,  1.5858,  1.5858, -0.9752,
-0.9752],
          [ 0.3580,  0.3580, -0.0029, -0.0029, -0.8511, -0.8511,  0.3281,
0.3281],
          [-1.5610, -1.5610,  0.9467,  0.9467, -1.5658, -1.5658,  0.7360,
0.7360]]])
#使用双线性差值放大一倍
>>> F.interpolate(t.unsqueeze(0).unsqueeze(0),scale_factor=2,mode=
'bilinear')
tensor([[[[-0.0981,  0.0809,  0.4390,  0.8599,  1.3439,  0.9456, -0.3349,
-0.9752],
          [ 0.0160,  0.1277,  0.3510,  0.5912,  0.8481,  0.5701, -0.2429,
-0.6493],
          [ 0.2440,  0.2211,  0.1752,  0.0538, -0.1433, -0.1809, -0.0588,
0.0023],
          [-0.1217, -0.0327,  0.1454, -0.0816, -0.7137, -0.6648,  0.0651,
0.4301],
          [-1.0812, -0.6336,  0.2617,  0.1852, -0.8630, -0.8818,  0.1287,
0.6340],
          [-1.5610, -0.9341,  0.3198,  0.3186, -0.9377, -0.9903,  0.1606,
0.7360]]]])
```

4. 张量的分块与合并

张量的分块是将张量沿着某一维度拆分成多个子张量。张量的合并是将多个张量沿某一维度合并为一个张量。示例如下：

```
>>> t=tc.rand(20,100,100)          #构造待分块的张量
>>> a,b,c,d=tc.split(t,5,dim=0)    #沿着第 0 维，每 5 个为一块，可以分为 4 个块
>>> a.shape                        #查看分块后第一个块的尺寸
torch.Size([5, 100, 100])
>>> s=tc.chunk(t,5,dim=0)          #与 split()的功能相同，5 表示分块数
>>> len(s)                         #查看分成的块数
5
>>> s[0].shape                     #查看第一块的尺寸
torch.Size([4, 100, 100])
>>> tt=tc.cat(s,0)   #将分块的张量再连接到一起，可以看作 split 或 chunk 的逆操作
>>> tc.all(tc.eq(tt,t))            #将连接后的结果与原始张量相比，二者相同
tensor(True)
>>> ts=tc.stack(s,dim=0)           #stack()与 cat()有所区别，stack()是为张量
                                   #新增一个维度，在新的维度上进行多个张量的叠
                                   #加，cat()是在现有维度上进行多个张量的追加
>>> ts.shape
torch.Size([5, 4, 100, 100])
```

5. 沿轴的扩张和格网的生成

示例如下：

```
>>> x=tc.linspace(-5,5,100)        #取一个列表
>>> xx=x.repeat(100,1)             #沿 y 轴进行复制，得到格网的 x 坐标
```

```
>>> yy=tc.rot90(xx)                    #逆时针旋转 90°生成 y 坐标
#生成范围在-5~5 之间的格网
>>> yy,xx=tc.meshgrid(tc.linspace(5,-5,100),tc.linspace(-5,5,100))
>>> zz=tc.exp(-xx**2-yy**2)            #生成一个接近二维高斯分布的数据
```

6．张量的维度变换

示例如下：

```
>>> t=tc.rand(3,4)
>>> tensor([[0.7694, 0.2965, 0.3519, 0.4467],
            [0.0410, 0.8614, 0.2276, 0.1989],
            [0.8354, 0.5931, 0.2492, 0.0306]])
>>> tc.flatten(t)                      #将 t 展平为一维张量
tensor([0.7694, 0.2965, 0.3519, 0.4467, 0.0410, 0.8614, 0.2276, 0.1989,
0.8354, 0.5931, 0.2492, 0.0306])
#将 t 直接改变为指定尺寸，根据情况，可能返回 t 的引用，也可能复制
>>> tc.reshape(t,(2,6))
tensor([[0.7694, 0.2965, 0.3519, 0.4467, 0.0410, 0.8614],
        [0.2276, 0.1989, 0.8354, 0.5931, 0.2492, 0.0306]])
>>> t.view(2,6)          #将 t 视为指定尺寸，返回的是 t 的引用与 t 共享相同的数据空间
tensor([[0.7694, 0.2965, 0.3519, 0.4467, 0.0410, 0.8614],
        [0.2276, 0.1989, 0.8354, 0.5931, 0.2492, 0.0306]])
>>> tc.unsqueeze(t,0)                   #插入一个轴到指定维度
tensor([[[0.7694, 0.2965, 0.3519, 0.4467],
         [0.0410, 0.8614, 0.2276, 0.1989],
         [0.8354, 0.5931, 0.2492, 0.0306]]])
>>> tu=tc.unsqueeze(t,0)                #插入一个轴到指定维度
tensor([[[0.7694, 0.2965, 0.3519, 0.4467],
         [0.0410, 0.8614, 0.2276, 0.1989],
         [0.8354, 0.5931, 0.2492, 0.0306]]])
>>> tc.squeeze(tu,0)             #删除指定轴，当此轴上只有一个元素时可删除
tensor([[0.7694, 0.2965, 0.3519, 0.4467],
        [0.0410, 0.8614, 0.2276, 0.1989],
        [0.8354, 0.5931, 0.2492, 0.0306]])
>>> t.permute([1,0])                    #调换轴的访问顺序
tensor([[0.7694, 0.0410, 0.8354],
        [0.2965, 0.8614, 0.5931],
        [0.3519, 0.2276, 0.2492],
        [0.4467, 0.1989, 0.0306]])
```

本节对 PyTorch 中最关键的张量数据类型进行了详细介绍，包括张量的创建和张量的运算，特别是张量的邻域运算对数字图像处理具有重要的意义。

3.3　Visdom 基础知识

Visdom 库可方便地进行数据可视化，能够绘制各种曲线图，显示图像，展示三维数据等。本节将 Visdom 可视化功能进行简要的介绍。

在进行数据可视化之前，需要安装并启动 Visdom，可参考第 2 章的相关内容。在启动 Visdom 服务时可以对服务器的相关参数进行设定。

❑ port：设定服务器的端口，默认端口为 8097。

❑ hostname：设定运行的服务器名称，默认是'localhost'。

❑ base_url：设定服务器的基地址，默认是 /。

❑ env_path：设定加载会话的路径。

❑ logging_level：设定日志显示等级，默认是 INFO 级，即对文本和数值日志都进行显示。

❑ readonly：设定服务器只读。

❑ enable_login：设定服务器需要登记，在启动时会要求提供用户名和密码。

❑ force_new_cookie：在进行 enable_login 设定时，对 cookie 进行强制刷新。

注意：可以通过 visdom -h 命令获取 Visdom 所有配置参数的使用帮助信息。

在数据可视化上，Visdom 使用 Plotly 作为数据可视化工具，可以直接通过 Visdom 的 API 调用 Plotly 的绘图接口，示例如下：

```
>>> import visdom
>>> vis = visdom.Visdom()
>>> trace = dict(x=[1, 2, 3], y=[4, 5, 6], mode="markers+lines", type='custom',
            marker={'color': 'red', 'symbol': 104, 'size': "10"},
            text=["one", "two", "three"], name='1st Trace')
>>> layout = dict(title="First Plot", xaxis={'title': 'x1'}, yaxis={'title': 'x2'})
#结果如图 3.7 所示
>>> vis._send({'data': [trace], 'layout': layout, 'win': 'mywin'})
```

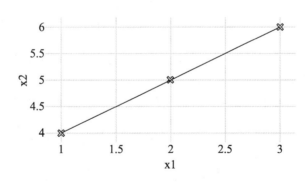

图 3.7　Visdom 的 Plotly 接口绘图

在使用 Visdom 绘图时，需要导入 Visdom 库，并通过 visdom.Visdom()创建一个实例，使用该实例完成各种数据的可视化。对于快捷绘图，使用 Plotly 接口并不方便，Visdom 提供了更易绘图的方法。

3.3.1　图像的绘制

图像的显示是图像处理最基本的需求，能够直观地反映图像处理前后的效果。Visdom 提供了显示图像的便捷方法，可以方便地显示单张或多张图像数据。

1．单张图像的显示

通过 Visdom 对象的 image()方法，可以显示一个大小为 $H×W$、$1×H×W$ 或 $3×H×W$ 表示图像的张量。此外，image()方法还可以接收一个可选参数 opts，可以设置图像的名称（caption）、JPG 图像质量（jpgquality，$0\sim100$）和保存历史（store_history，True or False）等。Visdom 显示单图像的示例如下：

```
>>> import visdom
>>> import torch as tc
>>> vis=visdom.Visdom()
>>> x=tc.arange(0,256)
>>> xx=x.repeat(100,1)%16
>>> xx=xx/16                          #张量元素的范围限制为 0～1
#结果如图 3.8 所示
>>>vis.image(xx,opts={'caption':'strip','jpgquality':100})
```

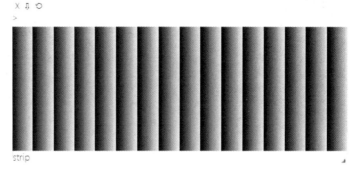

图 3.8　显示图像

注意：在将张量以图像显示时，要保证表示图像的张量在一定范围，否则可能会显示异常或者出现错误。当张量是浮点数类型时，元素的值要在[0，1]之间；当张量是整数类型时，元素的值要在[0，255]之间，也就是要转化为 tc.uint8 类型。

2．多张图像的显示

使用 Visdom 对象的 images()方法，可以显示表示多张图像的尺寸为 $B×C×H×W$ 的张量，或者把多个表示图像的张量存入列表进行显示。此外，images()方法可以接收可选参数，其中，nrow 可以设置行数，padding 可以设置图像间的间隔（padding），opts 可以设定图像的名称和 JPG 图像质量等。Visdom 显示多张图像的示例如下：

```
>>> import visdom
>>> import torch as tc
>>> vis=visdom.Visdom()
>>> x=tc.linspace(-5,5,100)                    #取一个列表
>>> yy,xx=tc.meshgrid(x,x,indexing='ij')       #生成一个格网
#生成一组不同方差的高斯分布
>>> zzs=[tc.exp( -(xx**2+yy**2)/sigma) for sigma in range(1,19)]
#灰度值调整到 0～255
>>> zzs=[(255*img).byte().unsqueeze(0) for img in zzs]
>>> zzs=tc.stack(zzs)
```

```
>>> zzs.shape
torch.Size([18, 1, 100, 100])
#结果如图 3.9 所示
>>> vis.images(255-zzs,opts={'caption':'strips'},nrow=6,padding=1)
```

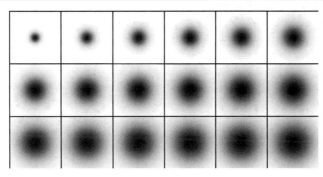

图 3.9　显示一组图像

3.3.2　图表的绘制

Visdom 还支持丰富的图表绘制功能，可以实现散点图、折线图、扇形图、热力图、柱状图、三维表面等多种图表的绘制。在图像处理中，既可以使用图表展示图像的灰度分布和直方图等统计信息，也可以在深度学习中展示训练过程中的损失和精度变化等。下面介绍 Visdom 中的几种常用图表的绘制方法。

1. 散点图

scatter()方法提供了绘制二维和三维散点图的方法。该方法接收一个大小为 $N×2$ 或 $N×3$ 表示 N 个点的位置张量 X，并且可以接收一个 N 维元素范围在[1，K]之间的整型张量 Y 表示点的类别。此外，还可以通过设置 update 参数，当值是'append'时，可以在现有的散点图上添加点，或者用于初始化一个空的散点图；当值是'replace'时，会擦除现有点，用新数据重新绘制。对于散点样式，可以在参数 opts 的字典中进行设置。下面以散点图绘制为例介绍上述参数的使用方法。

```
>>> import visdom
>>> import torch as tc
>>> vis=visdom.Visdom()
#散点图，见图 3.10（a）
>>> X=tc.rand((100,2))                      #100 个点
>>> vis.scatter(X)
 #有类区分的散点图，见图 3.10（b）
>>> Y=tc.randint(1,6,(100,))                #分成 5 类
>>> vis.scatter(X,Y)
#三维散点图，见图 3.10（c）
>>> X=tc.rand((100,3))                      #100 个点
>>> vis.scatter(X)
#创建一个动态更新的散点图，见图 3.10（d）
>>> import time
>>> scaname='sca'
>>> vis.scatter(X=[[None,None]],win=scaname,update='append') #创建一个空图
```

```
>>> for i in range(10):
>>>     #逐点添加数据
>>>     X=tc.rand((10,2))
>>>     vis.scatter( X ,win=scaname,update='append', opts={ 'markercolor' :
tc.randint(0, 256, (10,3)).numpy()})
>>>     time.sleep(0.5)
```

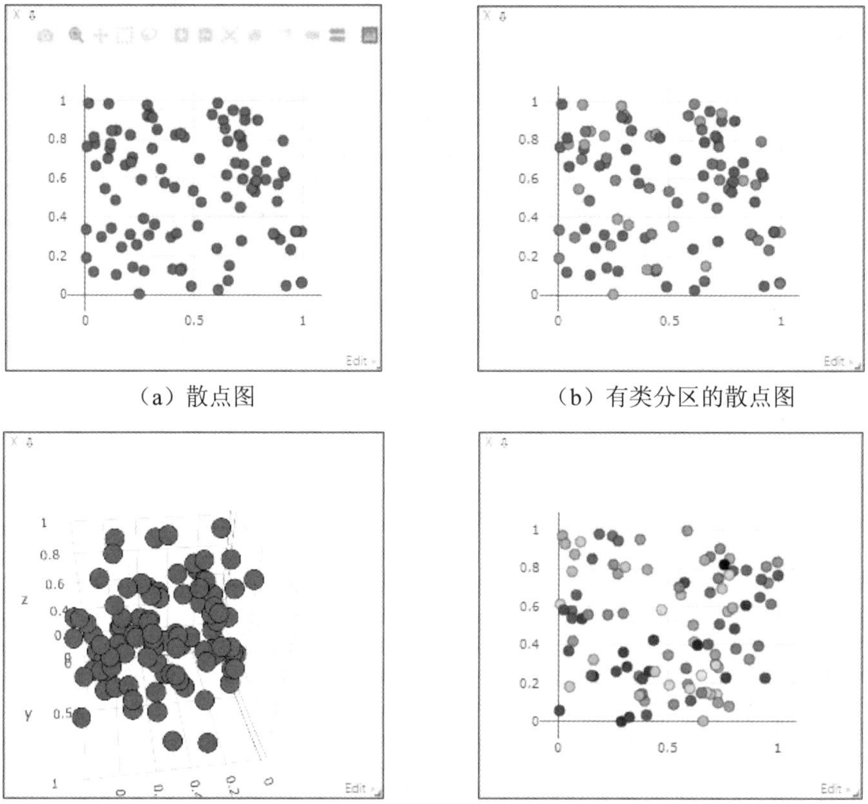

（a）散点图

（b）有类分区的散点图

（c）三维散点图

（d）动态更新的散点图

图 3.10　不同类型的散点图

2．折线图

line()方法用于绘制折线图。该方法接收一个形状为 N 或者 $N×M$ 的张量 Y，表示包含 N 个点，M 条折线，默认折线各节点间的距离是相等的，也可以另外设置一个参数 X 来指定节点的 x 坐标。当 X 的大小为 N 时，M 条折线的相同序号的节点具有相同的 x 坐标，坐标值由对应 X 中的元素决定；当 X 的大小为 $N×M$ 时，分别设置 M 条折线上各节点的 x 坐标。可选参数 opts 可以设置折线图的样式。Visdom 绘制折线的示例如下：

```
>>> vis=visdom.Visdom()
#一条折线，见图 3.11（a）
>>> Y=tc.rand((20,))
>>> vis.line(Y)
#多条折线，见图 3.11（b）
>>> Y=tc.rand((10,3))
>>> vis.line(Y)
#多条折线具有相同的间隔，见图 3.11（c）
```

```
>>> Y=tc.rand((5,2))
>>> X=tc.rand(5)*10
>>> X=tc.cumsum(X,0)
>>> vis.line(Y=Y,X=X)
#多条折线具有不同的间隔，见图 3.11（d）
>>> Y=tc.rand((5,2))
>>> X=tc.rand((5,2))*10
>>> X=tc.cumsum(X,0)
>>> vis.line(Y=Y,X=X)
#动态更新折线图，见图 3.11（e）
>>> import time
>>> linname='linea'
>>> vis.line(Y=[None],X=[None],win=linname,update='append')  #创建一个空图
>>> for i in range(10):
>>>     #逐点添加数据
>>>     Y=tc.rand(1)
>>>     vis.line( Y ,X=[i],win=linname,update='append')
>>>     time.sleep(0.5)
```

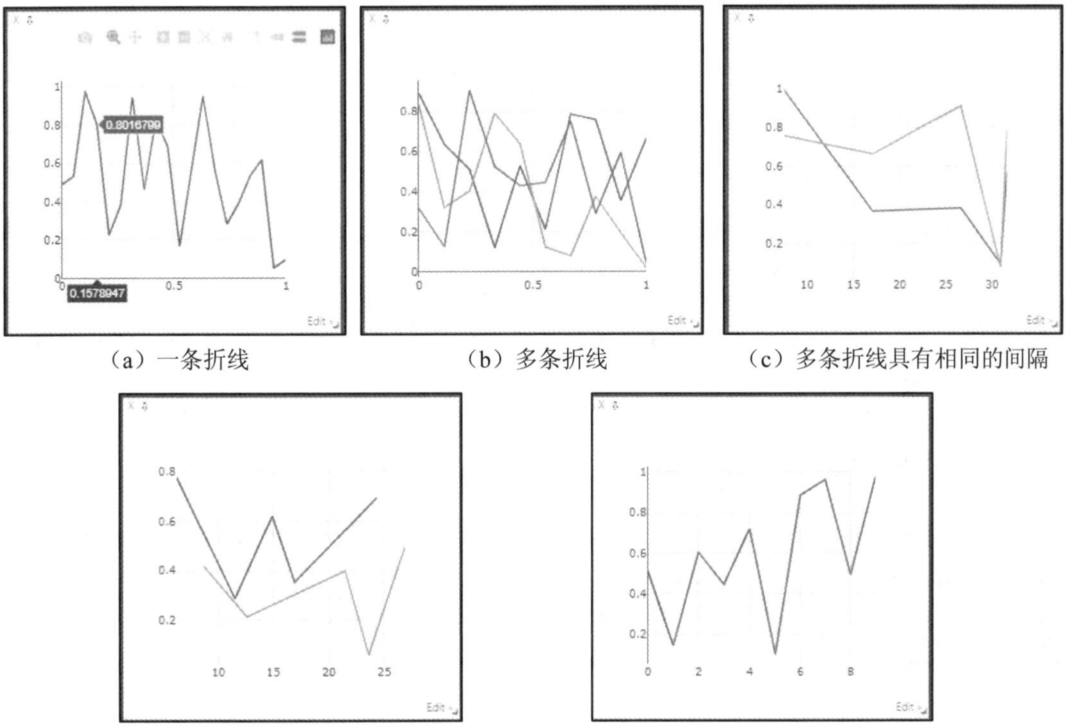

（a）一条折线　　　　　　　（b）多条折线　　　　　（c）多条折线具有相同的间隔

（d）多条折线具有不同的间隔　　　　　　（e）动态更新的折线图

图 3.11　不同类型的折线图

3. 柱状图

bar() 方法用于绘制多样的柱状。该方法接收一个形状为 N 或者 $N \times M$ 的张量 X，表示 M 组 N 个柱状数据。通过设置可选参数 stacked 为 True，可绘制累积柱状图。Visdom 绘制柱状图的示例如下：

```
#一组柱状图，见图 3.12（a）
Y=tc.rand((8,))
```

```
vis.bar(Y)
#多组柱状图，见图 3.12 (b)
Y=tc.rand((6,3))
vis.bar(Y)
#累积柱状图，见图 3.12 (c)
Y=tc.rand((6,3))
vis.bar(Y,opts=dict(stacked=True,legend=['1','2','3']))
```

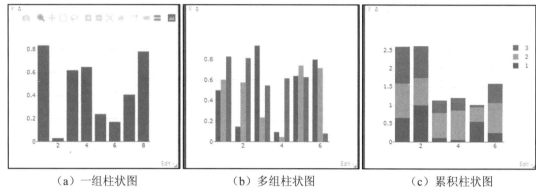

（a）一组柱状图　　　　　（b）多组柱状图　　　　　（c）累积柱状图

图 3.12　不同类型的柱状图

4．直方图

Histogram()方法用于绘制给定长度为 N 的一维张量 X 的直方图。可以通过设置可选参数 opts 中的 numbins 变量确定直方图分组的数量。Visdom 绘制直方图的示例如下：

```
#绘制直方图，见图 3.13 (a)
X=tc.randint(0,256,(100,256))              #生成一个[0, 255]的二维图像张量
X=X.view(-1)                               #把张量 X 转为一维张量
vis.histogram(X,opts=dict(numbins=8))      #将 X 分成八组进行统计
```

5．三维表面绘制

surf()方法提供了将 $N×M$ 的二维张量 X 展示为曲面的方法，从而能够在空间中观察数据。可以通过配置参数 opts 改变颜色显示和数据显示区间。将二维数据使用三维表面绘制方法在三维空间中展示可以更好地发现数据的分布规律，是一种常见的数据可视化技术。

```
#绘制三维表面
>>> x=tc.linspace(-5,5,100)                #取一个列表
>>> yy,xx=tc.meshgrid(x,x,indexing='ij')   #生成一个格网
>>> zzs=tc.exp( -(xx**2+yy**2)/10)         #生成高斯分布
>>> vis.surf(zzs)                          #显示为三维曲面，见图 3.13 (b)
>>> vis.image(zzs)                         #显示为灰度图像，见图 3.13 (c)
```

以上对 Visdom 图表可视化功能的使用进行了简要介绍。除了能够绘制图像、散点图、柱状图、折线图、直方图和 3D 曲面图等，Visdom 还支持热图、等值线图、盒形图、格网图等其他丰富的图表。下面的代码为一组数据可视化的过程，图 3.14 为代码的运行结果。

代码 3.3　Visdom显示图像和绘制图表：t3.3.py

```
import visdom
vis=visdom.Visdom()                        #创建一个 Visdom 对象
from PIL import Image
```

```
import numpy as np
#显示灰阶图
y=np.ones((100,1))
x=np.arange(0,256)
imgd=x*y
vis.image(imgd,opts={'title':'灰阶'})          #将数组转化为图像并显示
#显示灰度图
img=Image.open('1.png')
imgd=np.array(img)
greyd=imgd.max(axis=2)
vis.image(greyd,opts={'title':'灰度图'})
#进行灰度变换
tgreyd=(greyd/255)**(1/3)
tgreyd=np.uint8(tgreyd*255)
vis.image(tgreyd,opts={'title':'变换后'})
#绘制灰度变换函数的图像
dmap=np.arange(0,256)
dmap=(dmap/255)**(1/3)
dmap=np.uint8(dmap*255)
vis.line(dmap,np.arange(0,256),opts={'title':'变换曲线'})
```

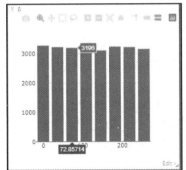 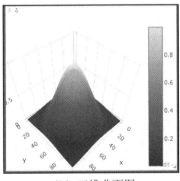 

（a）直方图　　　　　　　（b）三维曲面图　　　　　　（c）图像

图 3.13　各种图表

图 3.14　Visdom 可视化页面

3.4　小　　结

本章简要介绍了 Python 的基本语法，着重强调了以面向对象为思想的数据结构——类在 Python 语言中的核心地位。在 Python 标准库和第三方库的介绍中，围绕图像处理这个主题介绍了与图像处理最密切的模块，并结合实例介绍了图像路径处理、图像的打开、图像与数组的转换、图像的保存以及使用数组运算修改像素值等和图像处理密切相关的知识，为后面的学习打好基础。本章重点对 PyTorch 中张量的创建和张量的各种运算进行了详细介绍，最后又介绍了可视化工具 Visdom，以详细的实例演示了图像和图表的可视化方法，为图像处理的结果展示提供支撑。

3.5　习　　题

1．列举 Python 中的数据类型。
2．举例说明在 Python 中如何定义类。
3．说明 Python 内置库 random 的功能，并给出几个该库的使用方法。
4．在 PyTorch 中，张量是什么，有哪些张量的创建方法？
5．什么是卷积运算，举例说明使用 PyTorch 计算卷积的过程。
6．举例说明 unfold()函数和 fold()函数的功能，如何使用这两个函数完成中值滤波？
7．使用 Visdom 绘制图像、折线图、散点图、柱状图和三维表面。

第2篇
基于经典方法的图像处理

第 4 章　图像处理基础知识

本章介绍 PyTorch 图像处理基础，首先介绍图像与张量的互操作，然后根据图像处理的计算方式，分别从图像的点运算、邻域运算及全局运算等三个方面进行详细介绍，最后详细介绍 PyTorch 实现图像处理的方法和步骤。

本章的要点如下：

❑ 图像与张量的互操作：介绍图像和张量之间的密切关系，能够将图像转为张量，并将处理后的张量转为图像。

❑ 图像的点运算：主要介绍图像的增强、色彩空间的变换、图像的混合和图像蒙版的使用。

❑ 图像的邻域运算：主要介绍图像去噪、形态学运算和图像局部特征的构造。

❑ 图像的全局运算：主要介绍图像的旋转、裁切、缩放和直方图变换。

前几章分别对 PyTorch 的开发环境搭建、Python 编程基础知识、PyTorch 的张量运算和可视化方法进行了详细的介绍。对于张量的可视化方法，重点介绍利用可视化工具 Visdom 能够将张量显示为图像，展示了数字图像与张量之间的密切关系。实际上，在计算机中数字图像可以完整地使用张量进行表达，同时张量也可以通过可视化技术显示为图像。因此，在一定程度上可以认为数字图像就是张量。

张量在表示图像时通常只用到张量的一个子集：在张量形状上是二维张量或三维张量；在数据类型上是 float32 或 uint8 类型。这样数字图像完全可以用张量进行表示，在张量这个强大的数据类型支持的基础上，借助张量的相关运算，并且通过 GPU 的加速，能够快速、高效地完成图像处理任务，给图像处理带来了极大的便利。从这个方面来看，张量运算就是对数字图像的处理。反之，要完成特定的数字图像处理任务，就需要设计相应的张量运算。

以 OpenCV 为代表的图像处理库在图像处理的发展过程中起到了重要的作用。它们将常用的图像处理功能进行封装，用户无须了解相关原理，就可以直接使用。当设计新的图像处理方法时，由于它们提供的低级运算功能有限，往往需要另行编码，十分不便。但 PyTorch 的张量运算功能十分强大，能够以极少的代码便可完成相关的图像处理任务。下面介绍一些常用的图像处理方法在 PyTorch 中的实现，了解 PyTorch 在图像处理中的应用，从而进一步熟悉 PyTorch 的使用，为深入学习和研究图像处理打好基础。

4.1　图像与张量的互操作

图像是以文件的形式存储于计算机中。使用 PyTorch 处理图像的第一步就是图像与张量之间的互操作。在图像处理时，需要先把图像从文件转换为张量，然后使用张量运算处理图像，待处理完成后再将张量转回图像。为了规范图像与张量之间的相互转换，下面对图像和张量间的转换方法进行设计和定义。

通常灰度图像是单通道的，只有宽和高，可以表示为二维张量；彩色图像通常是三通道的，部分还有表示透明的第 4 通道，其他多通道的图像就只能用三维张量表示。如果用二维张量和三维张量分别表示单通道图像和多通道图像，那么在每次处理时，都需要先判断张量的维度以确定图像的类型，然后进行处理，这样十分麻烦且容易出错。

实际上，维度不统一的问题可以采取的解决方法是，将单通道图像的二维张量扩充一个维度，扩充的维度与彩色图像中表示通道的维度一致即可。这样一个图像在转化为张量时就表示为一个三维张量。根据 PyTorch 的习惯，这个三维张量的每一维依次表示通道数 C、图像高度 H 和图像宽度 W，即 image[C,H,W]。当张量表示单通道图像时，$C=1$；当张量表示 RGB 彩色图像时，$C=3$，每个通道分别对应 R、G 和 B；当张量表示多通道图像时，$C>3$。

明确了图像张量的维度和各个维度的含义后，还需要明确图像像素值的类型。普通的图像通常使用 1 个字节表示 0~255 级共 256 个强度级别，但在图像处理中进行运算的中间结果往往会产生浮点数，使用整数类型进行存储并不适宜。同时，PyTorch 支持多种数据类型。其中，32 位浮点数 float32 是默认类型，其支持的数据类型最全面。综上所述，使用 32 位浮点数作为图像转换为张量元素的数据类型。

明确了图像与张量的具体转换规则后，可以使用图像存取库 PIL 读入图像，再将图像转换为符合以上定义的张量。在图像处理完成后，再将符合上述定义的张量通过图像存取模块 PIL 转换为图像。下面的代码定义了两个函数，loadimage()函数用来将图像转换为张量，saveimage()函数将张量保存为图像。

代码 4.1　图像与张量的互操作：imageio.py

```python
from PIL import Image
import numpy as np
import torch as tc
def loadimage(imgpath):
    try:
        img=Image.open(imgpath)                 #打开图像
        #将图像先转换为 NumPy 数组，再转换为张量
        t=tc.from_numpy(np.array(img))
        dm=t.dim()                              #判断图像的类型
        if dm==2:                               #如果维度是 2，则是单通道灰度图
            imgt=t.unsqueeze(0)                 #为灰度图添加一个通道维度
        elif dm>=3:
            #对于彩色多通道图，从 H×W×C 到 C×H×W 调整轴的顺序
            t=t.permute([2,0,1])
            imgt=t[:3,:,:]                      #抛弃透明通道，只保留颜色通道
        else:
            print('wrong dimention')
            raise(Exception)
        #t is C×H×W  3dim tensor
        return imgt.float()   #将表示图像的uint8类型的张量转换为 32 位浮点数类型
    except Exception:
        print('图像打开失败:{}\n'.format(imgpath))

def saveimage(imgtensor,imgpath,suffix='png'):
```

```
#接收形如 C×H×W 的张量 imgtensor,并保存到指定路径
#将张量从 32 位浮点数类型转回 uint8 类型,并尝试去除通道的维度
d=imgtensor.byte().squeeze(0)
if d.dim()==3:                    #压缩后仍有三维张量,说明是彩色图像
    d=d.permute([1,2,0])         #调整轴的顺序为 H×W×C
d=Image.fromarray(d.numpy())     #从张量到图像
d.save(imgpath)                   #将图像保存到指定路径,路径中包含带有图像格式的后缀

if __name__=='__main__':
    s=loadimage('../1.png')      #打开图像
    print(s.shape)
    saveimage(s,'../2.jpg')      #保存图像
```

在以上代码中，loadimage()和 saveimage()两个函数分别用来完成图像到张量和张量到图像的转换。这两个函数都使用 NumPy 数组作为过渡类型。在之后的图像处理中，这两个函数用于图像与张量间的转换。loadimage()函数作为图像处理方法执行第一个函数，负责把图像转换为张量。随后可以在张量下进行图像处理，为了便于查看处理的中间结果或最终结果，往往不将结果保存为图像，而是使用可视化工具 Visdom 进行显示，以便观察和对比，从而进一步调整和完善图像处理算法。处理完成后，使用 saveimage()函数将表示图像的张量存储为图像文件，以便进行图像的持久化存储。

4.2　图像的点运算

图像处理中最简单的运算是图像的点运算。图像的点运算就是根据一定的规则将输入图像的每个位置的像素值通过计算得到一个新的像素值，而像素的位置不发生改变。可以看出，点运算的结果与像素的位置无关，只与像素值有关。图 4.1 为图像的点运算示意图，首先对图像的每个像素进行减 3 的运算，然后对上一步的计算结果中的像素进行条件运算，将小于 0 的像素值置为 0，大于或等于 0 的不变。

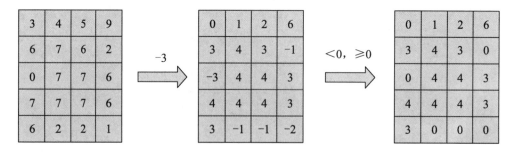

图 4.1　图像的点运算

由于图像点运算只与像素值有关，点运算通常可以用一个一元函数表示：

$$x'=f(x)$$

其中，x 是输入图像的一个像素值，$f(x)$是映射函数，x'是新的像素值。

对于具体的一个图像点运算来说，一般可以表示为直角坐标系中的一条变换曲线。将原图像像素值的范围作为 x 轴，将变换后的像素值作为 y 轴。图 4.2 为两个点运算的变换函数，其中，图 4.2（a）是对比度拉伸函数，能够增大中间灰度的对比度，图 4.2（b）是

阈值处理函数，用于完成图像的二值化。对于图像的点运算，一个变换函数的图像能够直观地反映该点运算的性质，因此，变换函数的图像常常用来表示点运算。

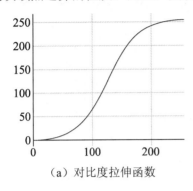
（a）对比度拉伸函数

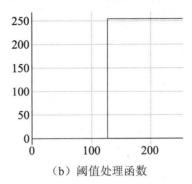
（b）阈值处理函数

图 4.2　图像点运算变换函数

对于彩色图像和多通道图像来说，图像的每个像素值就是一个一维数组。例如，一个彩色像素就是由 R、G、B 三个值构成的一维数组。对于彩色图像和多通道图像来说，图像的点运算就是对表示像素的一维数组进行运算，然后得到新像素的一个数值或者多个数值，从而输出灰度图像、彩色图像或多通道图像。

此外，对于图像的点运算还可以是两幅大小相同的图像间的运算，可以完成两幅图像的混合，实现图像的裁剪等功能。

4.2.1　图像增强

图像增强用于调节图像的灰度分布，能够增大和突出图像中感兴趣区域的视觉效果，是常用的图像处理方法。通常，图像增强是一种保序的点运算，即变换前后不同像素间像素值的大小顺序保持不变。例如，对于图像中任意的两个像素 x_1、x_2，如果 $x_1 \geqslant x_2$，则 $f(x_1) \geqslant f(x_2)$ 或 $f(x_1) \leqslant f(x_2)$。图像增强的变换函数可以表示为一条递增或递减的曲线。常用的图像增强方法有伽马变换、对数变换、图像反转及灰度值缩放等。

1．伽马变换

伽马变换也叫伽马校正：是一种非线性变换，用于调节过度曝光或者曝光不足（过暗）的灰度图的对比度。设置不同的参数，让图像中较暗区域的灰度值得到增强，或者让图像中灰度值过大的区域的灰度值降低，从而达到增强图像整体细节的效果。伽马变换的公式如下：

$$x' = c \times x^\gamma$$

其中，c 是比例系数，通常取 1；γ 是决定伽马变换曲线的参数；x 是经过归一化的图像像素值；x' 是伽马变换后的像素值。图 4.3 展示了当 $c=1$ 时，取不同 γ 值的变换曲线。

在实现上，伽马变换这种图像处理方法可以使

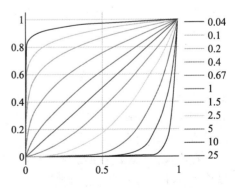
图 4.3　不同 γ 值的伽马变换曲线

用 PyTorch 张量运算直接完成。

```
#伽马变换
def gamma(x,gm=0.3,c=1):
    return c*x**gm

#测试函数
def draw44(gm=2):
    #gamma 变换
    img=loadimage('./1.png')
    img=img/255                    #注意在进行伽马变换前需要对图像归一化
    rimg=gamma(img,gm)
    vis.image(rimg)

draw44(1)                          #图 4.4（a）
draw44(2)                          #图 4.4（b）
draw44(0.3)                        #图 4.4（c）
```

图 4.4 展示了不同 γ 值下图像变换的结果。

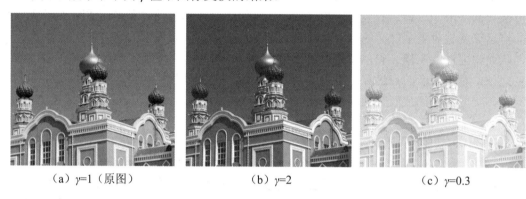

（a）γ=1（原图）　　　　　（b）γ=2　　　　　（c）γ=0.3

图 4.4　不同 γ 值的图像变换结果

注意：在进行图像的伽马变换前要确保图像的像素值范围为 0~1，变换后需要将像素值恢复到 0~255。

2．对数变换

对数变换是拉伸像素值较低的像素，压缩像素值较高的像素，以达到增强图像低像素值的目的。对数变换的公式如下：

$$x' = c \times \log_{v+1}(1 + v \times x)$$

其中，c 是比例系数，通常取 1；v 是决定变换曲线的对数参数；x 是经过归一化的图像像素值；x' 是伽马变换后的像素值。图 4.5 展示了当 c=1 时，不同 v 值的对数变换曲线。

在实现上，对数变换这种图像处理方法同样可以使用 PyTorch 张量运算直接完成。

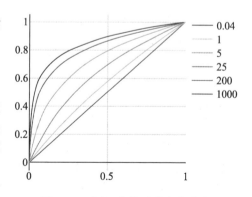

图 4.5　不同 v 值的对数变换曲线

```
#对数变换
def logtrans(x,v=0.3,c=1):
    #v>0
    return c*tc.log10(1+x*v)/tc.log10(tc.tensor(v+1))

def draw46(log=2):
    #对数变换
    img=loadimage('./1.png')
    img=img/255
    rimg=logtrans(img,log)
    vis.image(rimg)

draw46(2)                        #图 4.6（a）
draw46(10)                       #图 4.6（b）
draw46(400)                      #图 4.6（c）
```

 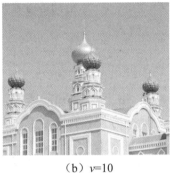 

（a）v=2 （b）v=10 （c）v=400

图 4.6 不同 v 值的图像变换结果

3. 图像反转

图像反转也称为图像求反或负片变换，主要用于观察过黑的图片，将黑色变换为白色，白色变换为黑色，从而突出特定的区域，方便查看图像。图像反转的变换公式如下：

$$x' = L - x$$

其中，L 表示图像像素的最大取值，一般为 255；x 是图像像素值；x' 是图像求反后的像素值。图 4.7（a）为图像反转变换曲线，图 4.7（b）为图像反转变换结果。

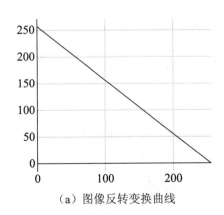 

（a）图像反转变换曲线 （b）图像反转变换结果

图 4.7 图像反转变换曲线和图像反转变换结果

图像反转的实现代码如下：

```
#图像反转
def invert(x,maxx=255):
    return maxx-x


def draw47():
    #反转变换
    img=loadimage('./1.png')
    rimg=invert(img)
    vis.image(rimg)


draw48()                                    #图 4.7（b）
```

🔍注意：上述 3 个图像的增强运算通常应用于灰度图像，当应用于彩色图像时，会对每个像素的各分量分别进行运算，一个像素的各分量间不会互相影响。

4.2.2　图像颜色空间变换

前面介绍彩色图像时，三原色红、绿、蓝能够组合生成丰富多彩的颜色。这种采用 RGB 的颜色表达方式在屏幕发光显示时十分方便且有用，但在有些应用中用 RGB 表示颜色会不方便，可以使用其他的颜色空间进行表达。例如，在印刷行业中，使用黄、品红、青 3 种颜色作为生成其他颜色的原色。因此，为了方便对彩色图像的研究和应用，使用多种不同的颜色空间来表达颜色。目前广泛采用的颜色模型有 3 类，即计算颜色模型、工业颜色模型和视觉颜色模型。同一种颜色在不同的颜色模型下有不同的度量，这就给图像处理带来了一定的困难，不同色彩空间的图像在处理之前必须进行颜色空间的变换。通常 RGB 颜色空间作为最常用的颜色空间可以向其他颜色空间方便地转换。

1．灰度空间

灰度空间使用黑白色而非彩色表示色彩。由光的色彩分解可知，当各种颜色的光的强度都接近时，光只表现出亮和暗的区别。这种由明亮和黑暗的不同程度构成的颜色空间称为灰度空间。从彩色图像到灰度图像的变换，就是彩色空间到灰度空间的转化，称为灰度化处理。从某个 RGB 空间的颜色变换到灰度空间，实质上就是让 R、G、B 3 种颜色具有相同的强度，合成后只会表现出明暗程度的变化，不会带有颜色上的变化。灰度化处理方法有如下 3 种：

❑ 最大值法：取 R、G、B 值中最大的值，即 $V=\max(R, G, B)$；
❑ 平均值法：取 R、G、B 值的平均值，即 $V=(R+G+B)/3$；
❑ 加权平均法，即 $V=(a×R+b×G+c×B)/(a+b+c)$。

可以看出，平均值法是加权平均法的特例，相当于此方法中 R、G、B 的权值 $a=b=c=1/3$。

最大值法和平均值法可以使用 PyTorch 中张量的相关命令 tc.max() 和 tc.mean() 进行实现。

```
def rgb2gray(imgt,mode='max'):
    #将图像从 RGB 转换为灰度图
    if mode in ['max','mean']:
```

```
    return getattr(tc,mode)(imgt,dim=0,keepdim=True)[0]
  raise Exception("mode should be one of ['max', 'mean'], {} is wrong. ".
format(mode))

imgt=loadimage('../1.png')              #加载图像
maxgray=rgb2gray(imgt,'max')            #使用最大值法转换，见图4.8（a）
meangray=rgb2gray(imgt,'mean')          #使用平均值法转换，见图4.8（b）
```

注意： 上面的代码使用了 getattr()方法根据不同的参数进行 max 和 mean 方法的调用，用一个函数就完成了从 RGB 到灰度的转换。

对于加权平均值法，则需要先提取 RGB 图像中的 R、G、B 3 个通道，再分别进行加权，最后对加权结果进行求和。

```
def weightedgray(imgt3,weights=[3,4,5]):
  r,g,b=imgt3.split(1)                  #从图像中分离出R、G、B 3个通道
  s=sum(weights)                        #用于权值的归一化
  return weights[0]/s*r+weights[1]/s*g+weights[2]/s*b
weightedgray=weightedgray(imgt,[9,2,1]) #各波段权值的比是9:2:1，见图4.8（c）
```

以上对 3 种彩色图像的灰度化方法用函数进行了封装，得到了 rgb2gray()和 weightedgray()两个函数。rgb2gray()函数可以通过设置 mode 参数选择最大值或平均值的灰度变换方法，weightedgray()函数通过接收 3 个通道的权值，可对每个通道进行加权求和变换为灰度。图 4.8 展示了分别使用上述 3 种方法将 RGB 彩色图像转换为灰度图像的结果。

（a）最大值法　　　　　　　　（b）平均值法　　　　　　　　（c）加权平均法

图 4.8　不同类型的灰度变换结果

2. HSI色彩空间

美国色彩学家孟塞尔（H.A.Munsell）于 1915 年提出的 HSI 色彩空间反映了人的视觉系统感知彩色的方式，即以色调、饱和度和亮度 3 种基本特征量来感知颜色。其中：H（Hue）表示色调，它与光波的频率有关，表示人的感官对不同颜色的感受，如红色、绿色、蓝色等，用于表示一定的颜色范围；S（Saturation）表示饱和度，即颜色的纯度，纯光谱色是完全饱和的，加入白光会稀释饱和度，饱和度越大，颜色看起来就会越鲜艳，反之亦然；I（Intensity）表示亮度，对应成像亮度和图像灰度，是颜色的明亮程度。HSI 模型的建立基于两个重要的事实：第一，分量与图像的彩色信息无关；第二，H 和 S 分量与人感受颜色的方式是紧密相联的。这些特性使得 HSI 模型非常适合进行彩色特性检测与分析。

从 RGB 空间到 HSI 空间可以按照如下公式进行转换：

$$I = \frac{R+G+B}{3}$$

$$S = 1 - \frac{3 \times \min(R,G,B)}{R+G+B} = 1 - \frac{\min(R,G,B)}{I}$$

$$H = \begin{cases} \theta, & G \geqslant B \\ 2\pi - \theta, & G < B \end{cases}$$

$$\theta = \cos^{-1}\left(\frac{(R-G)+(R-B)}{2 \times \sqrt{(R-G)^2+(R-G)(R-B)}}\right)$$

其中，亮度 I 是灰度空间中的平均值法的运算结果；饱和度 S 的计算需要先计算出 R、G、B 的最小值，然后和亮度运算后即可计算出结果；色度的计算最麻烦，需要计算各个分量的差，进行组合后再计算反余弦求得角度。根据公式可以很方便地用 PyTorch 代码实现 RGB 到 HSI 空间的色彩变换。

```
def rgb2hsi(imgt3):
    i=tc.mean(imgt,dim=0,keepdim=True)              #亮度计算
    m=tc.min(imgt,dim=0,keepdim=True)[0]            #饱和度中的min(R,G,B)计算
    #计算饱和度，将结果拉伸到0～255区间
    s= tc.where(i>0,255*(1-m/i),tc.tensor(0.0))
    r,g,b=imgt3.split(1)                            #分离出R,G,B色彩通道
    r_g=r-g                                         #计算R-G
    r_b=r-b                                         #计算R-B
    g_b=g-b                                         #计算G-B
    m=r_g*r_g+r_b*g_b                               #计算θ分母部分
    #计算cos⁻¹内部
    acos=tc.where(m!=0.0, 0.5*(r_g+r_b)/tc.sqrt(m),tc.tensor(1.0))
    scos=tc.clamp(acos,-0.99999999,0.99999999)      #防止结果为nan
    acos=tc.acos(scos)                              #计算θ
    pi=tc.acos(tc.tensor(-1.0))                     #计算pi的值
    pi2=2*pi
    h=tc.where(g>=b,acos,pi2-acos)                  #计算色调
    h=255/2.0/pi*h                                  #将色调设置为0～255
    return h,s,i
imgt=loadimage('../1.png')                          #使用上节定义的函数加载图像
h,s,i=rgb2hsi(imgt)                                 #调用转换函数
vis.image(h,opts={'title':'hue'})                   #显示色调图，见图4.9（a）
vis.image(s,opts={'title':'saturate'})              #显示饱和度图，见图4.9（b）
vis.image(i,opts={'title':'gray'}))                 #显示亮度图，见图4.9（c）
```

（a）色调 H　　　　　（b）饱和度 S　　　　　（c）亮度 I

图 4.9　HSI 的各分量的显示

注意：在计算饱和度 S 时，当 $R+G+B=0$ 时会导致除数为 0，产生错误的结果，因此，需要使用 where() 函数对 $R+G+B$ 的结果进行判断后再分别进行计算。

3. HSV色彩空间

HSV 色彩空间与 HSI 色彩空间类似，将颜色用色调 H、饱和度 S 和亮度 V 进行表示，二者的用途十分相似。与 HSI 不同的是，HSV 的计算方法稍有差异，从 RGB 空间到 HSI 空间可以按照如下公式进行转换：

$$V = \max(R,G,B)$$

$$S = \begin{cases} V - \min(R,G,B), & V > 0 \\ 0, & V = 0 \end{cases}$$

$$H' = \begin{cases} 60 \times (G-B)/(V - \min(R,G,B)), & V = R \\ 120 + 60 \times (B-R)/(V - \min(R,G,B)), & V = G \\ 240 + 60 \times (R-G)/(V - \min(R,G,B)), & V = B \end{cases}$$

$$H = \begin{cases} H', & H' \geqslant 0 \\ H' + 360, & H' < 0 \end{cases}$$

当 R、G、B 的值在 $0\sim255$ 时，V 与 S 的转换结果为 $0\sim255$，H 则是 $0\sim360$，需要缩放到 $0\sim255$ 以便于显示。由于与 HSI 的计算公式相似，所以二者在具体实现上也类似。

```
def rgb2hsv(imgt3):
    v,idx=tc.max(imgt3,0,keepdim=True)   #max()函数，返回最大值及最大值的索引
    mv=tc.min(imgt3,0,keepdim=True)[0]       #min()函数，取最小值
    v_mv=v-mv                                #计算极差
    s=tc.where(v>0,v_mv/v,tc.tensor(0.0))    #计算饱和度
    t0=tc.tensor(0.0)
    r,g,b=tc.split(imgt3,1,dim=0)
    hr=tc.where(idx==0,60*(g-b)/v_mv,t0)
    hg=tc.where(idx==1,120+60*(b-r)/v_mv,t0)
    hb=tc.where(idx==2,240+60*(r-g)/v_mv,t0)
    #合并结果
    q=tc.where(tc.ne(hr,t0),hr,hg)
    q=tc.where(tc.ne(q,t0),q,hb)
    q=tc.where(tc.isnan(q),t0,q)
    h=tc.where(q<0,q+360,q)
    return h*255/360,s*255,v                 #将H、S、V的值缩放到0~255
imgt=loadimage('../1.png')                   #使用加载图像到张量
h,s,v=rgb2hsv(imgt)                          #调用转换函数
```

从 HSV 和 HSI 的计算来看，通过 PyTorch 里的张量运算可以避免逐个像素的循环计算，使程序的结构在逻辑上更清晰和简洁。其中，tc.where() 函数与 if…else…语句相似，可以根据判断条件给元素设置不同的张量值。

4. CIE XYZ空间

在实际光谱中选定的红、绿、蓝三原色光不可能调配出存在于自然界的所有色彩，因此，国际照明委员会（International Commission on Illumination，CIE）为了从理论上匹配一切色彩并以非负值表示颜色，在 1931 年从理论上假设了并不存在于自然界的三种原色，即

理论三原色 X、Y、Z，形成了 XYZ 颜色空间。X、Y、Z 三个值是由 RGB 彩色空间线性变换转换得到的，变换后的空间就是 CIE XYZ 彩色空间，相当于使用匹配颜色的 XYZ 基底代替 RGB 基底来表示颜色。

5．CIE Lab空间

Lab 空间是基于人对颜色的感知来设计的，它使得人类视觉对颜色的知成为线性的，是一种感知均匀（Perceptual Uniform）的色彩空间，即颜色在 L、a、b 三个值的变化幅度相同，那么它给人带来的视觉上的变化幅度也相同。Lab 空间相较于 RGB 与 CMYK 等颜色空间更符合人类视觉感知，在与颜色相关的图像处理中被广泛使用。Lab 空间中的 3 个分量的含义是：L 表示亮度，范围在 $0\sim100$，其中，0 表示黑色，100 表示白色；a 的范围在 $-128\sim127$，表示绿色到红色的过渡；b 的范围在 $-128\sim127$，表示蓝色到黄色的过渡；a 和 b 同为 0 时代表灰色。

☐注意：在图像处理中，色彩变换是一种常用的预处理方法，可以使用 OpenCV、ColorMath 和 PIL 等多个 Python 第三方库中的颜色空间转换函数完成图像在不同颜色空间的变换。

4.2.3　灰度图像的亮度变换

图像的增强和图像的色彩变换从某一方面可以认为是像素值的映射，原像素的值通过变换函数来完成：

$$X' = F(X)，\quad X \in [0,255]$$

上述映射除了可以是一对一的映射，也可以是一对多的映射。在灰度图像里，由于只有 256 个灰度级，数量较少，对其进行映射后的范围仍然为 $0\sim255$。这样对于灰度图像在变换时对每个像素的变换就无须对相同灰度的像素重复计算，只需要列举原图像的灰度值到目标图像的灰度值的映射，然后使用查找表进行替换即可，从而减小冗余的计算，加快计算速度。

对于灰度图像来说，灰度变换共包含 256 个灰度级，可以先根据变换函数 F(X) 计算出每个灰度的变换结果 X'，建立 256 个灰度变换的查找表，然后使用查找表逐像素地替换即可。这样使用计算后的结果进行查找并替换，即可认为图像进行了某种规则的变换。这种方法可以完成图像的二值化、反色显示和伪彩色变换等图像处理任务，理论上能够完成基于灰度图像单个像素的任意运算。使用查找表进行变换的优点是：对于灰度图像的线性变换可以使用四则运算，但部分情况下很难用运算构造出相应的变换规则。由于灰度图像只有 256 个灰度级，所以建立查找表可以全部实现 256 种变换，并且这种通过查找表的方式建立的映射的变换速度更快。

在 PyTorch 中，张量类型的 map_() 和 map2_() 方法可以进行逐像素的函数计算，结合具有查找功能的字典类型，可以十分方便地完成图像的伪彩色变换。下面使用 map_() 和 map2_() 两个函数，结合字典类型构建一个通用的色彩映射函数完成灰度图像的变换。

map_() 和 map2_() 是张量实例中的方法，其作用与 Python 中的 map() 函数相似。map_() 方法接收两个参数，第一个参数是一个张量，第二个参数是一个包含两个参数的可调用的函数。当张量调用 map_()方法时，会将该张量和 map_()方法中的第一个参数张量作为参数，对两个张量进行逐元素计算，并将计算产生的结果覆盖张量对应位置处的元素。map2_()方法在参数列表中增加了一个张量参数，可以实现 3 个张量对应元素之间的运算。下面的示例展示了张量的 map_()方法的使用，图 4.10 为计算结果的可视化效果。

```
r=tc.linspace(-5,5,200)
x=r.repeat(200,1)
y=x.rot90(1)
#y 和 x 张量对应位置的元素，计算函数 x**2-y**2
y.map_(x,lambda y,x: x**2-y**2)
#map_()方法会修改 y 元素的值，为了防止对 y 的修改，可以先复制 y 进行复本运算
vis.surf(y)
```

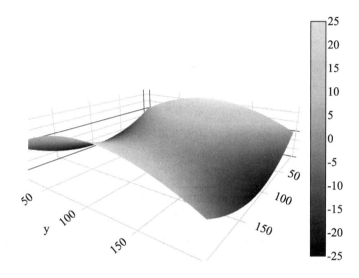

图 4.10　map_()方法计算结果可视化展示

张量的 map2_()方法接收两个张量作为参数，支持定义更加复杂的张量间的运算。对于数字图像来说，该方法可以在 3 个张量中进行运算，可以完成彩色图像单个像素间的任意函数运算。

对 map_()方法的使用有所了解后，下面使用 map_()方法完成灰度图像亮度的任意变换。

```
def colormap(imgtg,dic={}):
    #look up table
    f=lambda tmp,x:dic.get(int(x),int(x))
    return tc.empty_like(imgtg).map_(imgtg,f)
r=tc.randint(0,256,dtype=tc.uint8,size=(256,))    #产生一个随机映射
mp=dict(zip(range(256),r.tolist()))               #生成映射的字典
imgt=loadimage('../1.png')
gray=rgb2gray(imgt)
mapedgray=colormap(gray,mp)                        #对灰度进行映射
vis.image(mapedgray)                               #见图 4.11（a）
#压缩灰度为 4 级
r=tc.arange(0,256)
r=(r/63).byte()*63
mp=dict(zip(range(256),r))                          #构造色彩变换查找表
```

```
mapedgray=colormap(gray,mp)
vis.image(mapedgray)                                    #见图 4.11（b）
```

（a）色彩的随机映射　　　　　　　　　　　　（b）压缩为 4 级灰度

图 4.11　显示 map_()方法的计算结果展示

4.2.4　简单图像二值化

　　图像二值化（Image Binarization）一般是指将整个图像像素的灰度值压缩为两个级别，一般为 0（黑色）或 255（白色）。图像二值化可以认为是一种特殊的灰度图像的亮度变换方式，是一种多对一的映射。在数字图像处理中，二值图像占有非常重要的地位，图像的二值化使图像的灰度级大为减少，从而能凸显出目标的轮廓。二值化后的两个值可以分别表示前景和背景，可作为图像分割的结果，也可作为蒙版，用于区分感兴趣区域与背景。图像的二值化通常也称为图像阈值化（Threshold），在 OpenCV 里提供了 threshold()函数可以根据一个域值，进行图像的简单二值化处理，其中包括以下 5 种方法，如表 4.1 所示。

表 4.1　图像二值化方法

方 法 名 称	计 算 公 式
THRESH_BINARY	$X'=\begin{cases} \text{mvalue}, & X > \text{threshold} \\ 0, & X \leqslant \text{threshold} \end{cases}$
THRESH_BINARY_INV	$X'=\begin{cases} 0, & X > \text{threshold} \\ \text{mvalue}, & X \leqslant \text{threshold} \end{cases}$
THRESH_TRUNC	$X'=\begin{cases} \text{threshold}, & X > \text{threshold} \\ X, & X \geqslant \text{threshold} \end{cases}$
THRESH_TOZERO	$X'=\begin{cases} X, & X > \text{threshold} \\ 0, & X \leqslant \text{threshold} \end{cases}$
THRESH_TOZERO_INV	$X'=\begin{cases} 0, & X > \text{threshold} \\ X, & X \leqslant \text{threshold} \end{cases}$

其中，X 表示图像的像素值，X' 表示经过二值化处理后的值，threshold 表示阈值，mvalue的值可以自行设定。

　　利用 PyTorch 处理张量的 where()函数，能够完成上述几种图像二值化的处理方法，参考 OpenCV 中二值化 threshold()函数的原型和参数，按照表 4.1 所示的方法，下面用 PyTorch

实现与 OpenCV 功能相同的图像二值化。

```python
def threshold(imgt,thresh,maxvalue,type):
    ''''type is one of 'THRESH_BINARY
                THRESH_BINARY_INV
                THRESH_TRUNC
                THRESH_TOZERO
                THRESH_TOZERO_INV'''
    maxvalue=float(maxvalue)
    if type=='THRESH_BINARY':
        return tc.where(imgt>tc.tensor(thresh),maxvalue,0.0)
    if type=='THRESH_BINARY_INV':
        return tc.where(imgt>tc.tensor(thresh),0.0,maxvalue)
    if type=='THRESH_TRUNC':
        return tc.where(imgt>tc.tensor(thresh),tc.tensor(thresh),imgt)
    if type=='THRESH_TOZERO':
        return tc.where(imgt>tc.tensor(thresh),imgt,tc.tensor(0.0))
    if type=='THRESH_TOZERO_INV':
        return tc.where(imgt>tc.tensor(thresh),tc.tensor(0.0),imgt)
raise Exception('method not correction')
gray=rgb2gray(imgt)
r1=threshold(gray,127.0,255,'THRESH_BINARY')    #图 4.12 为不同二值化的结果
r2=threshold(gray,127.0,255,'THRESH_BINARY_INV')
r3=threshold(gray,127.0,255,'THRESH_TRUNC')
r4=threshold(gray,127.0,255,'THRESH_TOZERO')
r5=threshold(gray,127.0,255,'THRESH_TOZERO_INV')
vis.image(r1)
vis.image(r2)
vis.image(r3)
vis.image(r4)
vis.image(r5)
```

（a）r1

（b）r2

（c）r3

（d）r4

（e）r5

图 4.12　图像的简单二值化

🔔注意：以上实现的几种图像二值化中有些并非严格意义上的二值化。

当使用多个阈值进行图像的二值化时，可以使用 4.2.3 小节中定义的颜色映射函数 colormap()来完成。具体方法是，先确定变换函数，计算出图像的 256 级灰度中每一级灰度在变换后是 0 还是 255，根据计算的变换函数生成灰度映射查找表，然后直接根据查找表借助 colormap()函数进行变换，完成图像的二值化。图 4.13（a）中定义了一个阈值函数，将图像中像素灰度值在 80 以下的置为 0，灰度值在 80～160 的置为 255，灰度值大于 160 的置为 0，将这些设置作用于图像后，可以产生图 4.13（b）所示的效果，将位于灰度中间的部分置 1，过小和过大的部分置 0。

```
r=[0]*80+[255]*80+[0]*(256-160)    #生成一个灰度值到二值的映射
vis.line(r,list(range(256)))       #将二值化映射规则可视化显示，见图 4.13（a）
mp=dict(zip(range(256),r))         #构造色彩变换查找表
g=colormap(gray,mp)                #使用色彩映射的方法进行二值化
vis.image(g)                       #显示二值化的结果，见图 4.13（b）
```

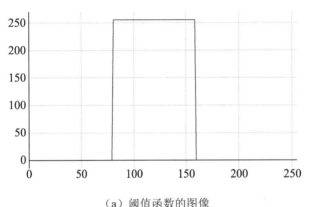 

（a）阈值函数的图像 （b）使用阈值函数二值化后的结果

图 4.13　任意阈值函数进行的图像二值化

上述讨论的图像处理方法是以单张图像里的单个像素为对象的，对于单通道图像，点运算是一个一元变换函数，由于变换数量少，可以通过建立查找表的方法快速完成；对于多通道的图像，单个像素的点运算需要一个像素与各通道的值进行运算。多通道图像的点运算可以认为是多个相同大小的单通道图像在对应位置上进行点运算，这样就可以将单个图像的点运算扩展为多个图像的点运算。

4.2.5　图像蒙版处理

图像蒙版用于凸显图像中的感兴趣区域，将非感兴趣的区域填充相同的灰度值。普通的图像裁切技术无法实现任意形状的裁切，而蒙版技术就能完成对图像形状的任意裁切，只要把裁切形状以外的区域设置为指定值（通常为白色或黑色）即可，在保存为图像时，只需要为图像添加一个透明通道，区分显示的区域和非显示的区域即可。需要注意的是，图像的蒙版处理并不会改变图像本身的大小，只是会影响图像的显示范围。

图像蒙版的原理是使用一个与待裁切图像大小相同的二值图像作为蒙版。该二值图像

里的元素用于表示原始图像里的像素是否显示。图像蒙版处理就是将蒙版中标记为显示的像素进行显示，其他像素则使用白色（或其他颜色填充）。图像的蒙版处理可以分成两个步骤：生成蒙版和使用蒙版进行裁切。蒙版实质上就是一个二值图像，当像素值为 1 时表示保留此位置的像素，当像素值为 0 时表示"切除"此位置的像素。这里的"切除"指的是按指定值进行填充。蒙版的来源可以有多种，可以来自其处理步骤，也可以是自定的任意形状，如圆形或菱形等。图像蒙版的处理结果就是根据蒙版的值，保留对应的像素或填充相应的像素。

下面是利用 PyTorch 生成蒙版并使用蒙版进行图像处理的例子。

```
def circlemask(imgwidth,imgheight,cx,cy,r):              #产生圆形的蒙版
    xr=tc.arange(0,imgwidth).view(1,-1).repeat((imgheight,1))
    yr=tc.arange(0,imgheight).view(-1,1).repeat((1,imgwidth))
    r2=(xr-cx).square_()+(yr-cy).square_()
    rr=tc.tensor(r).square_()
    return tc.where(r2>rr,0.0,1.0).unsqueeze(0)

def diamondmask(imgwidth,imgheight,cx,cy,xd,yd):        #产生菱形的蒙版
    #cx,cy is teh center of diamond
    #xd is  the half length of diagnal x,yd is the half left of diagnal y
    xr=tc.arange(0,imgwidth).view(1,-1).repeat((imgheight,1))
    yr=tc.arange(0,imgheight).view(-1,1).repeat((1,imgwidth))
    d=(xr-cx).abs_()/xd+(yr-cy).abs_()/yd
    d0=tc.tensor(1.0)
    return tc.where(d>d0,0.0,1.0).unsqueeze(0)

def maskclip(imgt,mask,novaluefill=255.0):              #使用蒙版进行图像的裁切
    #mask is a gray image like tesnor 1xhxw
    #the element in mask is 0.0 or 1.0, 1.0 means show, 0.0means hide
    mask=mask.repeat((imgt.shape[0],1,1))
    return tc.where(mask>0.5,imgt,tc.tensor(novaluefill))

mk=circlemask(450,400,225,200,100)                      #产生圆形的蒙版
vis.image(mk)                                           #显示蒙版
cimgt=maskclip(imgt,mk)                                 #使用蒙版进行图像裁切
vis.image(cimgt)                                        #显示裁切后的图像
dmk=diamondmask(450,400,225,200,150,100)                #产生菱形蒙版
vis.image(dmk)                                          #显示蒙版
dimgt=maskclip(imgt,dmk)                                #使用蒙版进行图像裁切
vis.image(dimgt)                                        #显示裁切后的图像
```

在上述代码中，circlemask()函数和 diamondmask()函数分别生成圆形蒙版和菱形蒙版，如图 4.14（a）和图 4.14（c）所示；maskclip()函数完成输入图像的蒙版处理，得到蒙版处理后的图像，如图 4.14（b）和图 4.14（d）所示。

注意：此处的图像蒙版是将图像处于蒙版的不同区域进行图像像素的保留或填充，在实际任务中，有些图像格式包含表示透明度的阿尔法通道（Alpha Channel），蒙版可作为透明通道实现任意形状的裁切。

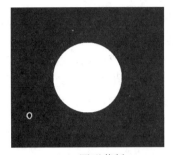

（a）圆形蒙版

（b）圆形裁切

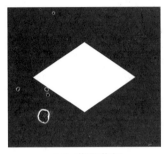

（c）菱形蒙版

（d）菱形裁切

图 4.14　蒙版和使用蒙版进行任意形状的裁切

4.2.6　图像的混合

图像的混合是两个或两个以上图像进行融合或者将一个图像粘贴到另一个图像上。通过图像的混合和粘贴可以生成新的图像，给视觉带来新的感受。对于多幅图像的混合，可以采用两两混合逐步完成，这里只讨论两幅图像的混合。两幅图像的混合其实就是两幅图像间逐像素进行加权运算，公式如下：

$$\mathrm{pv}(i,j) = w^a_{i,j}\bullet\mathrm{pva}(i,j) + w^b_{i,j}\bullet\mathrm{pvb}(i,j)$$

其中，$\mathrm{pva}(i,j)$ 和 $\mathrm{pvb}(i,j)$ 表示两幅图像上在 (i,j) 处的像素值，$w^a_{i,j}$ 和 $w^b_{i,j}$ 表示像素的权值，通常要求 $w^a_{i,j}+w^b_{i,j}=1$。对于 $w^a_{i,j}$ 和 $w^b_{i,j}$，不同的取值方式可以产生不同的图像混合效果，当对所有的像素取的 w^a 和 w^b 取固定的值时，则是简单的加权混合，当在部分区域中 w^a 和 w^b 为 0 或者 1 时即是图像的粘贴。对于图像不同区域的 w^a 和 w^b 取不同的权值就能形成不同的效果，而这些都可以利用张量的运算方便实现。从具体的代码实现来看，图像的混合处理可以利用张量计算的广播性质很容易实现，但是要产生好的混合效果，设计适当的权值就是关键。

下面是用 PyTorch 实现图像混合处理的例子。

```
def blend(imgt1,imgt2,weights1):              #图像的混合操作
    #two images blend with the weights1 is given
    return weights1*imgt1+imgt2*(1.0-weights1)

def gradientmask(imgwidth,imgheight,direction='l',minw=0,maxw=1.0):
    ''' 产生渐变的权值模板
        direction is in [l,r,u,d]
        l means left to righ, r means right to left,
    '''
    if direction in 'lr':
```

```
        t= tc.linspace(minw,maxw,imgwidth).repeat(imgheight,1)
        if direction=='r':
            t=t.flip(1)
    if direction in 'ud':
        t=tc.linspace(minw,maxw,imgheight).repeat(imgwidth,1)
        if direction=='u':
            t=t.rot90(-1)
        else:
            t=t.rot90(1)
    return t.unsqueeze(0)
cb=blend(img1,img2,0.3)                    #img1 是 1.png, img2 是 robot.png
vis.image(cb)                              #显示 img1 与 img2 以 3：7 进行混合的效果
weights=gradientmask(450,400,'d')
vis.image(weights)                         #结果见图 4.15（b）
blendimg=blend(img1,img2,weights)          #使用图 4.15（b）中的权值进行加权
vis.image(blendimg)                        #显示混合效果见图 4.15（c）
dmk=diamondmask(450,400,225,100,150,100)   #参见图像裁切部分，见图 4.15（d）
diamondclip=blend(img2,img1,dmk)           #使用菱形蒙版进行粘贴
vis.image(diamondclip)                     #显示粘贴效果，见图 4.15（e）
w=tc.rand((1,400,450))                     #产生随机权重
randblend=blend(img2,img1,w)
vis.image(randblend)                       #显示随机混合效果
```

在以上代码中，blend()函数实现图像的混合，imgt1 和 imgt2 为两个尺寸相同的图像，
weights 是与图像宽、高相等的权重张量，权重张量的元素取值为 0～1。图 4.15 为两幅图
像在不同权重取值情况下的混合效果，图 4.15（a）是常数权值的混合效果，建筑物图的权
重是 0.3，机器人图的权重是 0.7，在混合效果中机器人的效果占优；图 4.15（b）是构造了
一个上下方向的渐变权重；图 4.15（c）是两幅图像使用渐变权重的混合效果，混合图像的上
部以建筑图像为主，混合图像的下部以机器人图像为主；图 4.15（d）是构造一个二值图像作
为权重；图 4.15（e）是两幅图像使用二值图像权重的效果，在菱形区域内保留机器人的图像，
菱形区域以外保留建筑物的图像；图 4.15（f）是两幅图像使用随机权重混合的效果。

本小节以图像的点运算为主题，不仅介绍了图像点运算的实现，而且介绍了不同图像
点运算在图像处理中的应用。图像点运算有两个显著的特点：一是计算以单个像素为输入，
处理结果不受该像素周边的其他像素的影响；二是点运算输出的结果仍然与输入像素的位置相
同，像素的位置不会发生变化。点运算在图像处理中常用于图像的增强、颜色的变换、图像的
二值化、图像蒙版和图像混合等。随着图像处理技术的发展，在图像的语义理解上只靠单个像
素的分析和运算是不充分的，需要加入对象素邻域的考虑，因此出现了图像的邻域运算。

（a）常数权值 0.3 的混合效果

（b）渐变权重

图 4.15　图像的混合与粘贴效果

（c）使用权值混合图（a）与图（b）的效果　　　　　（d）二值权重

（e）二值权重实现的粘贴效果　　　　　　　　（f）随机权重混合

图 4.15　图像的混合与粘贴效果（续）

4.3　图像的邻域运算

4.2 节介绍的图像处理方法都是在单个像素上进行的变换，其邻近的像素不参与运算，不对结果产生任何作用。在实际任务中，图像的某个像素与其邻近的像素关系更为密切，相互之间的影响也更大。在大多数情况下，对单个像素进行处理时仅使用其像素值是不充足的，但使用图像中的所有像素又是不必要且浪费的，因此使用与其相邻的部分像素则是最合理的。基于这样的思想，产生了一系列基于图像邻域操作的图像处理方法。目前，图像的邻域运算是最重要的图像处理方法，已经用于图像处理的各个方面，包括图像的平滑、去噪、边缘增强、形态学处理，图像的灰度共生矩阵、局部最大值指数等。下面对图像的邻域运算进行详细介绍。

4.3.1　图像邻域的生成

图像的邻域运算实际上已经发展了几十年，已经是一项成熟的技术，并且十分容易理解（例如，图像的均值滤波是 3×3 邻域内像素的均值）。在没有 PyTorch 张量框架的时候，图像的邻域处理在实践中需要两个循环对图像进行逐像素地遍历，并且还需要嵌套两个循环进行邻域像素的操作，此外还要注意图像边缘处像素的特殊处理。这就导致使用传统方法进行图像的邻域处理十分烦琐并且容易出错，在一定程度上限制了图像邻域算法的发展。PyTorch 框架对张量提供了便捷的邻域操作方法，将张量以指定邻域大小的形式展开，转换为低维的张量，然后可以使用其他方法完成对邻域的操作，最后使用展开的逆方法进行张量折叠，得到处理后的图像。

在 PyTorch 中，使用 tc.nn 的 unfold()方法，可以将张量从四维的 $N \times C \times H \times W$ 展开为三维的 $N \times (C \times k1 \times k2) \times (H' \times W')$张量，其中，$N$ 表示张量的数量，可认为是图像的张数，这里只进行单幅图像的处理，即 $N=1$，C、H、W 与图像的定义相同，分别表示图像的通道数、高度和宽度。图 4.16 为张量展开的运算过程，左图为一个 $1 \times 1 \times 4 \times 4$ 的张量，表示只有一个通道且宽和高均为 4 像素的图像，按照 3×3 的邻域进行展开，在不进行 Padding（扩边）操作的情况下，以中间 4 个黑色背景的像素进行展开，右图的 4 列分别表示 4 个像素的展开结果，值为 5 的像素在 3×3 的邻域展开后就是右图的第一列，其他三个像素分别是其余的三列。

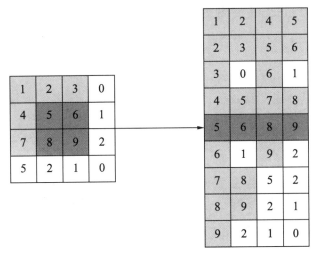

图 4.16　图像的 3×3 邻域展开运算

图像按照邻域展开后，就可以使用张量运算对展开后生成的列向量进行操作，实现图像的邻域运算。从机器学习角度来看，展开后的列向量用于描述中心像素，可以作为中心像素的特征，送入分类器或回归器实现分类或回归任务。对这展开的列向量进行相应的处理，就完成了对象素的邻域处理，图 4.17 为图像的均值邻域运算和折叠运算示意，在具体实现上，可以使用张量的均值运算进行像素的平滑操作，然后使用展开的逆操作方法 fold()进行形状整理，折叠为原始图像的形状，完成图像的邻域处理。

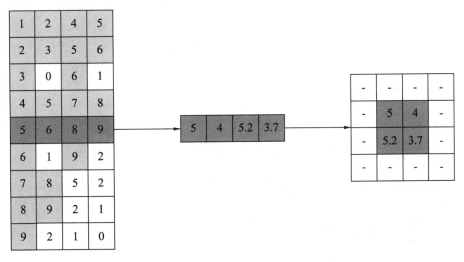

图 4.17　图像的均值邻域运算和折叠运算

从图 4.16 和图 4.17 邻域运算的过程可以看出，在进行邻域操作前后，边界处的像素由于构成邻域的像素不完整而不能展开，所以无法参与运算，在邻域处理完成后会出现得到的图像小于原始图像的情况。图像邻域运算结果变小，会破坏图像处理前后像素的映射关系。解决办法是在进行图像邻域处理前，先使用扩边操作将图像先进行扩边，使图像变大，再进行邻域运算让图像变小。这样就会得到与输入图像大小相同的结果图像，保持对应位置上的像素在处理前后的映射关系，方便像素的定位和后续的处理。

为了更好地理解图像的邻域操作，下面以实现图 4.16 和图 4.17 中图像的均值滤波为例，演示在 PyTorch 中使用 unfold() 函数展开图像并进行均值运算，再使用 fold() 函数折叠图像，完成均值滤波的过程。为了使滤波前后图像的尺寸保持不变，需要在邻域处理前进行扩边预处理：

```python
from torch.nn import functional as F
import torch as tc
#可以对任意边进行扩张
def pad(imgt,l=0,r=0,t=0,d=0,mode='constant',value=0):
    """ mode='constant', 'reflect', 'replicate'      #可以选择多种扩张形式
        or 'circular'. Default: 'constant'
    """
    if mode=='constant':
        return F.pad(imgt, (l,r,t,d), mode=mode, value=value)
    else:
        return F.pad(imgt.unsqueeze(0), (l,r,t,d), mode=mode, value=value).
squeeze(0)
t=tc.rand((1,3,3))                  #随机生成一个 3×3 大小的图像
>>> tensor([[[0.2323, 0.4225, 0.4540],
        [0.7610, 0.8354, 0.4622],
        [0.5154, 0.6838, 0.1499]]])
r=pad(t,1,1,1,1)                   #对上述张量进行扩边操作，各边向外扩 1 个像素，以 0 填充
>>> tensor([[[0.0000, 0.0000, 0.0000, 0.0000, 0.0000],
        [0.0000, 0.2323, 0.4225, 0.4540, 0.0000],
        [0.0000, 0.7610, 0.8354, 0.4622, 0.0000],
        [0.0000, 0.5154, 0.6838, 0.1499, 0.0000],
        [0.0000, 0.0000, 0.0000, 0.0000, 0.0000]]])
```

在代码中定义的 pad() 函数能够完成对张量的扩充操作，使图像在 4 个方向以给定的长度进行括边。本例是对一个 3×3 大小的图像向四边扩充 1 个像素的宽度，扩边后得到一个 5×5 大小的图像。通过扩边预处理，能够在图像进行邻域运算后尺寸保持不变。

图像的平滑操作是常用的图像邻域运算之一，主要有均值平滑、高斯滤波及双边带滤波等，能够在一定程度上起到减小噪声和平滑图像的作用。均值平滑也叫均值滤波，通过计算像素在一定邻域内的均值作为该像素的灰度值，可以在一定程度上使图像过渡更自然，消除部分噪声。图 4.16 展示了图像的展开操作，图 4.17 展示了均值滤波原理及滤波完成后折叠图像的过程，使用 PyTorch 张量运算可以非常方便地完成均值滤波。

```python
def unfold(imgt,kh=3,kw=3):
    r=F.unfold(imgt.unsqueeze(0),(kh,kw))
    return r

def fold(t_n_ckk_wh,outsize,ksize):
    return F.fold(t_n_ckk_wh,output_size=outsize,kernel_size=ksize)

def mean(imgtg,ksize=3,edgemode='reflect'):        #(灰度图像)均值滤波
```

```
        #使用展开操作定义的均值，ksize 是过滤器大小，edgemode 是扩边的类型
        p=ksize//2
        pt=pad(imgtg,p,p,p,p,edgemode)
        ut=unfold(pt,kh=ksize,kw=ksize)
        uu=ut.mean(dim=1,keepdim=True)
        return fold(uu,(imgtg.shape[1],imgtg.shape[2]),ksize=1)
#使用示例
imgt=loadimage('../1.png')
grayimg=rgb2gray(imgt)
vis.image(grayimg)                              #图 4.18（a）为原始图像
mg5=mean(grayimg,5)                             #使用 5×5 的窗口进行均值滤波
vis.image(mg5)                                  #图 4.18（b）
mg15=mean(grayimg,15)                           #使用 15×15 的窗口进行均值滤波
vis.image(mg15)                                 #图 4.18（c）
```

以上代码中定义的 mean()函数实现了基于邻域的运算——均值滤波，对输入的图像 imgtg，按照指定的邻域大小 ksize 进行均值滤波。在 mean()函数中，使用 unfold()函数对图像按照指定邻域大小展开，然后使用张量的 mean()函数对展开后的像素计算其在邻域上的均值，实现均值滤波，最后使用 fold()函数将滤波后的结果重新恢复为图像。图 4.18 展示了在不同邻域下的均值滤波结果，可以看出，经过均值滤波后图像变得较为模糊，越大的均值滤波邻域会造成显著的模糊效果。

　（a）原始图像　　　　　　　（b）5×5 均值滤波　　　　　　（c）15×15 均值滤波

图 4.18　图像的均值滤波

注意：均值平滑也可使用 PyTorch 里的其他方法实现，如 conv2d()和 avgpool2d()等方法，但是 unfold()和 fold()能将图像的邻域展开或折叠，适用于更灵活的邻域运算，后面介绍的其他非线性邻域运算几乎都需要借助这两个函数完成图像邻域的展开和折叠。

4.3.2　图像的滤波去噪

图像上的噪声会影响图像的视觉感受，并且会严重地干扰后续图像处理的结果，因此，图像噪声的去除是图像处理的重要方法。通常使用图像滤波的方法进行噪声去除，其可以较好去除图像上的随机噪声。常用的滤波去噪方法有均值滤波、中值滤波及高斯滤波。其中，均值滤波在 4.3.1 小节中已经介绍过，其在一定程度上可以消减图像上的噪声。

中值滤波法是一种非线性平滑技术，其将每个像素点的灰度值设置为该点某邻域窗口

内的所有像素灰度值的中值。中值滤波是基于排序统计理论的一种能有效抑制噪声的非线性信号处理技术。中值滤波的基本原理是把数字图像或数字序列中某个点的值用该点的一个邻域中各点值的中值代替，让周围的像素值接近真实值，从而消除孤立的噪声点。中值滤波方法是用奇数大小的滑动窗口，将窗口内的像素按照像素值的大小进行排序，生成单调上升（或下降）的一维数据序列，从而得到序列的中位数。通常使用 3×3、5×5 的邻域，也可以是不同的形状，如线状、圆形、十字形和圆环形等。

在 PyTorch 中实现中值滤波时，无须通过滑窗的滑动进行逐像素中值的计算，可以使用 unfold() 函数和 fold() 函数先进行邻域展开操作，然后在展开的维度上求取像素邻域的中值即可，仅需对均值滤波的代码稍作修改即可实现中值滤波。

```
def median(imgtg,ksize=3,edgemode='reflect'):          #中值滤波
    #使用展开操作进行中值滤波
    p=ksize//2
    pt=pad(imgtg,p,p,p,p,edgemode)
    ut=unfold(pt,kh=ksize,kw=ksize)
    uu=ut.median(dim=1,keepdim=True)[0] #与均值滤波函数 mean()相比此处不同
    return fold(uu,(imgtg.shape[1],imgtg.shape[2]),ksize=1)
def pepernoise(imgt,p=0.3,value=0.0):                   #椒盐噪声
    #加入 30%的椒盐噪声
    rd=tc.rand_like(imgt)
    return tc.where(rd<tc.tensor(p),tc.tensor(float(value)),imgt)
#使用示例
imgt=loadimage('../1.png')
grayimg=rgb2gray(imgt)
vis.image(grayimg)                          #图 4.19（a）为原始图像
ngra=pepernoise(grayimg,0.05)               #加入 5%的噪声
vis.image(ngra)                             #图 4.19（d）
md3=median(ngra)                            #3×3 窗口的中值去噪
vis.image(md3)                              #图 4.19（b）
md5=median(ngra,5)                          #5×5 窗口的中值去噪
vis.image(md5)                              #图 4.19（c）
m3=mean(ngra,3)                             #3×3 窗口的均值去噪
vis.image(m3)                               #图 4.19（e）
m5=mean(ngra,5)                             #5×5 窗口的均值去噪
vis.image(m5)                               #图 4.19（f）
```

在上面的代码中，median() 函数对输入图像 imgtg，以邻域大小 ksize 进行中值滤波。函数 pepernoise() 对图像添加随机比例椒盐噪声的功能。图 4.19 为均值滤波和中值滤波对有椒盐噪声图像的去噪效果，其中，图 4.19（a）是原始图像，图 4.19（d）是添加了 5% 椒盐噪声的噪声图像，图 4.19（b）是使用 3×3 中值滤波对图 4.19（d）去噪的效果，图 4.19（e）是使用 3×3 均值滤波对图 4.19（d）去噪的效果，图 4.19（c）是使用 5×5 中值滤波对图 4.19（d）去噪的效果，图 4.19（f）是使用 5×5 均值滤波对图 4.19（d）去噪的效果。

从图 4.19 中可以看出，对包含 5% 的随机椒盐噪声的图像使用 3×3 和 5×5 的均值滤波消除的噪声十分有限，而 3×3 的中值滤波几乎消除了所有的噪声，只存在少部分的噪声残留，而 5×5 的中值滤波已经消除了噪声的影响，但是变得较为模糊。可以看出，中值滤波即可以对椒盐噪声取得较为理想的去噪效果，提升图像的质量，又可以作为图像预处理的一部分改善图像质量。

（a）原始图像

（b）3×3 中值滤波

（c）5×5 中值滤波

（d）5%噪声图像

（e）3×3 均值滤波

（f）5×5 均值滤波

图 4.19　图像的中值与均值滤波去噪

4.3.3　图像的形态学运算

形态学运算（Morphological Operations）是一系列基于邻域的图像处理方法，其将结构元素（Structuring Element）应用于输入图像并生成输出图像，广泛应用于二值图像和灰度图像的处理和分析。图像的形态学运算通常用于进行噪声抑制、纹理分析、形状分析、边缘检测、骨架化和多尺度过滤，在医疗成像、地质图像处理、自动工业检查、图像压缩和心电图信号分析等方面得到了广泛的应用。

常用的形态学运算有膨胀（Dilate）、腐蚀（Erode）、开运算（Opening）、闭运算（Closing）、形态学梯度（Morphological Gradient）、顶帽变换（Top Hat）、黑帽变换（Black Hat）和击中—击不中变换（Hit-and-Miss）等。这些图像形态学运算都是基于图像邻域的，运算结果是其邻域像素作用的结果。因此，对于形态学运算的实现可以使用 unfold()函数进行像素邻域的展开，再完成特定的形态学计算，最后使用 fold()函数折叠，得到处理后的图像。

注意：在形态运算中，将像素的邻域称为结构元素，结构元素可以看作通过 0 和 1 二值构成的一种特定形状的邻域，如矩形、十字形和圆形等，形态学运算发生在特定形状的邻域中。

下面对常见的形态学运算在 PyTorch 中的实现进行介绍。

1．膨胀

膨胀就是求局部最大值的操作，其使用一个方形或特定形状的邻域在图像上逐像素滑动，修改邻域中心所对应的图像像素的值为邻域范围内图像像素的最大值。膨胀运算会使图像的高亮度区域扩大，因此称为膨胀操作。图像的膨胀既可以在灰度图像上进行，也可以在二值化图像上进行，在二值化图像上还会起到连通区域的作用。

　　下面的例子使用 dilate()函数实现图像的膨胀运算，在函数中先按邻域展开，再对邻域使用求最大值，得到膨胀的结果，最后折叠得到膨胀后的图像。图 4.20 为不同邻域尺寸的膨胀运算结果，可以看到，膨胀操作后，图像的高度区域范围扩大，建筑物窗户上的玻璃在原始图像上的亮度较低，但经过膨胀操作后亮度变高了。

```
def dilate(imgtg,ksize=3,edgemode='reflect'):
    #使用展开操作进行膨胀
    p=ksize//2
    pt=pad(imgtg,p,p,p,p,edgemode)
    ut=unfold(pt,kh=ksize,kw=ksize)
    uu=ut.max(dim=1,keepdim=True)[0]          #求取邻域的最大值
    return fold(uu,(imgtg.shape[1],imgtg.shape[2]),ksize=1).squeeze(0)
imgt=loadimage('../1.png')
grayimg=rgb2gray(imgt)
d3=dilate(grayimg,3)
d5=dilate(grayimg,5)
d7=dilate(grayimg,7)
vis.image(d3)                                 #图 4.20（a）
vis.image(d5)                                 #图 4.20（b）
vis.image(d7)                                 #图 4.20（c）
```

（a）3×3 邻域　　　　　　　　　（b）5×5 邻域　　　　　　　　　（c）7×7 邻域

图 4.20　膨胀操作的效果

2. 腐蚀

　　与膨胀操作相反，腐蚀是求局部最小值的操作，这样就会使图像中低亮度区域逐渐增长，而高亮度区域收缩，因此称为腐蚀操作。腐蚀操作与膨胀运算在实现上几乎相同，将邻域展开后的求最大值操作变为求最小值操作，因此求取邻域内的最小值即可。在二值图像上，腐蚀操作可以去除弧立的高度亮点。

　　下面的例子使用 erode()函数实现图像的腐蚀运算，先按邻域展开，再对邻域使用求最小值，得到腐蚀的结果，最后折叠得到腐蚀后的图像。图 4.21 为使用不同邻域尺寸进行腐蚀运算的结果。可以看到，经过腐蚀操作后，图像的低亮度区域得到了增强，特别是亮度较高且较细小的窗户框被消除了，使整块窗户连成了一体。

```
def erode(imgtg,ksize=3,edgemode='reflect'):
    #使用展开操作进行腐蚀
```

```
        p=ksize//2
        pt=pad(imgtg,p,p,p,p,edgemode)
        ut=unfold(pt,kh=ksize,kw=ksize)
        uu=ut.min(dim=1,keepdim=True)[0]          #求取邻域的最小值
        return fold(uu,(imgtg.shape[1],imgtg.shape[2]),ksize=1).squeeze(0)
imgt=loadimage('../1.png')
grayimg=rgb2gray(imgt)
e3=erode(grayimg,3)
e5=erode(grayimg,5)
e7=erode(grayimg,7)
vis.image(e3)                                     #图 4.21（a）
vis.image(e5)                                     #图 4.21（b）
vis.image(e7)                                     #图 4.21（c）
```

　（a）3×3 的邻域　　　　　　　（b）5×5 的邻域　　　　　　　（c）7×7 的邻域

图 4.21　腐蚀操作的效果

注意：腐蚀运算对于二值图像还有特殊的含义，可以看作在运算的二值图像上匹配结构元素。在击中一击不中变换中，使用了两次腐蚀分别用于击中和击不中变换，从而实现二值图像模式的匹配。

3．开运算

　　开运算是一个复合运算，对图像先进行腐蚀操作再进行膨胀操作。对于灰度图像，开运算主要用于去除高亮度的小对象，但保持亮度较大的对象；对于二值图像，开运算能够去除孤立的亮噪点。在代码实现上，可以将上述定义的腐蚀和膨胀操作进行封装即可。图4.22 为不同邻域尺寸的开运算操作结果，图像中的细节信息消除的较多，窗框被去除，但亮度较高、较大的尖顶处几乎没有发生变化。

```
def mopen(imgtg,ksize=3,edgemode='reflect'):
    #开操作，先腐蚀，再膨胀
    img=erode(imgtg,ksize,edgemode)
    img=dilate(img,ksize,edgemode)
    return img
o3=mopen(grayimg,3)                               #图 4.22（a）
o5=mopen(grayimg,5)                               #图 4.22（b）
o7=mopen(grayimg,7)                               #图 4.22（c）
vis.image(o3)
vis.image(o5)
vis.image(o7)
```

（a）3×3 的邻域　　　　　　　　（b）5×5 的邻域　　　　　　　　（c）7×7 的邻域

图 4.22　开运算操作的效果

4. 闭运算

闭运算同样是一个复合运算，与开运算相反，它是对图像先进行膨胀操作再进行腐蚀操作，可用于填充高亮度区域内的孔洞。在代码实现上，将膨胀和腐蚀函数进行封装即可。图 4.23 为不同邻域尺寸进行闭操作的结果，窗户玻璃的亮度提高，但亮度较高较大的尖顶几乎没有发生变化。

```python
def mclose(imgtg,ksize=3,edgemode='reflect'):
    #闭操作，先膨胀，再腐蚀
    img=dilate(imgtg,ksize,edgemode)
    img=erode(img,ksize,edgemode)
    return img
c3=mclose(grayimg,3)                          #图4.23(a)
c5=mclose(grayimg,5)                          #图4.23(b)
c7=mclose(grayimg,7)                          #图4.23(c)
vis.image(c3)
vis.image(c5)
vis.image(c7)
```

（a）3×3 的邻域　　　　　　　　（b）5×5 的邻域　　　　　　　　（c）7×7 的邻域

图 4.23　闭运算操作的效果

5. 形态学梯度

形态学梯度是形态学的重要操作，其常常将膨胀和腐蚀基础操作组合起来一起使用，以实现一些复杂的图像形态学梯度。梯度用于刻画目标边界或边缘位于图像灰度级剧烈变化的区域，形态学梯度根据膨胀运算或者腐蚀运算与原图作差来实现增强结构元素邻域中像素的强度，突出高亮区域的外围。最常用的形态学梯度是基本梯度，基本梯度是膨胀图像与腐蚀图像之差得到的图像。在代码实现上，对输入图像分别进行膨胀运算和腐蚀运算后，将二者结果相减即可。图4.24为不同邻域尺寸的形态学梯度结果，可以看出，图像中形态梯度变化较大的位置亮度值较高，起到了提取边缘的效果。

```
def mgradient(imgtg,ksize=3,edgemode='reflect'):
    #形态学梯度
    img1=dilate(imgtg,ksize,edgemode)
    img2=erode(imgtg,ksize,edgemode)
    return img1-img2
mg3=mgradient(grayimg,3)
mg5=mgradient(grayimg,5)
mg7=mgradient(grayimg,7)
vis.image(mg3)
vis.image(mg5)
vis.image(mg7)
```

　　（a）3×3 的邻域　　　　　　　（b）5×5 的邻域　　　　　　　（c）7×7 的邻域

图 4.24　形态学梯度的效果

注意：形态学梯度利用局部最大值与最小值的差，可以在一定程度上增强图像的边缘，可用于图像边缘的增强和提取，更常用的边缘提取算法将会在后续章节中进行介绍。

6．顶帽变换

顶帽变换是原图像与开运算操作的差值，能够校正不均匀光照。在实现上，先进行开运算，随后使用原图像减去开运算的结果即可。图 4.25 为不同邻域尺寸的顶帽运算结果。

```
def tophat(imgtg,ksize=3,edgemode='reflect'):
    #top hat source-open
    img=mopen(imgtg,ksize,edgemode)
    return imgtg-img
vis.image(th3)
vis.image(th5)
vis.image(th7)
```

7．黑帽变换

黑帽变换是闭操作与原图像的差值，可以去除亮度较高背景下的较暗区域。在实现上，先进行闭运算，随后使用闭算的结果减去原图像即可。图 4.26 为不同邻域尺寸的黑帽运算结果。

```
def blackhat(imgtg,ksize=3,edgemode='reflect'):
    #black close-imgtg
    img=mclose(imgtg,ksize,edgemode)
    return img-imgtg
bh3=blackhat(grayimg,3)
bh5=blackhat(grayimg,5)
bh7=blackhat(grayimg,7)
vis.image(bh3)
vis.image(bh5)
vis.image(bh7)
```

 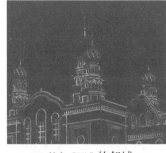 

（a）3×3 的邻域　　　　　　（b）5×5 的邻域　　　　　　（c）7×7 的邻域

图 4.25　顶帽变换的效果

（a）3×3 的邻域　　　　　　（b）5×5 的邻域　　　　　　（c）7×7 的邻域

图 4.26　黑帽变换的效果

4.3.4　局部二值模式

局部二值模式（Local Binary Patterns，LBP）用于描述图像局部纹理的特征，常用于图像的分类。LBP 来源于王丽和何东晨提出的纹理单元（Texture Unit）特征的简化，能够有效降低对硬件的需求。纹理单元和 LBP 分别在 20 世纪 90 年代先后被提出，扩大了对图像纹理的描述方法。由于局部二值化描述具有优良的描述效果与简洁的计算方式，所以在图像处理中得到了广泛的使用。

纹理单元特征是以一个 3×3 邻域为范围，对该邻域的中心像素进行的描述。具体计算方式如图 4.27 所示，将中心像素与其相邻的 8 个像素进行比较，相邻像素大于中心像素时记为 2，等于中心像素的灰度值时记为 1，小于中心像素的灰度值时记为 0，这样相邻的 8 个像素都可以取 3 个值，则总共可以得到 3^8=6561 个不同的特征，按照一定顺序使用不同的权值即可得到中心像素的纹理单元特征。在图 4.27 中，中心像素的纹理单元特征经过计算得到 1289。通过对全图像进行遍历，即可求出整幅图像的纹理单元特征。

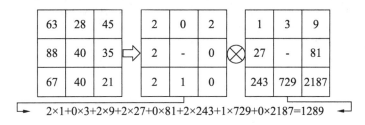

图 4.27　纹理单元特征的计算方式

注意： 王丽和何东晨在论文 "Texture classification using texture spectrum"（doi:10.1016/0031-3203（90）90135-8）中提出了纹理单元特征，并利用该特征在图像的直方图中进行了图像分类。

由于纹理单元特征使用了 3 个值进行量化，所以特征的分布十分稀疏。LBP 简单化了纹理单元特征构造，使用"大于或等于""小于"两个指标进行二值量化，量化为 1 和 0。通过二值量化，三邻域中的 8 个像素可以形成 2^8=256 种不同的特征，刚好可以保存为一个字节，与图像占用相同的大小。LBP 相较于纹理单元特征极大地降低了计算和存储复杂度，压缩了特征的总数量。图 4.28 显示了一个 LBP 的计算示例，与纹理单元进行大于、等于和小于 3 种比较不同，只进行"大于或等于""小于"两种比较，当相邻像素的灰度值大于或等于中心像素时取 1，反之则取 0，由于只使用了两个值，只需要 256 个值即可表示 256 种不同的局部类型。对于整幅图像，将滑窗在图像上滑动即可计算出每个像素的 LBP 特征。

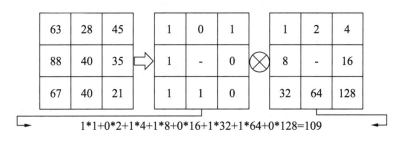

图 4.28　LBP 的计算方法

LBP 通过邻域内比较的方法，得到图像的局部纹理信息，可有效减弱光照引起的局部变化，广泛应用于人脸识别和分析、行人检测、汽车检测、图像匹配和表面缺陷检测等方面。LBP 具有计算简单、高效的优点，可满足实时图像处理和分析的要求。用 PyTorch 实现 LBP 的具体方法是，先将原始图像以 3×3 的邻域展开，对展开后得到的张量按照 LBP 的原理计算领域内各元素与中心元素的比较结果，然后对比较结果进行加权求和，得到 LBP 值，最后折叠并重建 LBP 特片图像，实现代码如下：

```
def lbp(imgtg,edgemode='replicate'):
    pt=pad(imgtg,1,1,1,1,edgemode)        #填充，以保证计算结果与输入大小相同
    ut=unfold(pt,kh=3,kw=3)               #将原始图像以 3×3 的邻域展开
    cidx=4
    cv=ut[: , cidx:cidx+1,:]              #得到各局部中心像素的值
```

```
#计算各邻域像素与中心像素的差值
r=tc.where(ut>=cv,tc.tensor(1.0),tc.tensor(0.0))
p=tc.tensor([1,2,4,8,0,16,32,64,128],dtype=tc.float).view([1,-1,1])
r*=p                                    #计算各位置的加权值
bt=r.sum(dim=1,keepdim=True)            #计算各中心像素的 LBP 值
#重构为输入尺寸
return fold(bt , (imgtg.shape[1],imgtg.shape[2]),ksize=1).squeeze(0)

r=lbp(imgtg)
vis.image(r)
```

以上代码实现了经典的 LBP 算法，计算结果的范围
为 0～255，图 4.29 将计算的 LBP 用灰度图进行了可视
化。随着相关的研究和应用的需要，基于经典的 LBP 又
开发出多种多样的其他 LBP 方法。针对 LBP 不能提取大
尺寸结构纹理特征的局限性，扩大邻域可以增加比较的
范围。此外，经典的 LBP 不具有旋转不变性，由于权值
的顺序是固定的，在图像发生旋转的情况下，计算结果
可能会发生变化，不能在旋转不变的条件下应用。

注意：对于 LBP 的应用和扩展，可以参考宋克臣等人
的论文《局部二值模式方法研究与展望》。

图 4.29 LBP 的计算结果

4.3.5 局部最大值指数

局部二值模式实质上是一个八维的向量，对不同位置设置不同的权重，得到一个表示
局部纹理的数值。这就导致该模式不具有旋转不变性，限制了其应用场景。其中，不同位
置的权值不同，是局部二值模式不具有旋转不变性的原因。这样将局部二值模式中局部权
值设置为相同，则计算结果就对旋转具有健壮性和旋转不变性。

局部最大值指数（Local Maximum Index，LMI）是一种基于图像邻域的特征，将中心
像素与一定邻域内的其他像素进行比较，其数值是邻域内像素值小于该邻域中心像素值的
像素个数。LMI 的计算方式如下：

$$\text{LMI}(i,j) = \sum_{r=i-\left\lfloor\frac{N}{2}\right\rfloor}^{r=i+\left\lfloor\frac{N}{2}\right\rfloor} \sum_{c=j-\left\lfloor\frac{N}{2}\right\rfloor}^{c=j+\left\lfloor\frac{N}{2}\right\rfloor} \text{sgn}(\text{img}(i,j) > \text{img}(r,c))$$

其中，$\text{LMI}(i,j)$ 为图像 (i,j) 处的 LMI 值，$\text{img}(i,j)$ 为图像在 (i,j) 处的灰度值，$\text{img}(r,c)$ 为图像
在 (r,c) 处的灰度值，$\text{sgn}(x)$ 为符号函数，当 $x=\text{True}$ 时为 1，否则为 0，N 为邻域的大小，取
奇数。

由于 LMI 也是一种图像邻域的特征，其计算方法同样使用 unfold()函数展开得到邻域，
计算完成后，再使用 fold()函数得到计算结果。LMI 的代码实现如下：

```
def lmi(imgtg,ksize=3,edgemode='reflect'):
    cidx=ksize*ksize//2
    p=ksize//2
    pt=pad(imgtg,p,p,p,p,edgemode)
    ut=unfold(pt,kh=ksize,kw=ksize)
```

```
cv=ut[:,cidx:cidx+1,:]
r=tc.where(ut<cv,tc.tensor(1.0),tc.tensor(0.0))
uu=r.sum(dim=1,keepdim=True)
num=ksize*ksize
uu=uu*(255.0/num)
return fold(uu,(imgtg.shape[1],imgtg.shape[2]),ksize=1).squeeze(0)

imgt=loadimage('../1.png')              #加载图像
grayimg=rgb2gray(imgt)                  #转为灰度图

l3=lmi(grayimg,3)                       #计算 3×3 邻域的 LMI 值
vis.image(l3)                           #显示结果见图 4.30（a）

l5=lmi(grayimg,5)                       #计算 5×5 邻域的 LMI 值
vis.image(l5)                           #显示结果见图 4.30（b）

l7=lmi(grayimg,7)                       #计算 7×7 邻域的 LMI 值
vis.image(l7)                           #显示结果见图 4.30（c）

l9=lmi(grayimg,9)                       #计算 9×9 邻域的 LMI 值
vis.image(l9)                           #显示结果见图 4.30（d）
```

（a）当 N=3 时

（b）当 N=5 时

（c）当 N=7 时

（d）当 N=9 时

图 4.30 LMI 的计算结果

  LMI 通过在邻域内进行像素数值的比较和计数两个操作，可以快速地完成计算。中心像素相较邻近像素的亮度越高，则计算结果越大。局部最大值指数可以凸显图像中的局部最大值。图 4.30 为在不同邻域大小时 LMI 的计算结果，当邻域较小时，细节保留较多；当邻域较大时，更能反映宏观的信息。局部最大值的优点是，其不仅具有旋转不变性，而且对光照具有较好的健壮性。图 4.31 为两种不同的灰度区域，在 LMI 中具有相同的数值，能够不受局部灰度变化的影响。

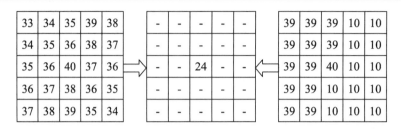

图 4.31　LMI 在局部空间上的健壮性

以上对常用的基于邻域运算的图像处理方法进行了介绍。图像的均值滤波、中值滤波、形态学运算、局部二值化模式和局部最大值指数等常用的邻域运算在图像处理中具有重要的作用。此外，还有一些十分重要的邻域运算，如边缘算子，卷积运算等，会在后面的内容中进行介绍。图像邻域的重要性还可以从机器学习、模式识别的角度对特征加以认识，单个像素构成的特征不利于对图像的理解，将单个像素扩展到邻域的多个像素构成的特征，以及把特征从像素空间变换到特征空间，能进一步提升对图像的理解。深度学习的成功已经证明了上述观点的正确性。

4.4　图像的全局运算

图像的全局运算可以把整幅图像作为邻域，即图像的邻域扩大到整幅图像，计算的结果会改变整幅图像的像素值，或者改变图像的大小。图像的全局运算通常包含图像的旋转、翻转、缩放、裁切和直方图均衡化等。

4.4.1　图像的简单旋转与翻转

图像的简单旋转与翻转是对图像处理的基本方法。图像可以在平面上以任意角度进行旋转，本节主要介绍以 90° 为倍数的图像旋转，即图像的简单旋转。这种简单的旋转应用最为广泛，并且在实现上可以使用张量的基本操作方法便捷地完成，给相应的张量运算赋予了实际的意义。图像的翻转原理与在镜子里的成像相同，通常也称为镜像操作。此外，还有循环滚动操作，与街上滚动播放的广告牌的方式相同。以上这几种图像变换方法都有相对应的张量运算，赋予了张量运算的现实应用。

具体来说，张量运算的三个函数即 tc.rot90()、tc.flip() 和 tc.roll() 可以完成图像的旋转、图像的翻转和图像的滚动操作。下面对这三个方法进行相应的封装，构建出相应的图像处理方法。

```
def rotate90(imgt,n):                          #图像的旋转
    '''4>n>0 表示逆时针旋转 90*n 度
    -4<n<0 表示顺时针旋转 90*n 度
    '''
    return tc.rot90(imgt,n,[1,2])

def flip(imgt,mode='lr'):                       #图像的翻转
    '''   mode =['lr','ud']
        lr 表示左右翻转, ud 表示上下翻转 '''
```

```
    if 'lr' in mode:
        return tc.flip(imgt,[2])
    if 'ud' in mode:
        return tc.flip(imgt,[1])
    raise Exception( "the mode should be in ['lr','ud'] ,not {}".
format(mode)  )

def roll(imgt,n,mode='u'):                #图像的滚动
    '''    mode 是 ['u','d','l','r']其中之一，表示向上、向下、向左和向右滚动
        n 是滚动的像素数
    '''
    if mode=='u':
        return tc.roll(imgt,-1*n ,1)
    if mode=='d':
        return tc.roll(imgt,n ,1)
    if mode=='l':
        return tc.roll(imgt,-1*n ,2)
    if mode=='r':
        return tc.roll(imgt,n ,2)
    raise Exception("some thing wrong, n should be positive integer \
                mode is in 'udlr' ")

rotimgg=rotate90(imgg,1)                  #逆时针旋转 90°
vis.image(rotimgg)                        #显示旋转后的图像，见图 4.32（b）
flipimgg=flip(imgg,'ud')                  #上下翻转
vis.image(flipimgg)                       #显示翻转后的图像，见图 4.32（c）
rollimgg=roll(imgg,200,'u')               #向上滚动 200 个像素
vis.image(rollimgg)                       #显示滚动后的图像，见图 4.32（d）
```

（a）原始图像

（b）逆时针旋转

（c）上下翻转

（d）向上滚动

图 4.32　图像的旋转、翻转与滚动

4.4.2　图像的缩放

图像的缩放也是图像的基本处理方法，作用是调整图像尺寸。在图像缩放技术中，最关键的技术是像素的重采样方法，常用的重采样方法有最近邻法（Nearest Neighbor）、线性插值（Linear Interpolation）和双线性二次插值（Bilinear Interpolation）等。要具体实现这些重采的方法可能比较复杂，并且还有一定的难度。但是在 PyTorch 里作为张量的运算提供了上述采样方法的便利函数，即位于 torch.nn 模块下的 functional 包里的 interpolate() 函数。将此函数进行封装，即可用于不同采样方法的图像的缩放变换操作。

```python
from torch.nn import functional as F
def rescale(imgt,scale_factor=2,mode='bilinear'):   #按比例缩放
    '''mode = [nearest, linear, bilinear, bicubic] 缩放变换采样的方式'''
    t=imgt.unsqueeze(0)
    return F.interpolate(t,scale_factor=scale_factor,mode=mode,
recompute_scale_factor=True).squeeze(0)
def resize(imgt,height,width,mode='bilinear'):
    '''mode = [nearest, linear, bilinear, bicubic]'''
    t=imgt.unsqueeze(0)
    return F.interpolate(t,size=(height,width),mode=mode).squeeze(0)

smallimg=rescale(imgg,0.5,mode='nearest')           #缩小为原来的一半尺寸
vis.image(smallimg)                                 #图 4.33（a）
resizedimg=resize(imgg,150,350)                     #尺寸变为 150×350
vis.image(resizedimg)                               #图 4.33（b）
```

在以上代码中，利用 interpolate() 函数实现了按比例缩放和指定宽与高的尺寸两种图像缩放方法。图 4.33 为图像缩放的结果。

（a）等比例缩放　　　　　　　　　　　　　　　（b）任意缩放

图 4.33　图像的缩放

4.4.3　图像的裁切

图像的裁切是图像处理的基本操作，可用于提取整个图像感兴趣的区域，或调整图像的尺寸大小。由于图像是用张量表示的，在空间上是规则的矩形，所以进行矩形裁切十分方便，只需要提取张量的相应行和列即可。前面我们定义了图像的坐标系，图像的左上角是图像平面的原点，图像的宽度方向是图像平面的 X 轴，图像的高度方向是图像平面的 Y

轴，图像上的任意点就可以用一对坐标(x, y)表示。利用张量的相关操作可以方便地对图像按照矩形进行裁切。

对图像进行矩形裁切之前，先要确定裁切矩形在图像中的位置，即需要对裁切的矩形进行定位。矩形由 4 个顶点顺序连接而成，需要知道 4 个顶点的坐标。由于各边与坐标轴平行或垂直，实际上只需要顶角的两个坐标即可确定矩形的位置和形态。在进行实际的裁切时，确定一个矩形有多种不同的方法，如图 4.34 所示。在图 4.34 中，图 4.34（a）使用矩形在图像中的左上角和右下角的两个顶点进行矩形在图像上的定位，图 4.34（b）使用矩形的左上角及矩形的宽和高确定矩形在图像上的位置，图 4.34（c）使用矩形到图像 4 个边的距离确定矩形。

（a）矩形的对角顶点

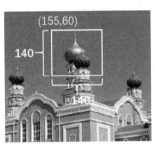
（b）矩形的顶点和长宽

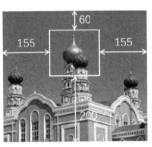
（c）矩形到四边的距离

图 4.34　矩形在图像上的定位方式

根据图 4.34 中的 3 种矩形定位方式，形成 3 种矩形裁切方法，可以使用张量中的切片操作方便地完成图像的矩形裁切。

```
def rectclip(imgt,stx,sty,edx,edy):                #方法a
    #使用对角顶点进行裁切，左上角顶点(stx,sty),右下角顶点 (edx,edy)
    return imgt[:,sty:edy,stx:edx]

def rect2clip(imgt,stx,sty,width,height):          #方法b
    #使用左上角顶点(stx,sty)和矩形宽度 width 和高度进行裁切
    return imgt[:,sty:sty+height,stx:stx+width]

def marginclip(imgt,t,l,b,r):                       #方法c
    #t 表示距离上边的长度，l 表示距离左边的长度，b 表示距离下边的长度，r 表示距离右边的
    #长度
    return imgt[:,t:-b,l:-r]
imgt.shape
>>> torch.Size([3, 400, 450])
res1=rectclip(imgt,155,60,295,200)
res2=rect2clip(imgt,155,60,140,140)
res3=marginclip(imgt,60,155,200,155)
(res1-res2).abs().sum()                             #检查裁切结果是否相同
>>> tensor(0.)
(res1-res3).abs().sum()
>>> tensor(0.)
vis.image(res3)                                     #图 4.35 为裁切结果
```

在以上代码中对 3 种图像的矩形裁切方法分别进行了实现，rectclip()函数根据矩形的左上和右下两个顶点裁切图像，rect2clip()函数根据矩形的左上顶点和宽、高裁切图像，marginclip()函数根据四边去除的像素宽度裁切图像。图 4.35 为图像裁切结果。

注意：在进行裁切时裁切区域要在图像区域
　　　内，在裁切前应当进行区域的有效性
　　　检查。

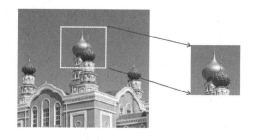

图 4.35　矩形裁切及其结果

以上几种方法都可以从图像中切取任意大
小的图像块，在实际中以图像为中心进行裁切也
是一个经常使用的裁切方法，可以参考上面的裁
切方法，使用张量运算可以方便地实现。

```
def centerclip(imgt, width,height):        #以图像为中心，按指定宽和高进行裁切
    sz=imgt.shape
    h=sz[1]
    w=sz[2]
    stx=(w-width)//2
    sty=(h-height)//2
return imgt[:,sty:sty+height,stx:stx+width]
```

注意：在图像处理中，特别是涉及多幅图像的处理时，经常要求所有图像在形状上保持
　　　相同的大小，而裁切和缩放是两种改变图像形状的常用手段。

4.4.4　图像直方图均衡化

直方图均衡化是一种简单、有效的图像增强技术。通过调整图像的直方图可以改变图
像中的各像素的灰度，可用于增强动态范围偏小的图像的对比度。原始图像由于其灰度分
布可能集中在较窄的区间，造成图像层次感不强，对比度低。采用直方图均衡化，可以把
原始图像的直方图变换为均匀分布（均衡）的形式，增加了图像中像素灰度值的动态范围，
从而达到增强图像整体对比度的效果。

直方图均衡化的基本原理是：对在图像中像素个数多的灰度值（即对画面起主要作用
的灰度值）进行展宽，而对像素个数少的灰度值（即对画面不起主要作用的灰度值）进行
归并，从而增大对比度，提升图像的层次感，达到增强的目的。与以上图像处理不同的是，
在直方图均衡化操作中单个像素的灰度值不仅和其本身有关，而且和整幅图像或它的一个
邻域内的像素有关。根据在均衡化过程中参考的邻域不同，可以分为全局直方图均衡化和
局部直方图均衡化。以下主要介绍全局直方图均衡化的实现步骤。

（1）将图像转为灰度图像或取彩色图像的某个通道。

（2）计算图像的直方图。

（3）计算图像的归一化累积直方图并进行拉伸。

（4）根据拉伸的累积直方图生成灰度映射规则。

（5）使用灰度映射规则对灰度图像素重新赋值，完成直方图均衡化。

在以上 5 个步骤中，在前面的内容中已经定义了彩色图像转换为灰度图像的函数
rgb2gray() 和图像映射函数 colormap()，可以分别完成步骤（1）和步骤（5）。对于图像直方
图的计算，可以使用张量运算 tc.histc() 来完成，累积直方图可以使用 tc.cumcum() 函数来完
成。相对于用其他语言实现直方图的均衡化，借助 PyTorch 张量运算实现直方图均衡化简
洁又直观。

```
def globalhistogramequalization(imgtg,maxvalue=255): #实现直方图均衡化函数
    '''Histogram equalization
        masvalue 是 255 或 1 需要灰度图的可能最大值进行设定
    '''
    hist=tc.histc(imgtg,256,0,maxvalue)                 #步骤（2）
    cum=tc.cumsum(hist,0)                                #步骤（3）
    mp=cum/cum[-1]*255                                   #步骤（3）
    rmap=dict(zip(range(256),mp.tolist()))              #步骤（4）
    normimg=colormap(imgtg,rmap)                        #步骤（5）
    return normimg
imgt=loadimage('../1.png')
grayimg=rgb2gray(imgt)                                   #转换为灰度图
vis.image(grayimg)                                       #显示均衡化前的图 4.36（a）
normimg=globalhistogramequalization(grayimg)            #直方图均衡化
vis.image(normimg)                                       #显示均衡化后的图 4.36（c）
#显示均衡化前的直方图 4.36（b）
vis.histogram(grayimg.view(-1),opts={'numbins':256})
#显示均衡化后的直方图 4.36（d）
vis.histogram(normimg.view(-1),opts={'numbins':256})
tmp=0.5*normimg+0.5*grayimg                             #进行平均值
vis.image(tmp)                                           #显示混合后的图 4.36（e）
#显示混合后的直方图 4.36（f）
vis.histogram(tmp.view(-1),opts={'numbins':256})
```

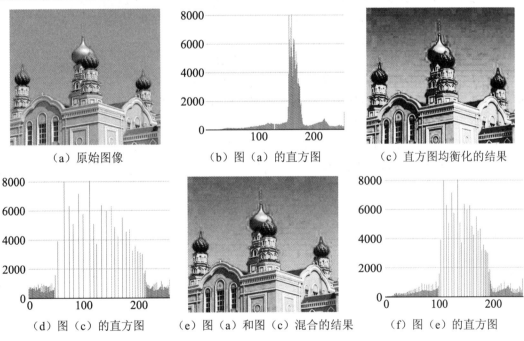

（a）原始图像　　　　　（b）图（a）的直方图　　　　（c）直方图均衡化的结果

（d）图（c）的直方图　　（e）图（a）和图（c）混合的结果　　（f）图（e）的直方图

图 4.36　图像的直方图均衡化

　　图 4.36 为图像的直方图均衡化前后的对比和相应的直方图变化。其中，图 4.36（a）是原始的灰度图像，图 4.36（b）为图 4.36（a）的直方图，可以看出，图 4.36（a）的像素值集中在灰度值 180 左右，因此整体图像呈灰白色，在进行直方图均衡化后生成图 4.36(c)，图 4.36（c）的灰度变化范围更大，从其直方图 4.36（d）看来，直方图的分布更为均衡。图 4.36（e）是使用图像混合的方法将直方图均衡前后的图像进行混合生成的，灰度过渡较

为自然，经过混合，直方图相较原始图像有所均衡。

4.5　小　　结

本章主要介绍了 PyTorch 在图像处理中的一些经典算法及其应用。根据图像中参与运算的像素范围，分为图像的点运算、图像的邻域运算和图像的全局运算 3 种图像处理类型。本章利用 PyTorch 的张量运算，对这些常用的图像处理方法进行了实现，并给出了应用实例。通过对相关图像处理方法的实现，一方面进一步熟悉了 PyTorch 的张量运算方法，另一方面可以更好地理解这些图像处理方法的原理。从相关图像处理方法的实现可以看出，利用 PyTorch 的张量运算可以极大地降低图像处理的复杂程度，方便在工程实践中应用。

4.6　习　　题

1．解释张量与图像的关系，如何完成张量与图像的互操作？
2．分别说明在伽马变换中，当 $\gamma>1$ 和 $\gamma<1$ 时在图像增强上的效果是怎样的。
3．写出简单的图像二值化的 5 种类型，并绘制出相应的变换曲线。
4．两幅图像进行混合的前提条件是什么？
5．什么是图像的邻域运算，如何生成图像的邻域？
6．什么是卷积运算？给出一个卷积运算的示例。
7．什么是中值滤波？对比中值滤波和均值滤波在图像去噪中的异同点。
8．常用的图像形态学运算有哪些？
9．形态学运算中结构元素的作用和功能是什么？
10．详细说明局部二值化描述子的计算过程。

第5章 图像的基础特征

通过前面章节的介绍我们知道，图像在计算机中表示为多维数组，PyTorch 为张量数据类型提供了数组运算，从而能够进行图像的存储和计算。一幅高和宽尺寸为 256×256 的图像包含 6 万多个像素，如此多的像素不利于图像处理时提取图像的关键信息。在图像处理中最重要的一步就是从图像中提取关键信息。例如：在图像匹配环节提取图像特征点是第一步也是最重要的一步；在各种形状的提取环节，准确检测边缘是至关重要的；图像分割实质上就是将相同类别的像素合并为面特征。在图像处理研究中，图像的信息一般主要集中在少数像素中，这些像素通过构成点、线和面来反映图像的关键信息。因此寻找图像的点、线和面特征是图像处理的一个基本问题。本章介绍图像点、线和面特征在 PyTorch 中的提取方法，从而进一步掌握 PyTorch 的使用，为接下来的深度学习打好基础。

本章的要点如下：

❑ 图像的特征点：介绍常见的图像特征点，以及 Harris 角点的提取方法。

❑ 图像的线特征：介绍图像的线特征，以及 Roberts、Prewitt、Sobel 和 Scharr 等算子的边缘增强和提取方法。

❑ 图像的面特征：介绍无监督图像分割的 K-均值聚类算法，以及基于 K-均值聚类算法的图像超像素分割方法 SLIC。

5.1 图像的特征点

手机拍摄的图像一般包含上千万个像素，也就是说有上千万个点。逐个分析每个点会非常耗时，提取具有独特性和有代表性的部分点来反映图像某方面的特征是很有意义的。在数字图像中，将这些在图像中具有代表性的点称为特征点。本节对图像点特征的发展现状进行介绍，并以 Harris 角点的检测和提取为例进行详细讨论。

5.1.1 特征点简介

图像特征点也称为关键点（Keypoint），其提取方法是计算机视觉中的一个基本问题。相对于图像中的所有点来说，图像的特征点就是在图像中具有显著特征的点，是与周边像素相比较在某一方面有较大差异的点。此外，特征点应当具有一定的独特性，一幅图像中的特征点数量占比要少，并且同一幅图像中的不同特征点也应当具有较大的差异。特征点需要能够在一定程度上反映图像的整体或局部特征。在图像中通常颜色（灰度值）变化较大的或者位于顶点位置的像素能够满足以上要求。这些点所占图像总体像素非常少，但其特征明显，可作为图像的特征点。同时，特征点还需要一些好的性质，如其对平移、旋转和缩放具有不变性。

虽然特征点把图像中的大多数的点进行了区分，但是不同特征点之间还需要进行区分或比较，这就需要构造特征点的描述子。特征点的描述子就是用一串数字对该特征点进行描述，从数学上看，它是一个矢量，在计算机中可以用一个一维数组来表示。最朴素的特征点描述子可以是特征点某一邻域的所有像素。与特征点类似，好的特征点描述子也应当对平移、旋转和缩放具有一定的不变性。

🔔**注意**：通常一种特征点提取算法既包括对特征点的提取，又包括其对应描述子的计算，但也可以将二者进行分离，将不同的特征点提取方法与不同的特征点描述子相组合。

通常图像的特征点和特征点描述子的提取是依次进行的，即先从图像中筛选出极少的特征点，再计算特征点描述子，从而减小特征点描述子的计算复杂度，只需要计算很少的特征点，而不是图像上的所有像素。综上所述，图像的特征点应该在图像发生旋转、平移和缩放的情况下保持不变，同时同一个特征点的描述子应该也对以上的变换具有不变性。因此，要设计出一个好的特征点提取算法就要考虑以上要求。

为了提取满足以上条件的特征点，研究人员开展了一系列研究，随着数字图像处理方法的发展，特征点的提取方法在理论和实践上都有了很大的进步。20 世纪 80 年代，Harris 等人提出了一种角点检测算法，该算法基于行列式和矩阵二阶矩检测关键点，具有检测精度高、速度快的特点，但对尺度变化不具有不变性，并且没有提出令人满意的特征点描述子。

1990 年，Lindeberg 提出了尺度自适应的概念，并设计了一种尺度不变的特征点提取方法。2001 年，Mikolajcyk 等人设计了基于 Harris 特征点和 Lindeberg 尺度不变特征点的 Harris-Laplacian 特征点，但该特征太复杂，难于理解。2004 年，Lowe 利用高斯（DoG）差分提出了尺度不变特征变换（SIFT）。SIFT 不仅对特征点定位精确，而且包括 128 维的描述子，性能良好，缺点是计算成本较高，不适用于对计算实时性要求较高的场景。2006 年，Herbert 等人提出了 SURF（Speed-Up Robust Feature）特征。SURF 特征利用盒滤波器近似 Hessian 矩阵，并使用了一种新的描述符，该方法的性能稍弱于 SIFT，但胜在速度快。

随后，Edward Rosten 和 Tom Drummond 提出了 FAST（Feature From Accelerated Segment Test）特征点提取算法，该角点检测方法计算的时间复杂度小，检测速度快，可以满足实时的要求，并且效果较好。FAST 方法的缺点是没有提供检测特征点的描述子，需要另行设计特征点描述子。近些年来，图像特征点的提取方法仍然在不断发展，不仅有 KAZA 等基于传统手工设计的特征点提取方法，而且也出现了基于卷积神经网络的特征点提取方法。

图像特征点是在图像中具有代表性的点，其不仅具有精确的位置信息，而且能够利用其描述子反映特征点的特性，便于进行不同图像特征点的比较。图像特征点广泛应用于目标追踪、同步定位与建图（SLAM）、定位、三维重建、图像镶嵌及物体分类等任务中。进行目标追踪时，可以利用特征点作为目标的锚点，将目标追踪转换为特征点的追踪和匹配。在机器人领域，特征点的提取是实现同步定位与建图（SLAM）的基础，是自动导航机器人和无人驾驶不可或缺的一步。在定位方面，特征点具有稳定性和特异性，不易发生误判和混淆，能够提供精确的定位信息。在三维重建和图像镶嵌中，需要进行图像间的配准操作，这需要先从图像中提取特征点，再利用特征点的描述子进行特征点匹配，最后用匹配的特征点建立图像间的变换方程，根据变换方程完成图像的配准。此外，在物体识别分类中，特征点的描述子作为分类的特征，特征点的位置则用于定位识别目标。

图 5.1 表示同一对象在不同视角下对两幅图像进行特征点提取和匹配。由于图像特征点的广泛应用，根据对特征点不同的认识，研究者们提出了 Harris、SUSAN、DoG 和 FAST等图像的特征点，以及描述这些特征点的 HoG 和 BRIEF 等特征点的描述子。利用特征点提取算法，可以提取出极少量的特征点，利用特征点描述子可以计算特征点间的相似度或距离，从而完成特征点间的匹配。下面介绍 Harris 角点检测算法，以及使用 PyTorch 的实现过程。

图 5.1　图像特征点的匹配

5.1.2　Harris 角点

Harris 角点检测算法是最早提出的图像特征点检测的方法之一。该方法提取的角点较为稳定，是一种经典的特征点检测方法。该方法认为角点是图像的重要特征点。因为边缘上的点沿边缘方向都是相似或不变的，平滑区域内的点在任意方向都是相似或不变的，不能体现点的独特性。只有在角上的点，当其在方向上有所变化时，就能发生明显的改变。如图 5.2 所示，当考查窗口在图像灰度值均匀的区域，轻微地向任意方向移动窗口时，移动前后窗口内的图像变化较小；当考查窗口中心位于边缘位置时，如果移动方向与边缘垂直，则移动前后窗口内的图像变化较大，如果移动方向与边缘平行，则移动前后窗口内的图像变化较小；当考查窗口在角点或孤立点时，只要向一个任意方向移动，移动前后都会发生剧烈的变化。Harris 角点检测算法就是来自于对上述现象的总结。

在实际的计算过程中，Harris 角点检测主要包括以下几个步骤：

（1）转换为灰度图像。Harris 角点算法是针对灰度图提出的，并取得了好的效果。因此，对于彩色图像来说，首先需要将彩色图像转换为灰度图像。

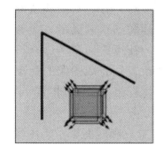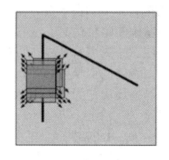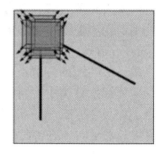

图 5.2　局部窗口在不同区域移动

（2）计算一阶梯度图 Dx、Dy，并得到 Dx^2、Dy^2 和 Dx×Dy：

$$Dx[i,j] = img[i-1,j] - img[i+1,j]$$
$$Dy[i,j] = img[i,j-1] - img[i,j+1]$$

其中，img[i,j]表示灰度图像 img 在位置(i,j)处的灰度值。通过对计算得到的 Dx、Dy 里的每个像素分别计算平方和积得到 Dx^2、Dy^2 和 Dx×Dy。

🔊注意：对于上面计算 Dx 和 Dy 的两个公式，实际上是[-1,0,1]和[-1,0,1]$^\text{T}$ 两个卷积核分别对图像 img 进行卷积操作，在 PyTorch 里提供的卷积运算函数可以很方便地完成卷积操作。

（3）二维高斯平滑（卷积）。由于使用了二值化和矩形的卷积核得到的 Dx^2、Dy^2 和 Dx×Dy 很容易受到噪声的影响，所以为了降低噪声的影响，使用高斯卷积核对步骤（2）中得到的梯度图进行卷积。高斯卷积核的公式如下：

$$W(u,v) = \exp(-(u^2 + v^2)/2\sigma^2)$$

其中，$\exp(x)$是自然指数函数，(u,v)是高斯卷积核 W 以中心为原点的坐标，$W(u,v)$是高斯卷积核在 u 和 v 处的值。使用高斯卷积核对（2）中得到的梯度图进行卷积。

$$A = Dx^2 \otimes W$$
$$B = Dy^2 \otimes W$$
$$C = Dxy \otimes W$$

其中，$\otimes$ 表示卷积运算，A、B、C 是卷积平滑后的结果。

（4）设定特征点的阈值，提取 Harris 角点。对于每一个位置上的像素，可以从 A、B 和 C 中取出相应位置的值，从而构造一个矩阵 $\boldsymbol{H}$：

$$\boldsymbol{H} = \begin{bmatrix} a & c \\ c & b \end{bmatrix}$$
$$Tr(\boldsymbol{H}) = a + b$$
$$Det(\boldsymbol{H}) = ab - c^2$$
$$R = Det - k \times Tr^2$$

其中，Tr 是矩阵 $\boldsymbol{H}$ 的迹，Det 是矩阵 $\boldsymbol{H}$ 行列式的值，k 通常在[0.04,0.06]之间，通过对 R 取相应的阈值，即可得到提取的 Harris 角点。

5.1.3　提取 Harris 角点

根据上面介绍的 Harris 角点计算的原理和计算流程，就可根据 PyTorch 的张量计算功能，完成数据的处理，利用 PyTorch 张量计算的优点进行 Harris 角点的提取。Harris 角点计算过程如下：

（1）导入相应的处理库并打开要处理的图像。

```
from PIL import Image              #导入图像处理库 PIL 中导入 Image 类
from torchvision import transforms #从 Torchvision 库中导入 transforms 类
import torch.nn.functional as F    #导入张量计算函数，起别名为 F
import torch as tc                 #导入 PyTorch 库并起别名为 tc
img=Image.open('./1.png')          #打开图像
```

（2）按照上述介绍的计算流程将图像转换为灰度图，并且将图像转换为张量。

```
img=img.convert('L')                    #将图像转换为灰度图
imgtensor=transforms.ToTensor()(img)    #将图像格式转换为 PyTorch 的三维张量类型
```

🔔注意：以上两个步骤也可直接使用在第 4 章中定义的加载图像的函数 loadimage()读取图像并转化为张量类型。

（3）利用 torch.nn.functional.conv2d()函数先计算 Dx 和 Dy，并从并算出的 Dx 和 Dy 里得到 Dx^2、Dy^2 和 Dx×Dy。

```
imgtensor=imgtensor.unsqueeze(0)  #调整张量的维度为 nxcxhxw
imgtensor=imgtensor.to('cuda')    #发送到 GPU 上，如没有 GPU 可以删除此行使用 CPU
dx=F.conv2d(imgtensor,weight=tc.Tensor([[[[-1,0,1]]]]),stride=1,padding
=(0,1))                           #计算 DX
dy=F.conv2d(imgtensor,weight=tc.Tensor([[[[-1],[0],[1]]]]),stride=1,
padding=(1,0))                    #计算 DY
dx2=dx*dx                         #Dx²
dy2=dy*dy                         #Dy²
dxy=dx*dy                         #Dx×Dy
```

🔔注意：F.conv2d 只接受一个四维的张量，由于灰度图像是三维的，需要使用 unsqueeze() 方法添加一个维度，并且该函数的卷积核 weights 同样需要一个四维张量，这样就需要给二维的卷积核增加两个维度，并且为了使计算前后的张量大小不发生变化，需要对相应的图像进行边缘填充。

（4）产生一个高斯分布的卷积核，如图 5.3 所示。

```
#高斯核的大小，应当是奇数
def guassmask(imgwidth=51,imgheight=51,sigma=2):
    #产生一个宽为 imgwidth，高为 imgheight 的高斯分布卷积核，方差为 sigma
    #imgheight 和 imgwidth 应为奇数
    cx=imgwidth//2
    cy=imgheight//2
    ypos,xpos=tc.meshgrid([tc.arange(-cy,cy+1),tc.arange(-cx,cx+1)])
    return tc.exp(-(xpos**2+ypos**2)/(sigma*sigma))

n=7
```

```
gs=guassmask(n,n)
#以下为高斯分布卷积核的可视化代码
g20=guassmask(255,255,20)
vis.image(g20)
g50=guassmask(255,255,50)
vis.image(g50)
g80=guassmask(255,255,80)
vis.image(g80)
```

（5）使用高斯分布卷积核对 Dx^2、Dy^2 和 $Dx \times Dy$ 进行卷积操作，用以消减噪声：

```
gs=gs/gs.sum()                              #归一化
gs=gs.unsqueeze(0).unsqueeze(0)             #调整维度
A=F.conv2d(dx2,weight=gs,stride=1,padding=n//2)
B=F.conv2d(dy2,weight=gs,stride=1,padding=n//2)
#进行高斯核卷积，去除不稳定噪声
C=F.conv2d(dxy,weight=gs,stride=1,padding=n//2)
```

（a）sigma=20　　　　　　　（b）sigma=50　　　　　　　（c）sigma=80

图 5.3　不同的高斯分布卷积核（尺寸为 n=255，sigma 分别为 20、50、80）

（6）根据计算得到的 A、B 和 C 分别计算 Tr、Det 及 R，并设定 R 的阈值，将值大于 0.003 的置为特征点。

```
Tr=A+B
Det=A*B-C*C
R=Det-0.03*Tr*Tr
R=F.relu(R-0.003)
```

（7）将经过阈值化的检测结果进行保存。

```
mr=255/R.max()
R=R*mr                                      #调整灰度范围
resimg=transforms.ToPILImage('L')(t)        #把 tensor 转换回灰度图
resimg.save('./tmp.png')                    #保存检测结果
```

经过以上几个步骤就完成了 Harris 角点的提取，图 5.4 展示了在两张图上提取 Harris 角点的结果，上图是简单的矩形，提取结果能准确的找到矩形的 4 个顶点，前 4 张图是自然场景下的一个建筑物，将其局部进行放大后，和角点检测结果（红色的点）相叠加，可以看出检测出的角点与实际图像上的角点具有很好的匹配程度。

🔔注意：在 Harris 角点提取中，对 R 的阈值的设定需要凭借经验，同时，对于提取结果仍需要进一步的非极大值抑制（NMS）处理，消除次极大值的影响。

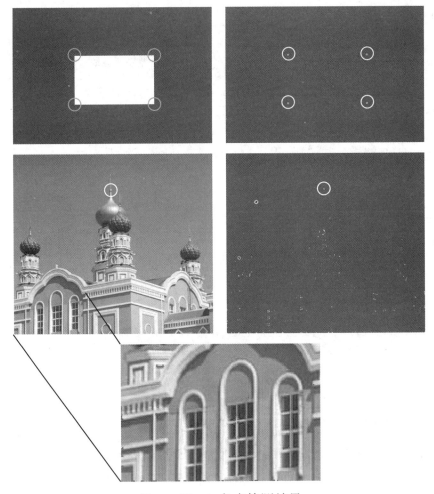

图 5.4　Harris 角点检测结果

可以看出，通过 PyTorch 内置的张量计算函数，在不使用循环语句的情况下完成 Harris 角点的提取，减少代码的同时让逻辑更清晰。通过对以上各步骤代码的综合和整理，可以得到完整的 Harris 角点的提取代码：

```python
from PIL import Image
from torchvision import transforms
import torch.nn.functional as F
import torch as tc
def showtensor(t,issave=False):
    #显示或存储图像的便利函数
    if issave:
        transforms.ToPILImage('L')(t).save('./tmp.png')
    else:
        transforms.ToPILImage('L')(t).show()
def guass2d(n,sigma=1,isnorm=True):
    #构造一个高斯分布 n 应该是奇数
    xc=tc.FloatTensor(range(n))-n//2
    yc=xc.reshape(n,1)
    xc=xc.repeat(n,1)
    yc=yc.repeat(1,n)
    gs=tc.exp(-(xc**2+yc**2)/(sigma*sigma))
```

```
    if isnorm:
        gs=gs/gs.sum()
    return gs
img=Image.open('./2.png')                    #需要计算触点的图像
img=img.convert('L')
imgtensor=transforms.ToTensor()(img)
imgtensor=imgtensor.unsqueeze(0)
#imgtensor=imgtensor.to('cuda')
dx=F.conv2d(imgtensor,weight=tc.Tensor([[[[-1,0,1]]]]),stride=1,
padding=(0,1))
dy=F.conv2d(imgtensor,weight=tc.Tensor([[[[-1],[0],[1]]]]),stride=1,
padding=(1,0))
dx=tc.abs(dx)
dy=tc.abs(dy)
dx2=dx*dx
dy2=dy*dy
dxy=dx*dy
n=7
gs=guass2d(n,1)
gs=gs.unsqueeze(0).unsqueeze(0)
A=F.conv2d(dx2,weight=gs,stride=1,padding=n//2)
B=F.conv2d(dy2,weight=gs,stride=1,padding=n//2)
C=F.conv2d(dxy,weight=gs,stride=1,padding=n//2)
Tr=A+B
Det=A*B-C*C
R=Det-0.03*Tr*Tr
R=F.relu(R-0.003)
mr=255/R.max()
R=R*mr
showtensor(R.squeeze(0),True)                #保存角点检测结果
```

以上就是 Harris 角点的计算方法介绍，除此以外还有其他类别的特征点，都可以借助 PyTorch 张量计算的优势进行设计。在实际应用中，OpenCV 中提供了常用的特征点提取函数，一般情况下能够满足使用。此外，在特征点提取完成后，一般还需要另行计算特征点的描述子，用于描述特征点和特征点的匹配情况。

5.2　图像的线特征

除了点特征外，图像的线特征也非常重要，一方面，图像中会存在线状的对象，如划痕和几何线条；另一方面，图像中对象的轮廓常表现为边缘，边缘两侧一般为不同的对象，也是一种线特征。图 5.5 展示了常见的 3 种边缘类型，分别是阶梯型的边缘、过渡型边缘和屋顶型的边缘。

图 5.5　3 种常见的边缘类型

从图 5.5 中可以看出，边缘主要体现在灰度剧烈变化的区域，前两张图可以看作一类，属于对象的轮廓，第 3 张图可以看作线状对象。因此，基于图像局部区域像素的变化成为

提取图像线特征的重要方法。下面对几种常见的基于局部区域像素变化的边缘计算方法进行介绍。

5.2.1 Roberts 算子

Roberts 算子是由 20 世纪美国数学家罗伯特（Roberts）发明的并以他的名字进行命名的算子。Roberts 算子也称为交叉微分算子，直接使用 2×2 邻域内的主对角线和副对角线的离散梯度来反映边缘的强弱，梯度值越大，越可能是边缘，梯度值越小，越不可能是边缘。Roberts 算子在计算上实质是由两个 2×2 的卷积核构成，这两个卷积核分别是：

$$G_x = \begin{bmatrix} 1 & 0 \\ 0 & -1 \end{bmatrix}$$

$$G_y = \begin{bmatrix} 0 & 1 \\ -1 & 0 \end{bmatrix}$$

在 G_x 和 G_y 两个卷积核中，元素以 ±45° 方向排列，因此，Roberts 算子对接近 ±45° 方向的边缘特别敏感。此外，Roberts 算子卷积核为 2×2，尺寸较小，因此对噪声十分敏感。

在具体计算时，通常先要进行向外扩边 1 个像素，使得计算后的结果与输入图像的尺寸相同，为了反映边缘的强度和检测各方向的边缘，需要对卷积后的结果取绝对值并进行相加。在 PyTorch 中，可以利用卷积函数方便地实现 Roberts 算子。

```python
import torch as tc
from imageio import loadimage
import torch.nn.functional as F
def roberts(imgt):
    #Roberts 算子
    imgt=imgt.unsqueeze(0)
    da=[[[[1.0,0],
        [0,-1]]]]
    db=[[[[0.0,1],
        [-1,0]]]]
    #水平和竖直方向扩充 1 个像素的边
    imgpad=F.pad(imgt,(1,0,1,0) ,mode='replicate')
    dda=tc.abs(F.conv2d(imgpad,tc.tensor(da)))
    ddb=tc.abs(F.conv2d(imgpad,tc.tensor(db)))
    return dda.squeeze_(0) ,ddb.squeeze_(0)
If __name__=='__main__':
    vis=Visdom.visdom()
    img1=loadimage('../1.png').mean(dim=0,keepdim=True)
    dda,ddb=roberts(img1)
    vis.image(dda)                          #图 5.6（b）
    vis.image(ddb)                          #图 5.6（c）
    dd=dda+ddb
    vis.image(dd)                           #图 5.6（d）
```

在以上代码中，定义函数 roberts() 完成 Roberts 算子的运算，分别使用 PyTorch 中的

F.pad()和 F.conv2d()两个函数完成扩边和两个方向梯度的计算。图 5.6 为 Roberts 算子的计算结果，其中，$|Gx|$和$|Gy|$两个梯度分别对两个方向的边缘响应强烈，在（b）图的$|Gx|$梯度中，左下角屋顶的左侧边缘检测效果较好，而右侧边缘效果差，在（c）图的$|Gy|$梯度中，左下角屋顶的左侧边缘检测效果差，而右侧边缘效果好，（d）图为两个方向梯度的和，对于各方向的边缘都有较好的响应。

（a）原始图像

（b）水平方向

（c）竖直方向

（d）水平和垂直方向

图 5.6　Robert 算子计算结果

5.2.2　Prewitt 算子

Prewitt 算子是另一种常用于边缘检测的微分算子，利用像素点上、下、左、右邻点的灰度差在边缘处达到极值的特性，在检测边缘的同时去掉部分伪边缘，对噪声具有平滑作用。相较于 Roberts 算子只有 2×2 的邻域，Prewitt 算子将邻域扩大到 3×3，一方面能够更精确地对边缘进行定位，另一方面把边缘检测的主要方向调整成水平和竖直，更容易观察。Prewitt 算子在计算上实质是由两个 3×3 的卷积构成，两个卷积核分别如下：

$$G_x = \begin{bmatrix} -1 & 0 & 1 \\ -1 & 0 & 1 \\ -1 & 0 & 1 \end{bmatrix}$$

$$G_y = \begin{bmatrix} 1 & 1 & 1 \\ 0 & 0 & 0 \\ -1 & -1 & -1 \end{bmatrix}$$

从 Prewitt 算子的两个卷积核 G_x 和 G_y 可以看出,在计算卷积核中心所对应的像素值时,使用了水平和竖直两个方向的 3×3 邻域内的一阶微分的均值作为结果,从而减小局部噪声对结果的影响。Prewitt 算子同样可以使用 PyTorch 中的卷积运算完成:

```
import torch as tc
from imageio import loadimage
import torch.nn.functional as F
def prewitt(imgt):
    imgt=imgt.unsqueeze(0)
    dx=[[[[-1.0,0,1],
        [-1,0,1],
        [-1,0,1]]]]
    dy=[[[[1.0,1,1],
        [0,0,0],
        [-1,-1,-1]]]]
    #水平和竖直方向,扩充 1 个像素的边
    imgpad=F.pad(imgt,(1,1,1,1) ,mode='replicate')
    dx=tc.abs(F.conv2d(imgpad,tc.tensor(dx)))
    dy=tc.abs(F.conv2d(imgpad,tc.tensor(dy)))
    return dx.squeeze_(0) ,dy.squeeze_(0)
If __name__=='__main__':
    vis=Visdom.visdom()
    img1=loadimage('../1.png').mean(dim=0,keepdim=True)
    dx,dy=prewitt(img1)
    vis.image(dx)                     #图 5.7 (b)
    vis.image(dy)                     #图 5.7 (c)
    dxy=dx+dy
    vis.image(dd)                     #图 5.7 (d)
```

在以上代码中定义了实现 Prewitt 算子的函数 prewitt()。在该函数中,将卷积核设置为 Prewitt 算子的两个卷积核,并且由于卷积核变大,需要在扩边时向四周同时扩展 1 个像素,以保证检测结果与原图像具有同样的尺寸。图 5.7 为 Prewitt 算子计算的结果,其中,(b)图为水平方向的梯度,对竖直方向的边缘响应强烈,(c)图为竖直方向的梯度,对水平方向的边缘响应强烈,(d)图为 Prewitt 算子在两个方向结果的和,能够较好地反映各方向的梯度。

（a）原始图像　　　　　　　　　　　　　（b）水平方向

图 5.7　Prewwit 算子计算结果

（c）竖直方向　　　　　　　　　　　　　（d）水平和竖直方向

图 5.7　Prewwit 算子计算结果（续）

5.2.3　Sobel 算子

Sobel 算子将高斯滤波和微分求导相结合，是一种常用于边缘检测的一阶微分算子。Sobel 算子同样包含水平和竖直两个方向的卷积运算，对应的两个卷积核如下：

$$G_x = \begin{bmatrix} -1 & 0 & 1 \\ -2 & 0 & 2 \\ -1 & 0 & 1 \end{bmatrix}$$

$$G_y = \begin{bmatrix} 1 & 2 & 1 \\ 0 & 0 & 0 \\ -1 & -2 & -1 \end{bmatrix}$$

Sobel 算子的两个卷积核的尺寸都是 3×3 大小，与 Prewwit 算子的两个卷积核相比，Sobel 算子的两个卷积核增加了中心像素的四邻域的权重，使得边缘检测结果更注重对四邻域的影响，在噪声较小的情况下检测效果更优。Sobel 算子在 PyTorch 中同样使用卷积实现。

```python
import torch as tc
from imageio import loadimage
import torch.nn.functional as F
def sobel(imgt):
    imgt=imgt.unsqueeze(0)
    dx=[[[[-1.0,0,1],
        [-2,0,2],
        [-1,0,1]]]]
    dy=[[[[1.0,2,1],
        [0,0,0],
        [-1,-2,-1]]]]
    #水平和竖直方向扩充 1 个像素的边
    imgpad=F.pad(imgt,(1,1,1,1) ,mode='replicate')
    dx=tc.abs(F.conv2d(imgpad,tc.tensor(dx)))
    dy=tc.abs(F.conv2d(imgpad,tc.tensor(dy)))
    return dx.squeeze_(0) ,dy.squeeze_(0)
If __name__=='__main__':
    vis=Visdom.visdom()
    img1=loadimage('../1.png').mean(dim=0,keepdim=True)
    dx,dy=sobel(img1)
```

```
vis.image(dx)                                    #图 5.8（b）
vis.image(dy)                                    #图 5.8（c）
dxy=dx+dy
vis.image(dd)                                    #图 5.8（d）
```

在以上代码中，Sobel 算子通过定义的 sobel()函数实现，函数整体上与实现 Prewitt 算子的函数相同，只是对卷积核进行设定。图 5.8 为 Sobel 算子的计算结果，可以看出，其与 Prewitt 算子的计算结果十分相似，在视觉上差异不大，边缘检测效果较好。

（a）原始图像

（b）水平方向

（c）竖直方向

（d）水平和竖直方向

图 5.8　Sobel 算子计算结果

5.2.4　Scharr 算子

Scharr 算子与 Sobel 算子的原理相同，是对 Sobel 算子对边缘响应的细微改进。具体来说，Scharr 算子对 Sobel 算子在图像弱边缘的检测不足进行了改进，增大了像素值间的差距。Scharr 算子的两个卷积核如下：

$$G_x = \begin{bmatrix} -3 & 0 & 3 \\ -10 & 0 & 10 \\ -3 & 0 & 3 \end{bmatrix}$$

$$G_y = \begin{bmatrix} 3 & 10 & 3 \\ 0 & 0 & 0 \\ -3 & -10 & -3 \end{bmatrix}$$

可以看出，Scharr 算子的 G_x 和 G_y 两个卷积核与 Sobel 算子的两个卷积核十分相似，进一步增加了整体计算结果的权重的同时，对中心像素 4 邻域的权重也进行了增加。由于和 Sobel 算子的原理相同，用 PyTorch 实现 Scharr 算子只需要修改卷积核即可。

```python
import torch as tc
from imageio import loadimage
import torch.nn.functional as F
def scharr(imgt):
    imgt=imgt.unsqueeze(0)
    dx=[[[[-3.0,0,3],
          [-10,0,10],
          [-3,0,3]]]]
    dy=[[[[3.0,10,3],
          [0,0,0],
          [-3,-10,-3]]]]
    #水平和竖直方向扩充1个像素的边
    imgpad=F.pad(imgt,(1,1,1,1) ,mode='replicate')
    dx=tc.abs(F.conv2d(imgpad,tc.tensor(dx)))
    dy=tc.abs(F.conv2d(imgpad,tc.tensor(dy)))
    return dx.squeeze_(0) ,dy.squeeze_(0)
If __name__=='__main__':
    vis=Visdom.visdom()
    img1=loadimage('../1.png').mean(dim=0,keepdim=True)
    dx,dy=scharr(img1)
    vis.image(dx)                                #图 5.9（b）
    vis.image(dy)                                #图 5.9（c）
    dxy=dx+dy
vis.image(dd)                                    #图 5.9（d）
```

以上实现 Scharr 算子的代码与实现 Sobel 算子的代码几乎一致，只是将卷积核进行了修改。这就说明在边缘检测中，卷积核是关键性的因素，决定了边缘检测的效果。其实，这个结论在非边缘检测中也是适用的，在卷积神经网络中卷积核决定了网络的性能。图 5.9 为 Scharr 算子的计算结果，可以看出，与 Sobel 算子的计算结果十分接近。

（a）原始图像

（b）水平方向

（c）竖直方向

（d）水平和竖直方向

图 5.9　Scharr 算子计算结果

5.2.5　Laplacian 算子

与前面介绍的几种一阶微分算子不同，Laplacian 算子是一种二阶微分算子。Laplacian 算子的基本思想是当中心像素灰度值低于其邻域内其他像素的平均值时，该中心像素的灰度值应当进一步降低；当中心像素灰度值高于其邻域内的其他像素的平均值时，该中心像素的灰度值应当提高。因此，Laplacian 算子常用于图像边缘的增强，起到图像锐化的效果。

常用的 Laplacian 算子有 4 邻域和 8 邻域两种：

$$L_4 = \begin{bmatrix} 0 & -1 & 0 \\ -1 & 4 & -1 \\ 0 & -1 & 0 \end{bmatrix}$$

$$L_8 = \begin{bmatrix} -1 & -1 & -1 \\ -1 & 8 & -1 \\ -1 & -1 & -1 \end{bmatrix}$$

当用于图像锐化时，只需要对原图像和 Laplacian 算子的计算结果求和即可。在实现上，可以将 Laplacian 算子稍作修改，即可完成 Laplacian 算子的计算和图像的求和。

$$L_4' = \begin{bmatrix} 0 & -1 & 0 \\ -1 & 5 & -1 \\ 0 & -1 & 0 \end{bmatrix}$$

$$L_8' = \begin{bmatrix} -1 & -1 & -1 \\ -1 & 9 & -1 \\ -1 & -1 & -1 \end{bmatrix}$$

在 PyTorch 中，对于 Laplacian 算子的实现和基于 Laplacian 算子的图像锐化都可以使用卷积来完成，实现代码如下：

```python
import torch as tc
from imageio import loadimage
import torch.nn.functional as F
def laplacian4(imgt):
    imgt=imgt.unsqueeze(0)
    dx=[[[[0.0,-1,0],
        [-1,4,-1],
        [0,-1,0]]]]
    dy=[[[[0.0,-1,0],
        [-1,5,-1],
        [0,-1,0]]]]
    #水平和竖直方向扩充 1 个像素的边
    imgpad=F.pad(imgt,(1,1,1,1) ,mode='replicate')
    dx=F.conv2d(imgpad,tc.tensor(dx))
    dy=F.conv2d(imgpad,tc.tensor(dy))
    return dx.squeeze_(0) ,dy.squeeze_(0).clip(0,255)
def laplacian8(imgt):
    imgt=imgt.unsqueeze(0)
    dx=[[[[-1.0,-1,-1],
        [-1,8,-1],
        [-1,-1,-1]]]]
    dy=[[[[-1.0,-1,-1],
        [-1,9,-1],
```

```
            [-1,-1,-1]]]]
      #水平和竖直方向扩充 1 个像素的边
      imgpad=F.pad(imgt,(1,1,1,1) ,mode='replicate')
      dx=F.conv2d(imgpad,tc.tensor(dx))
      dy=F.conv2d(imgpad,tc.tensor(dy))
      return dx.squeeze_(0) ,dy.squeeze_(0).clip(0,255)
If __name__=='__main__':
   vis=Visdom.visdom()
   img1=loadimage('../1.png').mean(dim=0,keepdim=True)
   l4,l4img=laplacian4(img1)
   vis.image(l4)                          #图 5.10（a）
   vis.image(l4img)                       #图 5.10（b）
   l8,l8img=laplacian8(img1)
   vis.image(l8)                          #图 5.10（c）
   vis.image(l8img)                       #图 5.10（d）
```

在以上代码中，分别定义了实现 4 邻域和 8 邻域 Laplacian 算子及其图像锐化的函数
laplacian4()和 laplacian8()。计算结果如图 5.10 所示，其中，（a）图和（c）图分别为 4 邻域
和 8 邻域的 Laplacian 算子计算结果，（b）图和（d）图分别是基于 4 邻域和 8 邻域 Laplacian
算子图像锐化的结果，可以看出，经过锐化，图像的边缘得到了有效的增强。

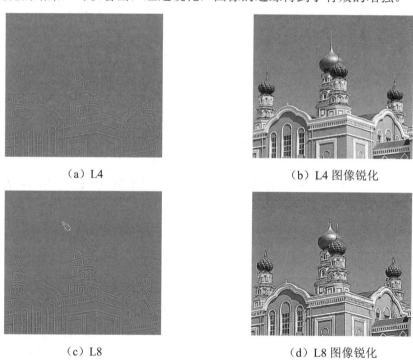

|（a）L4|（b）L4 图像锐化|
|（c）L8|（d）L8 图像锐化|

图 5.10　Laplacian 算子及图像锐化结果

以上就是在图像研究过程中提出的一些经典的边缘提取和增强方法，在图像质量较高
的情况下，能够取得好的效果，但在图像质量较差的情况下，需要增加更多的条件以取得
好的检测效果，如 Canny 算子。

注意：Canny 算子应用广泛，已经集成在 OpenCV 中，可以直接用于边缘的提取，由于
　　　其理论较为复杂，在这里不再介绍。

5.3　图像的面特征

将图像中众多的像素按照相似性进行聚类,从而把对象素的分析转化为对区域的分析,从而为在更高的层次进行图像语义分析提供了基础。在经典的图像处理中,图像的面特征主要根据像素间的颜色或灰度的相似性采用无监督的聚类分析生成,常用方法有 K-均值聚类、层次聚类、高斯混合模型和模糊聚类等。本节就对 K-均值聚类进行介绍,并在此基础上介绍一种基于 K-均值聚类的 SLIC(Simple Linear Iterative Clustering)超像素分割方法。相较于 K-均值聚类算法结果中存在大量面积较小的区域,SLIC 引入了位置作为特征,使得聚类结果中小区域的数量大幅度减少,对图像中区域的边界描述更加精细。

5.3.1　K-均值聚类

K-均值聚类也称为 K-means 聚类,是一种经典的无监督聚类方法,在图像中被广泛用于图像像素的聚类,构造更大尺度的面特征,可作为图像分割的一部分。作为一种无监督的机器学习方法,当应用到图像中时,需要把图像的面特征的构造问题转化为机器学习的形式,构造出样本和样本的特征向量。在下面介绍卷积神经网络的章节中,就会以样本和样本的特征向量作为主要描述方法。下面首先对 K-均值聚类的原理和计算流程进行简要介绍,然后使用 PyTorch 实现 K-均值聚类提取图像的面特征。

K-均值聚类的原理简洁、朴素:基于样本的特征向量间的距离,认为距离越近则越可能是同类,并且,K-均值聚类在求解过程中通过迭代完成,解释性较好。在 K-均值聚类方法中,K 表示聚类的数量,即需要把样本集聚类的数量在计算前进行设置,作该聚类方法的超参数,通常需要反复尝试或者根据其他信息来确定。在距离的计算上,K-均值聚类认为,在聚类完成后同一类内的样本距离本聚类的中心(该类的所有样本特征向量的均值)最近,因此在聚类时不是直接计算样本间的距离,而是计算各样本特征向量到各聚类中心向量的距离。为了能够完成聚类,K-均值聚类采用了迭代的思想,通过多次迭代,使得聚类中心逐渐收敛,当最终聚类中心稳定,不再变换或变化很小时,聚类完成。

具体来说,K-均值聚类的流程如下:

(1)准备聚类数据集。根据要聚类的数据,正确构造出表示样本的特征向量。在图像的面特征的提取中,一般将单个像素作为一个样本,并把该像素的颜色或亮度作为该样本的特征,从而完成样本集的构造。例如,对于一幅 100×200 的 RGB 彩色图像,可以看作具有 20 000(100×200)个样本的数据集,每个样本的特征向量是由 R、G 和 B 三个通道构成的长度为 3 的向量。

(2)确定要分的类别数目 K。通常有两种方法确定类别数目 K,一是根据预先确定的类别数直接设置 K 的值;二是根据实际问题反复尝试,比较不同 K 值的聚类效果,最后选择适宜的 K 值作为聚类数量。

(3)确定 K 个类别的初始聚类中心。通常从样本中随机选择 K 个样本作为初始聚类中心,初始聚类中心的选择会影响最终的聚类结果。一般使用随机从样本集中抽样的方法,也可以使用一些其他方法,如最远距离法(先选出在样本中距离最远的两个样本作为两个初始聚类中心，再根据其他样本到这两个聚类中心距离的远近逐个增加新的聚类中心，直到选出 K 个聚类中心）。

（4）根据 K 个聚类中心，从样本集中取出一个样本，计算该样本到 K 个聚类中心的距离，得到的 K 个距离中选出与该样本距离最近的一个聚类中心，将样本的类别划分到该聚类中心所表示的类别中即可。对样本集中的每个样本都进行以上操作，直到将所有样本划分到 K 个类别中。

（5）根据样本划分的结果，分别计算 K 个类别中包含的所有样本的特征向量的均值向量，并把得到的各类均值向量作为新的 K 个类别中心。

（6）判断是否满足聚类终止条件，如果不满足终止条件，则返回第（4）步；如果满足终止条件则返回聚类结果。常用的终止条件有：迭代次数达到事先设定的次数；新确定的聚类中心与上一步的聚类中心的距离偏移小于指定的量；聚类中心不再发生变化。

以上就是 K-均值聚类的主要流程，从理论上讲，K-均值聚类就是对以下损失函数的优化：

$$J = \sum_{k=1}^{K} \sum_{x_i \in S(k)} \mathrm{dist}(x_i, c_k)$$

其中，K 表示聚类数量，$S(k)$ 表示第 k 类的集合，函数 $\mathrm{dist}(a, b)$ 表示计算特征向量 a 和 b 之间的距离，一般为欧氏距离，c_k 表示第 k 类聚类中心的特征向量，x_i 表示第 i 个样本的特征向量。

相关的理论已经证明，使用上述迭代更新聚类中心的算法能够使得下一轮的 J 值不大于上一轮的 J 值，能够保证上述迭代算法的收敛性，完成数据聚类分析。

K-均值聚类作为一种经典的无监督学习方法，虽然已经包含在许多机器学习库中，如 SciPy 和 Sklearn 等中，但是当用于图像的聚类时仍然需要进行复杂的预处理。在 PyTorch 中，可以利用张量运算容易地实现图像的 K-均值聚类算法，构造图像的面特征。

```python
import torch as tc
from imageio import loadimage
import torch.nn.functional as F
def Kmeans(img,k=5,iter_num=1,lossdelta=0.1,centers=None):
    #img 表示尺寸为 cxhxw 的图像，k 表示聚类数，iter_num 表示迭代次数
    #lossdelta 表示相邻两轮迭代损失的变化，
    #centers 设置初始聚类中心，应当是一个 cxk 的浮点张量，c 为图像的通道数，k 是中心点
    #的数量，即类别数
    c,h,w=img.shape
    xx,yy=tc.meshgrid(tc.arange(0,w),tc.arange(0,h),indexing='xy')
    #生成聚类中心
    k=k if centers is None else centers.shape[1]
    cluster_res=tc.zeros((h,w),dtype=tc.uint8)
    cluster_num=tc.zeros((k),dtype=tc.long)
    ctx=tc.randperm(w)[:k]
    cty=tc.randperm(h)[:k]
    centers=img[:,cty,ctx] if centers is None else centers

    newcenters=tc.zeros_like(centers)
    loss=None
    #计算位于图像(idy,idx)处像素所属的类别
    def calcone(idy,idx):
        dist=centers-img[:,idy,idx].unsqueeze(-1)
        dist*=dist
```

```
        classid=dist.sum(dim=0).argmin()
        cluster_res[idy,idx]=classid
        cluster_num[classid]+=1
        newcenters[:,classid]+=img[:,idy,idx]
        return idy
    #进行指定轮数的迭代
    for i in range(iter_num):
        yy.map_(xx,calcone)              #根据现有聚类中心计算各像素所属的类别
        newcenters=newcenters/cluster_num    #计算新的聚类中心
        #计算新旧聚类中心的偏移量
        deltaloss=(newcenters-centers).abs().sum().item()
        print(f'第{i+1}轮聚类后，中心总偏移量为：{deltaloss}')
        if deltaloss<lossdelta:          #当偏移量小于指定的偏移量时，返回聚类结果
            print(f'当前损失的变化已小于规定的损失{lossdelta}，迭代结束')
            return cluster_res.reshape((-1,h,w)), newcenters, deltaloss
        #准备进行下一轮迭代
        centers=newcenters
        newcenters=tc.zeros_like(centers)
        cluster_num=tc.zeros((k),dtype=tc.long)
    #迭代结束，返回聚类结果、聚类中心和中心总偏移量
    return cluster_res.reshape((-1,h,w)), centers, deltaloss
```

以上代码利用 PyTorch 定义了一个实现图像 *K*-均值聚类算法的函数 Kmeans()。该函数的关键部分是 yy.map_(xx,calcone)语句，此语句利用张量的 map_()函数完成对图像上每个点类别的计算，从而完成一轮聚类的迭代。使用 Kmeans()函数完成的图像聚类，代码如下：

```
img=loadimage('../1.png')
res,centers,loss=Kmeans(img,k=6,iter_num=7)#将图像聚为 6 类，总共进行 7 轮迭代
#聚类时会输出以下信息：
第 1 轮聚类后，损失的减小量为：176.06072998046875
第 2 轮聚类后，损失的减小量为：90.11315155029297
第 3 轮聚类后，损失的减小量为：82.8556137084961
第 4 轮聚类后，损失的减小量为：63.92825698852539
第 5 轮聚类后，损失的减小量为：36.45352554321289
第 6 轮聚类后，损失的减小量为：29.386699676513672
第 7 轮聚类后，损失的减小量为：33.1769905090332
```

其中，res 保存了最后逐像素聚类的结果，centers 保存了各类的聚类中心。对于聚类结果，可以直接使用 Visdom 进行可视化，从而得到聚类图，也可以提取聚类结果的边界并与原图叠加更好地显示图像面特征的提取结果。

```
bba,bbb=roberts(res.float())          #使用 Roberts 算子提取聚类结果的边缘
k=tc.where((bba+bbb)>0,255,0)         #得到边缘，并设置为白色
rq=img+k                              #将边缘与原图像叠加
rq=tc.clip(rq,0,255)                  #将叠加后的张量转为正常的图像
vis.image(res)                        #图 5.11（a）
vis.image(rq)                         #图 5.11（b）
```

图 5.11 为图像的 *K*-均值聚类结果。其中：（a）图是聚类图，在聚类图中共有 6 个灰度级，分别是聚类时设置的 6 个类别，通过聚类将整幅图像划分成许多面状区域，得到图像的面特征，（b）图是对聚类结果（a）图中的各面提取边缘，将边缘与原图像叠加，可以看出通过 *K*-均值聚类构造的面特征在一定程度上体现了属于同一个面特征的像素具有相同的类别，这使得对图像的进一步分析可以基于聚类得到面而不仅仅依赖单个像素。

（a）聚类图　　　　　　　　　　　（b）聚类边界与原图叠加

图 5.11　图像的 K-均值聚类

5.3.2　SLIC 算法

针对 K-均值聚类中存在大量同属一类但空间上却存在不连续的情况，SLIC 算法把像素的位置也加入聚类的特征向量中，与像素的颜色共同作为复合特征，从而使得在图像聚类时考虑像素的空间分布，保证了聚类结果的连续性。从效果来看，SLIC 算法将整幅图像划分为由一些面积相似的多边形，这些多边形可以看作"大尺寸的像素"，因此也常把这种面状特征提取的方法称为图像的超像素分割。

与 K-均值聚类算法相比，SLIC 算法与 K-均值聚类算法的主要区别如下：

❑ 在聚类特征的构造上，一方面将颜色空间从 RGB 转化为 CIELAB，使得颜色特征在表示上发生变化；另一方面将像素的横、纵坐标也作为该像素的特征加入特征向量中，这就使得聚类的特征向量具有 3 个颜色特征和 2 个位置特征，总长度为 5。

❑ SLIC 算法不显式指定聚类的数量，而是通过指定聚类中心间隔的方法，根据相邻聚类中心按照等间隔在图像上分布的初始化条件计算得到的。在 SLIC 算法中，相邻两个聚类中心的间隔是运算前必须设置的参数。当设置较小的间隔时，得到的聚类结果多，产生的区域面积也较小；当设置较大的间隔时，得到的聚类结果少，产生的区域面积也较大。

❑ 在判断一个像素属于某个聚类时，SLIC 将总距离分为颜色距离和几何距离的加权和。颜色距离和几何距离都采用欧氏距离进行计算，两个距离通过一个权重来体现颜色距离和几何距离的比重，几何距离的权重大时，SLIC 的结果就更接近矩形，否则以颜色距离为主，形状多样。

在 PyTorch 的实现上，只需要对 K-均值聚类算法稍微修改一下即可。

```python
import torch as tc
from imageio import loadimage
import torch.nn.functional as F
def SLIC(img,space=20,iter_num=10,lossdelta=0.1,centers=None,
distweight=10,minnum=30):
    #img 为表示图像且形状为 cxhxw 的张量，iter_num 表示迭代次数
    #lossdelta 表示聚类中心变化的最小值，centers 表示初始的聚类中心，是一个
    #cx[w//space* h//space]的二维张量，当为 None 时由算法指定
    #distweight 表示距离权重，值越大表示距离对于聚类越重要，minnum 用于设置每一类的
    #最小像素数，小于该值的类会被合并
```

```
c,h,w=img.shape
xx,yy=tc.meshgrid(tc.arange(0,w),tc.arange(0,h),indexing='xy')
#将颜色和位置合并
img=tc.cat([img,yy.unsqueeze(0),xx.unsqueeze(0)],dim=0)
cluster_res=tc.zeros((h,w),dtype=tc.int32)
#生成聚类中心
ctx=tc.arange(0+space//2,w,space)
cty=tc.arange(0+space//2,h,space)
ctx,cty=tc.meshgrid(ctx,cty)                    #聚类中心的坐标值
centers=img[:,cty,ctx] if centers is None else centers
centers=centers.flatten(1)
cluster_num=tc.zeros(centers.shape[1],dtype=tc.long)
newcenters=tc.zeros_like(centers)
newcenters=tc.zeros_like(centers)
loss=None
def calcone(idy,idx):
    dist=centers-img[:,idy,idx].unsqueeze(-1)
    dist*=dist
    geodist=dist[-2:].sum(dim=0)
    centeridxs=tc.where(geodist<((2*space)**2))[0]
    classid=(dist[:3,centeridxs].sum(dim=0)+ geodist[centeridxs]*
distweight).argmin()
    classid=centeridxs[classid]
    cluster_res[idy,idx]=classid
    cluster_num[classid]+=1
    newcenters[:,classid]+=img[:,idy,idx]
    return idy
for i in range(iter_num):
    yy.map_(xx,calcone)
    msk=tc.where(cluster_num>minnum)[0]
    newcenters=newcenters[:,msk]/cluster_num[msk]
    deltaloss=(newcenters-centers[:,msk]).abs().sum().item()
    print(f'第{i+1}轮聚类后，中心总偏移量为：{deltaloss}')
    if  deltaloss<lossdelta:
        print(f'当前损失的变化已小于规定的损失{lossdelta}，迭代结束')
        return cluster_res.reshape((-1,h,w)), newcenters, deltaloss
    centers=newcenters
    newcenters=tc.zeros_like(centers)
    cluster_num=tc.zeros(cluster_num.shape,dtype=tc.long)
return cluster_res.reshape((-1,h,w)), centers, deltaloss
```

在以上定义的 SLIC()函数实现了 SLIC 算法，首先根据设置的间隔产生所有的聚类中心 centers，随后进行指定轮数的循环，在循环中使用 map_()方法调用 calcone()函数计算每个像素的颜色距离和几何距离，完成一轮聚类的迭代，并更新聚类中心。当聚类中心偏移量小于指定值或完成全部迭代时，返回最终的聚类结果、聚类中心和聚类中心变化量。使用 SLIC()函数完成图像聚类的步骤如下：

（1）打开图像并转化 RGB 色彩空间到 Lab 色彩空间，得到 Lab 色彩空间下的图像张量。

```
from PIL import Image
import numpy as np
img=Image.open('../1.png')
imgarr=loadimage('../1.png')
imglab=img.convert('LAB')
imglab=tc.from_numpy(np.array(imglab)).permute((2,0,1)).float()
```

（2）调用定义的 SLIC() 函数进行超像素聚类。设置聚类中心间隔为 20 像素，迭代 10次，几何距离的权重为 20。

```
res,centers,deltaloss=SLIC(imglab,space=20,iter_num=10,distweight=20)
#输出:
第 1 轮聚类后，中心总偏移量为: 10113.2080078125
第 2 轮聚类后，中心总偏移量为: 3983.517578125
第 3 轮聚类后，中心总偏移量为: 2985.8427734375
第 4 轮聚类后，中心总偏移量为: 2082.18212890625
第 5 轮聚类后，中心总偏移量为: 1780.853759765625
第 6 轮聚类后，中心总偏移量为: 1071.67138671875
第 7 轮聚类后，中心总偏移量为: 680.2630615234375
第 8 轮聚类后，中心总偏移量为: 483.30670166015625
第 9 轮聚类后，中心总偏移量为: 389.20660400390625
第 10 轮聚类后，中心总偏移量为: 356.53741455078125
```

（3）展示聚类结果。

```
bba,bbb=roberts(res.float())        #利用 Roberts 算子得到聚类后各区域间的边缘
k=tc.where((bba+bbb)>0,255,0)       #将边缘设置为白色
rq=imgarr+k                          #将边缘与 RGB 空间的原图相叠加
rq=tc.clip(rq,0,255)                 #将图像颜色限制在 0～255
vis.image(rq)                        #图 5.12（a）
```

图 5.12 为不同间隔条件下的 SLIC 算法的聚类结果，（a）图为聚类中心间隔为 20 像素时的结果，（b）图为聚类心间隔为 50 像素时的结果。相较于 K-均值聚类算法只考虑颜色，SLIC 算法在加入位置特征后得到的聚类结果体现出同类不仅颜色，距离近，而且在位置上也相近。此外，从图 5.12 中可以看出还存在一些孤立的点，这些孤立的点一般需要通过后处理的方式归并到邻近的区域中。

（a）space=20　　　　　　　　　　（b）space=50

图 5.12　不同间隔的 SLIC 算法聚类结果

5.4　小　　结

本章对图像的 3 种基础特征——点、线和面进行了介绍。点、线和面 3 种特征在经典的图像处理中具有重要的作用，长期以来得到了广泛的研究，形成了大量的点特征、线特征和面特征的构方法。本章选取了点、线和面的几种常见的特征进行了介绍，并给出了

PyTorch 的实现代码和相关的实例，方便在实践中使用这些图像的特征。

5.5　习　　题

1. 详细说明 Harris 角点的计算原理。
2. 图像线特征的提取算子有哪些？
3. 详细说明 K-均值聚类的原理和过程。
4. 解释 SLIC 算法在聚类中加入距离特征的作用。

第 6 章　自动梯度与神经网络

在前面的章节中主要介绍了利用 PyTorch 张量运算及 GPU 加速张量运算,给经典的图像处理方法带来了极大的便利。除此之外,PyTorch 作为深度学习的主要框架之一,最核心的功能就是自动梯度。自动梯度可进行神经网络的梯度求解和反向传播,优化神经网络权重。本章在介绍 PyTorch 自动梯度的基础上,深入讲解损失函数、自定义可导的网络层及简单的全连接网络的构建。本章介绍的相关概念和实例是后面几章的基础。

本章的要点如下:

- ❏ 自动梯度:介绍函数梯度的求导,以及 PyTorch 自动梯度的计算方法和用梯度进行张量的更新方法。
- ❏ 损失函数:介绍损失函数的作用,以及常用的损失函数及其特点。
- ❏ 自定义可导的网络层:介绍神经网络中常见的网络层,并介绍创建自定义网络层的方法。
- ❏ 全连接网络:介绍全连接网络结构,以及如何使用 PyTorch 搭建全连接网络,并介绍使用梯度下降法进行网络训练的方法。

🔔注意:本章介绍的概念在 PyTorch 深度学习中具有重要作用,相关的方法会在后面的章节中反复使用,需要读者重点学习并动手实践。

6.1　自　动　梯　度

在神经网络的优化中,计算梯度是一个基本操作。使用梯度下降法,可以对目标函数进行优化,使得函数可以趋近目标值。PyTorch 将自动梯度集成到张量及其运算中,可以方便地对张量计算梯度。本节首先介绍梯度下降求解极小值的原理,然后介绍 PyTorch 中梯度的计算,最后给出一个实例,利用自动梯度求解函数极小值。

6.1.1　梯度下降与函数极小值求解

使用梯度下降法是求函数极小值的一种方法。神经网络可以看作一种特殊的函数,需要优化的权重从几个到数亿不等,使用传统的方法很难进行参数的学习和网络的优化。梯度反映了函数变化最明显的方向,沿着梯度的正方向函数增大的速度最快,沿着梯度的负方向函数下降的速度最快。图 6.1 为函数的梯度与函数值变化的关系,对于求函数 $f(x)$ 的极小值,从随机初始的一个值 x_0 开始,根据函数在初始值处的梯度,对 x_0 进行修正,向着梯度的负方向对 x_0 进行修正,向函数 $f(x)$ 的极小值运动:

$$x_1=x_0 - a \times f'(x_0)$$

其中，$f'(x_0)$是函数 $f(x)$在 x_0处的梯度，a是下降速率，x_1是修正后的值。将修正后的值 x_1当作 x_0，反复使用上述公式进行修正。当梯度接近 0 或者函数值不再明显减小时即可认为达到了极小值。

注意：用梯度下降法进行函数极小值的求解，只能得到近似解。对于求极大值，可以使用梯度上升法。

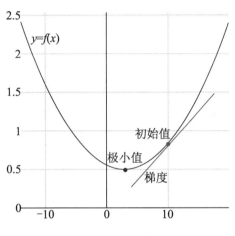

图 6.1　函数的梯度

6.1.2　自动梯度计算

自动梯度是 PyTorch 的核心的功能之一。对于自动梯度的实现是在 torch.autograd 包中提供的，可实现对任意标量函数的求导运算。目前 PyTorch 中的张量类型已经将求导功能包含在内，只需要对求导的张量进行声明即可。这样可以在几乎不改变代码的情况下进行函数的自动求导。

为了能够进行多参数、多层嵌套的复杂函数的梯度计算，在 PyTorch 中使用计算图（Computational Graph）来组织变量。而且使用的计算图是动态图，每次自动梯度的计算都是以最近一次的计算图的前向传播为准。

输入张量按照函数的计算图进行运算，得到输出结果的这个过程称为前向传播。在进行自动梯度计算时，将输出结果沿着计算图前向传播的反方向进行梯度计算，一直计算到计算图的输入，这个求解梯度的过程称为反向传播（Back Propagation）。在函数的梯度计算中，并不是所有的参数都会进行梯度计算，只有声明了需要求梯度的张量在反向传播时才会进行计算。张量是否进行求导，可将张量的 requires_grad 属性置 True 或 False 即可，置 True 时该张量会被计算梯度，置 False 时该张量不会被计算梯度。张量是否计算梯度可按下列方法进行查询和设置。

在初始化张量时，设置 requires_grad 参数：

```
>>> w0=tc.tensor(3.0)        #直接初始化一个张量，其默认是不求梯度的
>>> w0.requires_grad         #张量的 requires_grad 属性返回该张量是否可求导
False                        #不可求梯度
```

```
>>> w1=tc.tensor(3.0,requires_grad=False)  #初始化时直接声明该张量不求梯度
>>> w1.requires_grad              #张量的 requires_grad 属性返回该张量是否可求导
False                            #不可求梯度
>>> w2=tc.tensor(3.0,requires_grad=True)    #初始化时声明该张量需要求梯度
>>> w2.requires_grad              #张量的 requires_grad 属性返回该张量是否可求导
True                            #可求梯度
```

通过张量的 requires_grad_()函数设置张量是否可导:

```
>>> w0=tc.tensor(3.0)
>>> w0.requires_grad
False                                    #张量不可导
>>> w0.requires_grad_(True)              #将不可求导的张量变为可求导的张量
tensor(3., requires_grad=True)
>>> w0.requires_grad
True                                    #张量可导
```

通过直接给张量的 requires_grad 属性赋值, 设置张量是否可导:

```
>>> w0=tc.tensor(3.0)
>>> w0.requires_grad
False
>>> w0.requires_grad=True                #将张量置为可导
>>> w0.requires_grad
True                                    #张量可导
>>> w0.requires_grad=False               #将张量置为不可导
>>> w0.requires_grad
False                                    #张量不可导
```

🔔注意: 张量是否包含可导功能仅在各种浮点数及复数下有效, 对于整型数据类型没有可导性的选择, 如果强行设置整型数据类型的可导性则会使 PyTorch 报错。

　　一个计算图可以看作一个函数, 计算图中可导的张量可以看作需要优化的参数。这样就可以使用自动梯度功能进行参数的修正, 从而优化函数。在进行自动梯度计算时, 使用最终输出张量的 backward()方法即可求出整个计算图上可导张量的梯度。这些可导张量的grad 属性或 grad.data 属性中保存了对应张量的梯度。利用张量的自动梯度功能, 计算二次函数 $y = x^2 - 6x + 3.5$ 在 $x = 1.0$ 处的梯度, 代码如下:

```
>>> x=tc.tensor(1.0,requires_grad=True)
>>> y=x**2-6*x+3.5
>>> y.backward()
>>> x.grad
>>> print('函数 y=x**2-6*x+3.5 在 x=1.0 处的梯度是',x.grad)
函数 y=x**2-6*x+3.5 在 x=1.0 处的梯度是 tensor(-4.)        #梯度是-4
```

　　利用梯度下降法可以在任意初始位置求解函数的极小值。利用梯度反复进行参数 x 的修正, 使 x 逐步接近函数的最小值。

```
>>> x=tc.rand(1,requires_grad=True)
>>> delt=0.05                             #梯度更新比率, 也叫学习速度
>>> for i in range(100):                  #进行 100 次的迭代
    y=x**2-6*x+3.5                        #优化的函数
    y.backward()                         #自动梯度求导
    with tc.no_grad():                    #暂时关闭自动求导
        x-=delt*x.grad                   #使用梯度下降更新参数 x 的值
```

```
        x.grad=None                                #把梯度重置
>>> print('x={},y={}'.format(x,y))
#输出:
x=tensor([2.9999], requires_grad=True),y=tensor([-5.5000], grad_fn=
<AddBackward0>)
```

通过 100 轮的循环，变量 x 在函数梯度的指引下不断向函数值变小的方向移动，最终到达函数值最小的位置。当利用梯度下降法进行参数更新时，不能直接用梯度的大小进行更新，以防止参数在收敛过程中引起波动，可以使用一个超参数来控制参数更新的步长，从而使函数值稳定下降。由于在 PyTorch 中使用计算图的机制，不能把参数的更新加入计算图，因此需要使用 no_grad()方法临时关闭计算图的追踪。在更新完参数后，需要将参数的梯度进行重置，以便在下一轮的计算中不会进行累加从而导致错误的梯度。

💡注意：自动梯度仅能在 PyTorch 支持的运算符和函数中使用，对于实现自定义的可导函数，需要创建自定义的函数类，并继承 torch.autograd.Function 基类。

6.1.3　自动梯度拟合多项式函数

前面介绍了 PyTorch 的自动梯度计算方法，求解了一元二次函数的极值。自动梯度不仅能够计算单变量的梯度，而且也能对多变量函数的梯度进行求解。下面以 $\sin(x)$ 函数的多项式进行拟合为例，用梯度下降法求在[-3.14, 3.14]区间上拟合的多项式。

代码 6.1　用梯度下降法进行 5 次多项式拟合 $\sin(x)$：6.1sin.py

```
import torch as tc
import visdom
vis=visdom.Visdom()
lossline=vis.line([None])                    #动态记录损失的变化
pi =tc.deg2rad(tc.tensor(180.0))             #得到 pi 的弧度值
x = tc.linspace(-pi, pi, 2000)               #在-pi 到 pi 之间平均采样 2000 个
y=tc.sin(x)                                   #计算 sin(x) 的值
#需要学习多项式的系数
a = tc.randn(1, requires_grad=True)
b = tc.randn(1, requires_grad=True)
c = tc.randn(1, requires_grad=True)
d = tc.randn(1, requires_grad=True)
e = tc.randn(1, requires_grad=True)
f = tc.randn(1, requires_grad=True)
#设置训练轮数和学习速率（梯度更新比率）
epoch=80000
learning_rate = 0.55*1e-7
for t in range(epoch):
    # 前向计算，使用 5 次多项式
    y_pred = a + b * x + c * x ** 2 + d * x ** 3+ e * x**4 +f * x**5
    # 计算每一点处拟合值与真实值的差
    # 计算误差的平方和得到一个尺寸为(1,)的标量作为损失
    loss = (y_pred - y).pow(2).sum()
    # 每100 轮打印的值
    if t % 100 == 99:
        print(t, loss.item())
```

```
                #将训练过程中的损失变化进行可视化
                vis.line([loss.item()],[t],win=lossline,update='append')
            #调用 loss 张量的 backward()方法，沿计算图反向求导
            #计算出所有张量中属性 requires_grad=True 的梯度
            #完成计算后 a.grad,b.grad,c.grad,d.grad,e.grad,f.grad 保存了梯度
            loss.backward()
            # 手动进行参数的梯度下降，由于参数都是可求导的
            #使用 tc.no_grad()放弃将包含的内容加入计算图
            with tc.no_grad():
                a -= learning_rate * a.grad
                b -= learning_rate * b.grad
                c -= learning_rate * c.grad
                d -= learning_rate * d.grad
                e -= learning_rate * e.grad
                f -= learning_rate * f.grad
                #在更新完参数后，将参数的梯度手动置 0
                a.grad = None
                b.grad = None
                c.grad = None
                d.grad = None
                e.grad = None
                f.grad = None
#打印学习到的函数
print(f'结果: y = {a.item()} + {b.item()} x + {c.item()} x^2 + {d.item()}
x^3+{e.item()}x^4+{f.item()}x^5')
py=tc.stack([y,y_pred],0).T              #整理 y=sin(x)的值和预测的值 y_pred
#绘制 sin(x)和学习函数
vis.line(py,x)
#输出:
结果: y = -0.007337956223636866 + 0.9179902672767639 x + 0.0040452051907777779
x^2 + -0.12921814620494843 x^3+-0.00039120070869103074x^4+
0.0035445974208414555 x^5
```

在以上示例中，利用手动更新梯度的方法进行函数的拟合。整个拟合过程可以分为 4 个阶段：

（1）准备阶段，导入相关的库，初始化训练数据，创建一个追踪损失函数折线图。

（2）参数初始化阶段，利用正态分布初始化 5 次多项式的 6 个参数，并且对训练轮数和学习速率两个超参数进行初始化。

（3）构建学习误差，利用自动梯度，使用梯度下降算法进行参数的更新。

（4）输出拟合的结果，打印拟合的函数，显示函数的真实曲线和拟合曲线。

在经过 80 000 轮的优化，得到了对 $sin(x)$ 函数拟合的 5 次多项式。从拟合结果来看，常数项、2 次项和 4 次项学习到的系数都小于 0.01，接近 0，与 sin(x)函数用多项式展开后的常数项、2 次项和 4 次项均为 0 的结果十分接近，拟合结果多项式中的其他参数与 $sin(x)$ 函数展开的系数十分接近。图 6.2 可视化了显示了拟合 sin(x)函数的过程，（a）图显示了在训练过程中真实值与预测值之间差的平方和随训练轮数的变化情况，随着训练轮数的增加，二者的差异不断降低，（b）图显示了在经过 20 000 轮训练后，函数的预测值与真实值的拟合曲线，可以看出，拟合误差较大，（c）图显示了经过 40 000 轮训练后，函数的预测值与真实值的拟合曲线，可以看出，预测值已经与真实值较为接近，（d）图显示了在经过 80 000 轮训练后，最终学习到的函数的预测值与真实值的拟合曲线，可以看到，二者已经十分接

近了，说明使用梯度下降法能够通过训练的数据对未知参数进行学习。

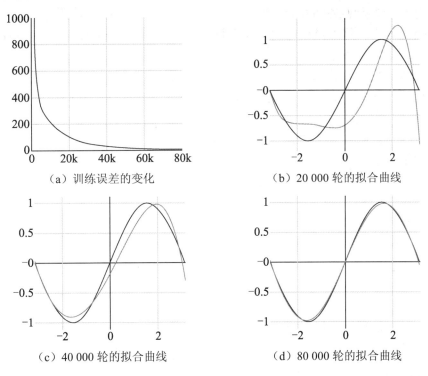

（a）训练误差的变化　　　　　（b）20 000 轮的拟合曲线

（c）40 000 轮的拟合曲线　　　　（d）80 000 轮的拟合曲线

图 6.2　sin(x)函数拟合过程

🖢注意：在进行梯度下降拟合时，梯度更新的比率称为学习速率，需要精心设定，过大的
　　　　值会导致训练失败，过小的值会减小学习速率，延长学习时间。此外，训练轮数
　　　　的设置需要根据损失函数的变化情况、时间要求和拟合精度等合理确定。

　　上面使用显式的编程，构建了函数误差（损失函数）及梯度的计算和更新，但是对于
复杂的模型和网络来说，反复使用上述方法非常不便且容易出错。为了更好地组织模型和
提升效率，PyTorch 将函数误差和梯度的计算进行了封装，分别构建了损失函数和优化器。
对于包含所有参数的模型则使用了模块（Module）进行封装，让使用者可以快速地构建学
习模型。

6.2　模　　块

　　神经网络通常由许多结构相似的模块所组成，这些结构也称为层。在 6.1 节中对 sin(x)
函数的拟合就可以看作包含一层的网络。层的基本功能是利用层中的参数，按照一定的计
算方法对输入的张量进行变换，输出计算结果，并对层中的参数进行管理，以便进行参数
的更新。在 PyTorch 中，在 torch.nn 包里定义了许多在深度学习中使用频率最高的一些层。
利用这些层，可以方便、快捷地构建深度学习的模型。虽然在大部分情况下，这些包中提
供的层满足需求，但是探索新的深度学习模型时需要自定层。PyTorch 也提供了自定层的

方法,可以通过继承 torch.nn 包中的 Module 类进行层的自定义。实际上,在 torch.nn 包中,所有的常用层都继承自 Module 类。

在 PyTorch 中,将神经网络的各层及网络本身使用 Module 类进行封装有很明显的优势:

- 具有状态的计算模块。PyTorch 提供的模块类把数据的计算和模块的状态封装在同一个对象中,使自定义模块变得简单,从而可以轻松构建复杂的多层神经网络。
- 与 PyTorch 的自动梯度紧密集成。模块使指定可学习参数变得简单,以便 PyTorch 的优化器进行更新。
- 易于使用和转换。模块易于保存和恢复,可以在 CPU、GPU 和 TPU 设备之间传输、修剪和量化等。

下面将 6.1 节的函数拟合方法使用 Module 类进行封装,加深读者对 Module 类的理解,然后对 PyTorch 内置的常用层进行介绍。

🔍注意:由于在继承 Module 类的子类中可以进行任意运算,所以 Module 也可以用于对多个层进行封装,从而组成完整的模型。

在[-π, π]的区间上,使用 5 次函数进行拟合 sin(x)函数,可以将学习的多项式使用 nn.Module 进行封装,得到下面的 Poly5 类从而形成一个层或模块。代码如下:

```
import torch as tc
from torch import nn
class Poly5(nn.Module):
    #使用五次函数,拟合 sin(x)函数
    def __init__(self):
        super().__init__()
        weights=tc.rand((6,1))
        self.parms=nn.Parameter(weights)
        self.ep=tc.arange(0,6,dtype=tc.float32,requires_grad=False)
    def forward(self,x):                #x 为 n 个点的一维张量
        x=x.unsqueeze(1)                 #将 x 的 shape 从(n,)改为(n,1)
        x=x**self.ep                     #利用广播机制产生 x 的各次方
        x=x @ self.parms                 #@是矩阵乘法运算符
        return x.squeeze(1)
```

为了学习 5 次函数,需要在定义的模块中包含 6 个可学习的参数。这 6 个参数可以用 PyTorchnn 包中的 Parameter 进行声明。声明为参数的 Parameter 记录在模块中,以便随后进行学习。实质上,Parameter 的实例与张量基本相同,其默认开启了自动梯度。在自定义模块的实现中,除了需要定义__init__()方法外,还需要定义 forward()方法。Forward()方法负责自定义模块的前向传播,是模块的核心部分,即接收一个输入数据,并输出该模块的计算结果。在定义的模块的 forward()方法中,利用 PyTorch 的张量运算规则完成输入 5 次多项式的计算并返回拟合结果,然后使用梯度下降法进行训练。

```
import visdom
vis=visdom.Visdom()
lossline=vis.line([None])               #动态记录损失的变化情况

pi =tc.deg2rad(tc.tensor(180.0))        #得到 pi 的弧度值
```

```
x = tc.linspace(-pi, pi, 2000)          #在-pi 到 pi 之间平均采 2000 个样
y=tc.sin(x)

epoch=80000                              #训练的轮数
learning_rate = 0.55*1e-7               #学习速率

model=Poly5()                            #生成训练模型
for t in range(epoch):
    model.zero_grad()                    #将参数梯度重置
    y_pred=model(x)                      #进行模型的前向传播
    #计算损失和梯度
    loss = (y_pred - y).pow(2).sum()
    loss.backward()
    # 每 100 轮打印的值
    if t % 100 == 99:
        print(t, loss.item())
        #将训练过程中的损失变化进行可视化
        vis.line([loss.item()],[t],win=lossline,update='append')
    #更新参数
    with tc.no_grad():
        for param in model.parameters():
            param -= learning_rate * param.grad     #使用学习率进行梯度更新

py=tc.stack([y,y_pred],0).T
#绘制 sin(x)和学习函数
vis.line(py,x)
```

　　自定义模块 Poly5 的使用分为两个步骤，首先要进行初始化，创建一个模块实例，由于不需要参数，使用 model=Poly5()进行模块的初始化即可，在计算张量 x 的多项式时，再使用初始化后的实例 model()函数用 model(x)计算多项式的值。这种对模块（层）先初始化，再传入张量进行计算的过程，是使用各 Module 子类的通用流程。

　　以上利用构建的 Poly5 模块进行参数的学习，学习完成后，从模型的结果来看，拟合结果与真实结果差异小，学习到的模型与 sin(x)基本重合。可以看出，通过继承 nn.Module 类将相关的计算封装为模块，通过实例化生成具体的计算单元，这样就可以通过模块的堆叠，形成更大规模的网络，而更大规模的网络也具有更强大的功能。

　　在实际应用中，由于有些计算结构会被反复使用，为了降低使用者的负担，在 PyTorch 中将神经网络里的常用运算进行了封装，提供了一些构成神经网络的基本结构，使其成为可直接调用的模块。下面对这些预定义的模块中常用于图像处理的部分层进行介绍。

1. 卷积层

　　卷积层（Convolution Layers）是目前构成神经网络的最重要的一种层结构。在 PyTorch 中提供了不同种类的卷积层，如可针对语音数据的一维卷积 nn.Conv1d、nn.ConvTranspose1d、LazyConv1d 和 LazyConv1d，主要用于图像数据的二维卷积 nn.Conv2d、nn.ConvTranspose2d、LazyConv2d 和 LazyConv2d，以及针对视频数据的三维卷积 nn.Conv3d、nn.ConvTranspose3d、LazyConv3d 和 LazyConv3d。此外，还有较为通用的 nn.Unfold 和 nn.Fold 模块，可以完成图像邻域的展开和折叠，以进行高级的邻域操作。这些卷积模块在初始化时一般需要提供以下参数：

❑ in_channels：指定输入数据的通道数，可理解为特征层数，如语音数据的声道数，图像数据的 RGB 通道，以及中间层的特征层数。以 Lazy 开头的卷积层没有该参数，该参数值设定为输入数据的第一个维度的长度。

❑ out_channels：指定该层输出的通道数，即输出的特征层数，是必选参数。

❑ kernel_size：指定卷积核的大小，根据卷积类型不同，卷积核的大小为长度是 1、2、3 的元组，卷积核的大小通常取奇数，是必选参数。

❑ stride：指定步长，即卷积核每次滑动的长度，默认值为 1，当设置为 2 时可以将特征图尺寸减半。

❑ padding：指定对输入特征的填充数据，默认值是 0，表示不填充，可以设置一个长度为 2、4 或 6 的元组，对张量的每个边进行扩边，也可以设置为 valid 或 same，由模块自行计算填充大小。

❑ dilation：指定膨胀卷积的大小，默认是 1，表示不使用膨胀卷积，当大于 1 时，可以向卷积核元素间增加距离，以扩大卷积的视野。

❑ groups：指定对数据的分组数，对输入数据进行分组卷积，默认值是 1，表示不分组，当分组数大于 1 时，注意 groups 需要能被 in_channels 和 out_channels 整除。每个输入分组和输出分组相对应，可减少卷积核的通道数，从而减少模块的参数量。

❑ bias：设置是否具有偏置，默认值为 True，表示具有偏置。

❑ padding_mode：在需要扩边时填充的值，可选填充方式有'zeros'、'reflect'、'replicate'和'circular'，默认值是'zeros'，表示填充 0 值。

2．池化层

池化层（Pooling Layers）是目前卷积神经网络中常用的层，主要用于特征的综合，以减小特征图的尺寸。在 PyTorch 中，对于不同维度的数据提供了不同的池化层，此外还提供了不同的池化方法。对于图像数据，主要使用的池化方法有 nn.MaxPool2d、nn.AvgPool2d、nn.LPPool2d 和 nn.AdaptiveAvgPool2d 等。对于池化层，在使用时需要设定的参数有 kernel_size 和 stride，这两个参数的含义与卷积层中的参数含义相同，但 kernel_size 通常取偶数。

3．填充层

填充层（Padding Layers）在图像处理中主要用于调节数据的尺寸，以保持数据的位置关系，特别是在一些需要输入和输出数据的尺寸相同的场景下，可以用填充层进行调整。对于图像数据，常用的填充层有 nn.ReflectionPad2d、nn.ReplicationPad2d、nn.ZeroPad2d 和 nn.ConstantPad2d 等。

4．全连接层

早期的神经网络主要就由全连接层（Fully Connected Layer）所构成。目前，全连接层通常用在网络的输出阶段，负责全局特征的提取和最终结果的生成。全连接层是 nn.Linear 类，主要接收 3 个参数，即输入的特征数、输出的特征数和是否有偏置，默认是有偏置。

🔔**注意：** 对于 PyTorch 预定义模块的使用，在接下来的图像分类、分割，以及检测网络的构建和训练中会详细介绍。

6.3　激　活　函　数

在神经网络结构中，激活函数是一种神经网络中的特殊模块，用于给神经网络提供非线性功能。实际上，神经网络的非线性功能就是由激活函数所贡献的，对于没有非线性激活函数的多层网络，在一定程度上可以看作单层网络。而非线性的网络结构，可以进行复杂任务的学习，更符合实际情况。

激活函数位于卷积层、池化层和归一化层之后，下一层卷积层之前。激活函数通常可分为单输入单输出的函数和多输入多输出的函数。在 PyTorch 中，集成了多种常用的激活函数，表 6.1 中列出了部分单输入单输出的激活函数及其图像。

表 6.1　激活函数

激活函数名称	公　式	图　像
nn.ELU	$ELU(x) = \begin{cases} x & , \ x \geqslant 0 \\ x \times (\exp(x)-1), & x < 0 \end{cases}$	
nn.Hardshrink	$HK(x) = \begin{cases} x, & x > \lambda \\ 0, & -\lambda \leqslant x \leqslant \lambda \\ x, & x < -\lambda \end{cases}$	
nn.Hardsigmoid	$HD(x) = \begin{cases} 1 & , \ x > 3 \\ \dfrac{1}{2} + \dfrac{x}{6}, & -3 \leqslant x \leqslant 3 \\ 0 & , \ x < -3 \end{cases}$	

激活函数名称	公　式	图　像
nn.Hardtanh	$\mathrm{HT}(x)=\begin{cases}1, & x>1\\ x, & -1\leqslant x\leqslant1\\ -1, & x<-1\end{cases}$	
nn.Hardswish	$\mathrm{HS}(x)=\begin{cases}x, & x>3\\ \dfrac{x\cdot(x+3)}{6}, & -3\leqslant x\leqslant3\\ 0, & x<-3\end{cases}$	
nn.LeakyReLU	$\mathrm{LRLU}(x)=\begin{cases}x, & x\geqslant0\\ \alpha\cdot x, & x<0\end{cases}$	
nn.ReLU	$\mathrm{RLU}(x)=\begin{cases}x, & x\geqslant0\\ 0, & x<0\end{cases}$	

激活函数名称	公　式	图　像
nn.Sigmoid	$\text{Sigmoid}(x) = \dfrac{1}{1+\exp(-x)}$	
nn.Tanh	$\text{Tanh}(x) = \dfrac{\exp(x)-\exp(-x)}{\exp(x)+\exp(-x)}$	

通过表 6.1 中的激活函数图像可以明显地看出，激活函数的图像是曲线，因此，激活函数是非线性的。激活函数都继承自 Module 类，在本质上与 6.2 节中介绍的模块的使用方法相同。下面以 nn.LeakyReLU 为例介绍激活函数的使用。

```
x = tc.linspace(-5, 5, 2000)
y=nn.LeakyReLU(0.3)(x)
```

在上述代码中，nn.LeakyReLU(0.3)表示对激活函数的初始化，其中：第一个参数表示 LeakyReLU 激活函数在 x 负半轴的斜率，作用是创建一个激活函数对象，返回的是一个激活函数实例；第二个括号中的 x 表示激活函数实例的输入张量，对 x 使用该激活函数进行计算。对于其他激活函数，在使用前要查看手册中的使用说明，选择适宜的参数。对于多输入多输出的激活函数，如 softmax，主要用于多分类的情况，常作为网络的输出层。

6.4　损 失 函 数

损失函数（Loss Function）也称为代价函数（Cost Function），用于监督神经网络的学习方向。通常，一个学习任务很难形式化地表述真实的学习目标。为了让神经网络能够训练，就将真实的学习目标用损失函数进行替代，当神经网络在损失函数上变小时，神经网络的学习性能就得到了提升。损失函数的另一个作用是将网络的输出变成一个标量，以便于进行梯度下降，寻找极小值。

根据学习任务的不同，一般可以将损失函数分为两大类：回归损失函数和分类损失函数。回归损失函数用于学习标签为连续实数的学习目标，分类损失函数用于学习标签为离散数值的学习目标。在 PyTorch 中，损失函数实质上也是继承自 Module 模块的，使得网络各部分具有共同的基类，从而可以完成自动前向传播和自动反向传播。

在前面进行 $sin(x)$ 函数的多项式拟合任务（回归任务）中，使用手动方式创建了一个平方损失函数：

```
#计算损失和梯度
loss = (y_pred - y).pow(2).sum()
loss.backward()
```

手动构建损失函数的方式容易出错，效率较低且后期不易维护。由于平方损失函数是常用的一种损失函数，所以已经被集成到 PyTorch 内部，可以直接调用：

```
loss=tc.nn.MSELoss(reduction='sum')(y_pred,y)    #损失函数
loss.backward()
```

随着神经网络的发展，新的损失函数不断出现，为了加快模型的开发和验证，对于效果好的损失函数，PyTorch 都进行了实现。表 6.2 列出了 PyTorch 中提供的损失函数。

表 6.2　损失函数

损 失 函 数	名　　称	说　　明
nn.L1Loss	平均绝对误差损失	用于测量输入张量y和y'中每个元素之间的平均绝对误差（MAE），其中，y是真实值，y'是预测值
nn.MSELoss	均方误差损失	用于测量输入张量y和y'中每个元素之间的平方差损失（MSE），其中，y是真实值，y'是预测值
nn.BCELoss	二元交叉熵损失	用于度量目标（0或1）和输入概率之间的二元交叉熵，是常用的二分类损失函数
nn.BCEWithLogitsLoss	含Sigmoid的二元交叉熵损失	将Sigmoid层与nn.BCELoss结合起来，相对于分开计算，该损失函数计算精度的效率更高
nn.CrossEntropyLoss	交叉熵损失	用于多分类的交叉熵损失函数，输入未经归一化（Softmax）的预测值及每个输入的类别值
nn.KLDivLoss	KL散度损失	KL散度可以用来衡量两个分布之间的差异程度，用于概率分布的学习
nn.CTCLoss	CTC损失	计算连续（未分段）时间序列和目标序列之间的损失。CTCLoss对输入与目标可能对齐的概率求和,生成一个相对于每个输入节点可微分的损失值

表 6.2 中列出的损失函数有各自的使用场景，根据实际需要选择适宜的损失函数即可。利用损失函数计算出网络的损失值后，只需要使用损失值的 backward()方法，就能完成后向传播，计算网络中所有参数的梯度。

6.5　优　化　器

优化器（Optimizer）是网络训练的重要组成部分，作用是利用网络梯度，进行网络参数的学习，从而使得网络的损失减小，逐步接近训练目标。随着神经网络的发展，新的优化方法不断提出，PyTorch 的 torch.optim 模块将常用的神经网络优化方法组织了起来，通过调用相应的优化器，可方便地使用不同的优化算法进行网络训练。

使用 torch.optim 模块进行网络优化的步骤如下：

（1）创建一个保持当前网络状态的优化器对象。

（2）根据网络后向传播的梯度信息进行参数更新。

下面对上面两步进行详细说明。

torch.optim 模块中的优化器都继承自 torch.optim.Optimizer 基类，因此，这些优化器在参数的设置上和使用上都十分相似，便于快速掌握和使用。对于创建的优化器对象，一般必须提供需要优化的模型参数及学习率。部分优化器还需要设定特定的超参数。

在前面进行 sin(x)函数的多项式函数拟合的任务（回归任务）中，使用了手动方式运用梯度下降的方法进行参数的更新：

```
learning_rate = 0.55*1e-7                              #学习速率
for t in range(epoch):
    model.zero_grad()
    y_pred=model(x)

    loss=tc.nn.MSELoss(reduction='sum')(y_pred,y)      #损失函数
    loss.backward()

    #更新参数
    with tc.no_grad():
        for param in model.parameters():
            param -= learning_rate * param.grad
```

使用手动构建参数的更新方式比较单一，采用的是随机梯度下降的方法，优化过程比较烦琐，也难于实现较复杂的优化算法。上述的梯度下降方法在 optim 模块的 SGD 类中进行了实现，下面的代码为使用 SGD 优化器替代的结果：

```
#完整代码见配套资料中的代码 6.4optimer.py
learning_rate = 0.55*1e-7                              #学习速率

model=Poly5()                                          #生成模型
#优化器
#创建优化器
optimizer = tc.optim.SGD(model.parameters(), lr=learning_rate)
for t in range(epoch):
    optimizer.zero_grad()                              #清零梯度
    y_pred=model(x)

    loss=tc.nn.MSELoss(reduction='sum')(y_pred,y)      #损失函数
    loss.backward()

    optimizer.step()                                   #更新梯度
```

在以上代码中，先创建了一个 SGD 优化器，设置待优化的参数为模型的参数，设置学习率 lr 为"0.55*1e-7"，随后在模型每轮训练中，先调用 optimizer.zero_grad()方法将模型参数的梯度清零，再进行模型的前向传播，在计算完损失的梯度后，使用 optimizer.step()进行参数更新。在数据集上重复这些训练步骤，就使得网络的参数不断地优化，从而完成模型的优化。

为了面对复杂的网络参数更新需求，优化器也支持对模型中不同层的参数使用不同的

学习率进行优化，这在局部优化和迁移学习等场景下非常实用。

```
tc.optim.SGD([
        {'params': model.base.parameters()},
        {'params': model.classifier.parameters(), 'lr': 1e-3}
        ], lr=1e-2, momentum=0.9)
```

上述代码是对模型的 base 部分使用一个学习速率，对模型的 classifier 部分使用另一个学习速率。

除了前面展示的 SGD 优化器外，optim 模块中还有许多常用的优化器，表 6.3 列出了 optim 模块中一些常用的优化器及其参数。

表 6.3　常用的优化器

优化器名称	参　　　数
Adam	optim.Adam(params, lr=0.001, betas=(0.9, 0.999), eps=1e-08, weight_decay=0, amsgrad=False)
ASGD	optim.ASGD(params, lr=0.01, lambd=0.0001, alpha=0.75, t0=1000000.0, weight_decay=0)
RMSprop	optim.RMSprop(params, lr=0.01, alpha=0.99, eps=1e-08, weight_decay=0, momentum=0, centered=False)
Rprop	optim.Rprop(params, lr=0.01, etas=(0.5, 1.2), step_sizes=(1e-06, 50))
SGD	optim.SGD(params, lr=<required parameter>, momentum=0, dampening=0, weight_decay=0, nesterov=False)

📢注意：在有些情况下需要对学习速率进行调节，可以使用 optim.lr_scheduler 对象来完成，以提高训练效率。

6.6　全连接神经网络

在前面几节中详细介绍了 PyTorch 的神经网络的各个部分。在实际中进行网络构建和训练时就需要对这几部分进行组合，从而形成有机的整体。下面通过一个简单但完整的实例——异或分类器，演示从数据准备，全连接网络构建，优化器设定，模型训练到模型测试等神经网络训练的全过程。这个过程也是完成复杂任务及用神经网络进行图像处理任务的一般流程。

异或数据的分类任务是测试分类器的一个经典问题。该任务可用图 6.3 直观地表示，即在平面上存在两个类别数据，数据中的每个样本有两个属性，当这两个属性的符号不同时为类别 1，当这两个属性的符号相同时为类别 2，需要训练一个分类器能够对异或这种模式进行分类。异或数据的分类任务显然是一个非线性问题，一条直线不能将两个类别进行区分，即不能在数据原始的两个特征上训练出一个高精度的线性分类器。用神经网络进行异或数据的分类就需要多层网络，并使用非线性的激活函数使网络具备学习非线性模式的能力。

根据前面的内容，可以编写以下代码构建一个三层的全连接神经网络，完成对异或数据的分类任务。

训练集

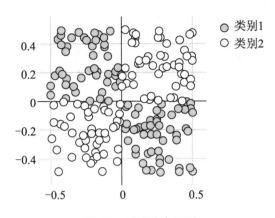

图 6.3　异或分类问题

代码 6.2　异或分类模型：6.2xormodel.py

```python
import torch as tc
from torch import nn
import visdom
vis=visdom.Visdom()

def drawscatter(x,y,title='训练集'):
    #x 是样本集，尺寸为 nx2，y 是标签，为 0.0 或 1.0
    #将 x,y 的样本可视化为散点图
    color=tc.Tensor([[98,98,98],[255,255,255]]).numpy()
    vis.scatter(x,y.int()+1,opts=dict(title=title,markercolor=color,
legend=['类别 1','类别 2']))

def getdata():
    #产生一个异或分类的数据
    x=tc.rand(200,2)-0.5
    y=tc.relu(tc.sign(x[:,0]*x[:,1]))
    return x,y

class XORmodel(nn.Module):
    #定义一个异或分类器
    def __init__(self):
        super().__init__()
        n1=nn.Linear(2,10)
        a1=nn.LeakyReLU(0.03)
        n2=nn.Linear(10,1)
        a2=nn.Sigmoid()
        self.model=nn.Sequential(n1,a1,n2,a2)
    def forward(self,x):
        #前向传播
        return self.model(x)

lossline=vis.line([None],opts=dict(title='训练损失'))      #动态记录损失的变化

epoch=10000                                               #训练的轮数
learning_rate = 0.02                                      #学习速率
```

```
x,y=getdata()
drawscatter(x,y)                                      #可视化训练数据

model=XORmodel()                                      #生成模型
#优化器
#optimizer = tc.optim.SGD(model.parameters(), lr=learning_rate)
#optimizer = tc.optim.SGD(model.parameters(), lr=learning_rate,momentum=
0.9)
optimizer = tc.optim.SGD(model.parameters(), lr=learning_rate,momentum=
0.9,dampening=0.1)
lossfunc=tc.nn.BCELoss()

for t in range(epoch):
    optimizer.zero_grad()                             #清零梯度
    y_pred=model(x)

    loss=lossfunc(y_pred,y.unsqueeze(1))              #损失函数
    loss.backward()

    # 每100轮打印的值
    if t % 100 == 99:
        print(t, loss.item())
        #将训练过程中的损失变化进行可视化
        vis.line([loss.item()],[t],win=lossline,update='append')

    optimizer.step()                                  #更新梯度
    x,y=getdata()                                     #随机产生新的数据


model.eval()                                          #使模型进行评估模式
x1,y1=getdata()
pre_y1=model(x1*10)
pre_lb=tc.relu(tc.sign(pre_y1-0.5)).squeeze(1)        #生成预测标签

#绘制结果
drawscatter(x1,y1,title='测试集')
drawscatter(x1,pre_lb,title='预测结果')

#精度评估
num_mistake=(y1-pre_lb).abs().sum().item()
print('共有 200 个样本: 分类错误{}个样本,错误率是: {:.2%}'.format(num_mistake,
num_mistake/200))
```

运行以上述代码,可以得到以下文本输出,经过 10 000 轮的训练后,模型的损失变为
0.026,模型在 200 个样本的测试集上产生了 1 个样本分类错误:

```
...
9699 0.041118279099464417
9799 0.03815972059965134
9899 0.030792992562055588
9999 0.026556655764579773
共有 200 个样本: 分类错误 1.0 个样本,错误率是: 0.50%
```

图 6.4 可视化地显示了模型训练损失的变化曲线,以及在测试集上的分类结果。从分
类结果的可视化图中可以看出,完成训练的模型在测试集上有很好的预测精度,只对箭头

所指的样本产生了分类错误。

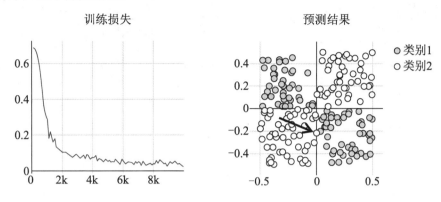

图 6.4　异或分类问题

上述异或分类模型由多个部分构成，下面对各部分进行说明。

（1）数据准备。函数 getdata() 用于产生训练数据和预测数据，每批随机产生 200 个样本保存在变量 x 中，对于样本标签，根据样本两个属性乘积符号的正负性，将正样式赋予标签值 1，负样本赋予标签值 0，在实现上使用 PyTorch 张量操作特性。在进行模型训练和预测时，通过调用该函数直接得到相应的数据。

```
def getdata():
    #产生一个异或分类的数据
    x=tc.rand(200,2)-0.5
    y=tc.relu(tc.sign(x[:,0]*x[:,1]))
    return x,y
```

（2）数据可视化。函数 drawscatter() 接收数据 x 和标签 y，给定图片标题即可使用 Visdom 的散点图绘制功能完成数据的可视化。

```
def drawscatter(x,y,title='训练集'):
    #x是样本集，尺寸为n×2，y是标签，为0.0或1.0
    #将x,y的样本可视化为散点图
    color=tc.Tensor([[98,98,98],[255,255,255]]).numpy()
    vis.scatter(x,y.int()+1,opts=dict(title=title,markercolor=color,
legend=['类别1','类别2']))
```

（3）模型构建。自定义一个异或分类模型 XORmodel，该模型由 2 个 Linear 层和 2 个激活层构成。整个模型的结构是，第 1 个 Linear 层为输入训练样本，共 2 个特征，输出 10 个特征，随后经过一个 LeakyReLU 非线性激活函数，然后再经过一个 Linear 层将 10 个特征输出为一个分类结果，最后经过一个 Sigmoid 层将分类结果转化为二分类概率得到最终的预测结果。

```
class XORmodel(nn.Module):
    #定义一个异或分类器
    def __init__(self):
        super().__init__()
        n1=nn.Linear(2,10)
        a1=nn.LeakyReLU(0.03)
        n2=nn.Linear(10,1)
        a2=nn.Sigmoid()
```

```
        self.model=nn.Sequential(n1,a1,n2,a2)
    def forward(self,x):
        #前向传播
        return self.model(x)
```

（4）训练设置。设定训练轮数 epoch 为 10 000，学习速率 learning_rate 为 0.02，设定优化为 SGD，损失函数为二值交叉熵损失（BCE Loss）。

```
epoch=10000                                                  #训练的轮数
learning_rate = 0.02                                         #学习速率

#优化器
optimizer = tc.optim.SGD(model.parameters(), lr=learning_rate,momentum=
0.9,dampening=0.1)
lossfunc=tc.nn.BCELoss()
```

（5）模型训练。使用 for 循环完成指定的训练轮数，在每轮开始时，先用优化器将模型中的参数梯度置为 0，随后计算模型在样本上的损失 loss，并利用后向传播计算参数的梯度，再使用优化器的 step()方法更新模型的参数，最后产生新的训练数据并进行下一轮的训练。

```
for t in range(epoch):
    optimizer.zero_grad()                                    #清零梯度
    y_pred=model(x)
    loss=lossfunc(y_pred,y.unsqueeze(1))                     #损失函数
    loss.backward()

    # 每100 轮打印的值
    if t % 100 == 99:
        print(t, loss.item())
        #将训练过程中的损失变化进行可视化
        vis.line([loss.item()],[t],win=lossline,update='append')

    optimizer.step()                                         #更新梯度
    x,y=getdata()                                            #随机产生新的数据
```

（6）精度评估。在训练完成后，使用模型的 eval()方法，将模型切换到评估模式，对随机生成的测试集进行预测，将预测的概率结果以 0.5 为阈值转换为类别标签。通过比较真实标签和预测标签，得到模型在测试集上分类错误的样本数量。

```
model.eval()                                                #切换模型为评估模式
x1,y1=getdata()
pre_y1=model(x1*10)
pre_lb=tc.relu(tc.sign(pre_y1-0.5)).squeeze(1)              #生成预测标签
#精度评估
num_mistake=(y1-pre_lb).abs().sum().item()
```

6.7　小　　结

本章对使用 PyTorch 构建神经网络的基本方法进行了详细介绍。自动梯度使得张量可以自动完成梯度的计算，是 PyTorch 的核心功能之一，从而可以让神经网络使用反向传播

算法进行参数的学习。PyTorch 使用面向对象的方法将神经网络中常用的层、激活函数及损失函数等统一封装为 nn.Module 子类并提供了统一的编程接口，极大地提升了模型构建的效率，方便了自定义模型的搭建。此外，PyTorch 将常用的优化算法集成到 optim 子包中，通过简单的调用就可创建不同的优化器，完成模型的训练。本章的最后，通过一个完整的异或分类任务示例，演示了利用 PyTorch 从数据准备、模型构建、参数设定、网络训练到性能评估的 PyTorch 神经网络模型实现的全过程。

6.8　习　　题

1. 解释梯度的含义，并计算函数 $f(x)=2x^2+5x-3$ 在 $x=0$ 处的梯度。
2. 为什么梯度下降算法适用于求解函数的极小值？
3. PyTorch 中常用的模块有哪些？
4. 神经网络中常用的激活函数有哪些？
5. 损失函数的功能是什么？常用的损失函数有哪些？
6. 优化器是什么？在神经网络的训练中，优化器起什么作用？
7. 什么是全连接神经网络，用全连接神经网络解决异或分类任务时需要注意哪些问题？

第 7 章　数据准备与图像预处理

上一章介绍了 PyTorch 的自动梯度功能，并通过一个实例演示了在 PyTorch 上建立和训练神经网络的过程。如果使用神经网络解决图像问题，就必须先借助 Torchvision 库进行图像数据的准备和预处理，将图像转化为 PyTorch 所支持的张量，再进行网络的训练。本章在介绍 Torchvision 库的基础上，重点介绍图像数据集的构造、图像数据的预处理、图像的增强及图像标签的生成等内容。数据准备及图像预处理是进行图像分类、分割和目标检测的基础，负责向具体的图像任务提供准确无误的图像数据集。

本章的要点如下：

❑ Torchvision 库：介绍 Torchvision 库的作用及其与 PyTorch 的关系，还介绍 Torchvision 库各子模块的功能。

❑ 数据集的定义：介绍如何加载默认图像数据集到 PyTorch，以及自定义图像数据集。

❑ 图像预处理：介绍图像数据的导入、导出，以及类型的转换和标签的生成等。

❑ 图像增强：介绍内置图像增强方法的使用，以及创建自定义图像增强方法。

7.1　Torchvision 库简介

Torchvision 库提供了对图像数据的支持，主要包括常用图像数据集的访问接口、经典的图像分类、分割和目标检测模型，图像数据预处理功能以及一些图像增强的快捷方法。对于使用神经网络解决图像任务来说，首先就是对图像数据进行预处理，将图像转换为模型所需要的张量格式，这就需要使用 Torchvision 库。

Torchvision 库的安装与其他 Python 第三方库的安装方式相同：

```
pip install torchvision
```

验证是否正确安装：

```
import torchvision as tvs          #将 Torchvision 命名为 tvs
print(tvs.version.__version__)     #打印 Torchvision 的版本
'0.9.1+cpu'                        #正常显示版本即表明正确安装
```

Torchvision 库是由许多个功能子包构成，每个功能子包功能相对独立，下面对各子包进行简要介绍。

1．datasets包

datasets 包提供了 20 多个流行的图像数据集访问接口，部分数据集还提供数据下载功能，只需要简单调用，即可完成图像数据集的准备。该包中的每个数据集都是 torch.utils.

data.Dataset 的子类，都实现了__getitem__()和__len__()两个关键方法，因此所有的数据集都具有统一的图像数据访问接口。将实例化的数据集作为 torch.utils.data.DataLoader 类的参数，可以得到神经网络可用的数据加载器。此外，对于自有的图像数据，可以参照本包内的数据集的构造方法创建自定义的数据集。下面以经典的手写数字分类数据集 MNIST 的创建、下载和读取为例介绍数据集的创建方法。

```
#创建 MNIST 数据集并下载
ds=tvs.datasets.MNIST(root='./dataset',download=True)
Downloading http://yann.lecun.com/exdb/mnist/train-images-idx3-ubyte.gz
Downloading http://yann.lecun.com/exdb/mnist/train-images-idx3-ubyte.gz
to ./dataset\MNIST\raw\train-images-idx3-ubyte.gz
100.0%
...
ds[0]                                        #访问训练数据集的第 1 个样本
#返回图像和标签
(<PIL.Image.Image image mode=L size=28x28 at 0x1DA8D299730>, 5)
tds=tvs.datasets.MNIST(root='./dataset',train=False)    #加载测试数据集
```

2．io 包

io 包提供了视频和图像读取与保存的方法。read_video()方法用于读取视频，并将视频转换为一个形状为[T, H, W, C]的四维张量。VideoReader 类提供了相对 read_video()方法更高性能的底层视频访问 API。对于图像文件，io 包提供了 read_image()方法，接受的参数是 jpg 或 png 格式图像的路径，返回一个形状为[C, H, W]、范围为 0～255 的 unit8 类型张量。io 包中的 write_png()和 write_jpeg()方法将一个形状为[C, H, W]的范围在 0～255 的 unit8 类型张量转化为图像文件。

3．models 包

models 包提供了多项用于图像处理任务的模型，包括图像分类、目标检测、语义分割、实例分割、人体关键点检测和视频分类的经典网络模型，可以加载预训练的参数直接使用，免去构建模型和训练模型的复杂过程。表 7.1 按照用途列出了 models 包中部分预定义的模型。表 7.1 中列出的每种模型都包含不同大小、不同精度的变种。例如，对于经典的 ResNet 模型，就有 ResNet-18、ResNet-34、ResNet-50、ResNet-101 和 ResNet-151 等不同规模的变种。

表 7.1　预定义模型

分 类 模 型	分 割 模 型	目 标 检 测
AlexNet	FCN	Faster R-CNN
VGG	DeepLabV3	Mask R-CNN
ResNet		RetinaNet
SqueezeNet		SSD
DenseNet		SSDlite
MobileNet		FCOS
EfficientNet		
RegNet		

下面的代码演示了调用 models 包中预定义 ResNet-18 模型的使用方法，其他模型的调用方法与其相似。

```
#加载预训练的模型
import torch as tc
import torchvision as tvs
res18=tvs.models.resnet18(pretrained=True)  #加载 ResNet-18 模型并下载训练参数
Downloading: "https://download.pytorch.org/models/resnet18-5c106cde.pth"
to C:\Users\*/.cache\torch\hub\checkpoints\resnet18-5c106cde.pth
100.0%
img=tc.rand((1,3,224,224))                  #随机生成随机的图像，尺寸为 N×C×H×W
r=res18(img)                                #使用模型推断，返回推断结果
```

4．ops包

ops 包提供了部分专门用于计算机视觉的操作和运算。该包主要包含目标检测的 FPN（特征金字塔）模块、Focalloss 损失函数、变形卷积层及用于矩形框变换、IoU（交并比）计算和 NMS（非极大值抑制）等功能。在目标检测部分会详细介绍这些操作。

5．transforms包

transforms 包提供了图像数据的预处理功能，可在图像、数组和张量三者间进行相互转换，能够进行图像数据的增强，扩充训练数据集。每个图像预处理方法都封装为 Transform 类，并可以使用 Compose 类将多个图像处理方法组合为一个复合的预处理方法。Transform 类可分为 PIL 图像变换方法、张量变换方法以及张量和图像转换方法。

6．utils包

utils 包提供了数据的可视化功能，包括 4 种方法。make_grid()方法将一组图像张量合成为一幅表示图像的张量；save_image()方法与 make_grid()方法的功能相似，只是将合成的图像保存为图像文件；draw_bounding_boxes()方法将矩形框绘制在图像张量上；draw_segmentation_masks()方法将分割结果绘制在图像张量上。

下面的代码利用 make_grid()方法对 MNIST 数据集的前 100 个样进行可视化显示。

```
#从 MNIST 数据集中读取 100 个样本，ds[i][0]表示第 i 个样本，为 PIL 图像
#利用 transforms 包的 ToTensor()方法将图像转换为张量
imgs=[ tvs.transforms.ToTensor()(ds[i][0]) for i in range(100)]
#利用 make_grid()方法将 100 个样本按照每列 20 个图像进行合成，共 5 行
gridimgs=tvs.utils.make_grid(imgs,20)
vis.image(gridimgs)                         #显示合成结果，如图 7.1 所示
```

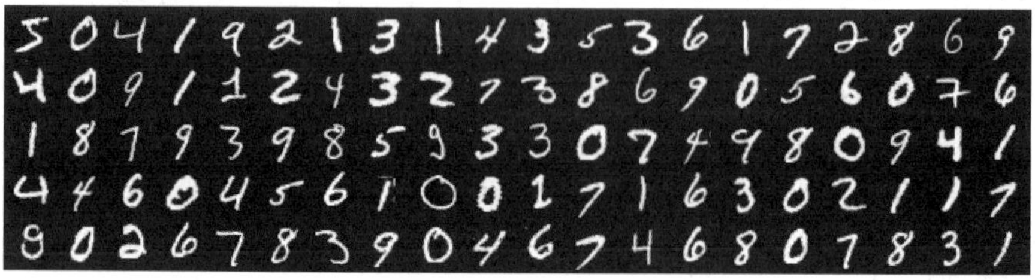

图 7.1　MNIST 数据集中的部分样本

7.2　构建数据集

在 PyTorch 的神经网络模型中，用于训练和测试的数据需要符合一定的标准。对于图像处理任务，必须在准备好图像数据的基础上，使用 torch.utils.data.Dataset 类将图像数据进行封装，为模型提供统一的数据访问接口。虽然 torchvision 的 datasets 包中提供了一些图像数据集的访问接口，但不能用于自有数据集的创建。在许多情况下，要针对特定的数据创建一个 torch.utils.data.Dataset 子类，向神经网络模型提供数据访问接口。

对于自定义数据集的创建，最关键的是在自定义的数据集类中实现 torch.utils.data.Dataset 中的__len__()和__getitem__()两个抽象方法。其中，__len__()方法返回数据集中的样本数量，也就是数据集的规模，可以使用 len(dataset)调用该方法。__getitem__()方法接受样本的索引号，返回数据集中特定索引号的样本，可以使用 dataset[idx]调用该方法。数据集中返回的样本数据，在训练集上一般是由图像张量和标签组成的元组，而样本数据在测试集上只返回图像张量。

下面创建一个自定义数据集来详细介绍 Dataset 类的使用方法。CIFAR 数据集是加拿大多伦多大学整理的用于图像分类的数据集，包含 CIFAR10 和 CIFAR100 两个子数据集。CIFAR10 数据集包含 60 000 个尺寸为 32×32 的彩色图像，总共 10 个类别，每个类别均有 6000 张图像。整个 CIFAR10 数据集被划分为包含 50 000 张图像的训练集和 10 000 张图像的测试集。下面以 CIFAR10 数据集的构建为例，介绍自定义数据集的创建。

CIFAR10 数据集是公开的，图 7.2 为 CIFAR10 数据集的 10 个类别及部分样本图像。数据集的下载地址为 https://www.cs.toronto.edu/~kriz/cifar-10-python.tar.gz。在解压缩后，文件夹 cifar-10-batches-py 中包含 data_batch_1, data_batch_2, ⋯, data_batch_5 以及 test_batch 总共 6 数据文件。每个文件都是一个 Python 的 pickle 对象，包含 10 000 个样本，test_batch 中的样本为测试样本。

图 7.2　CIFAR10 数据集的类别和部分样本

解析数据文件可以使用下面的代码：

```
import pickle
f=open('./dataset/cifar-10-batches-py/data_batch_1','rb')#图像数据文件路径
df=pickle.load(f,encoding='bytes')                #使用 pickle 将数据加载到 df 中
```

在数据加载到变量 df 中后，df 是一个字典，其中名为 data 和 labels 两个键的元素非常重要。data 元素的大小为 10000×3072，类型为 uint8 的 NumPy 数组，行数为 10 000，表示有 10 000 张图像，每行表示一个尺寸为 32×32 的彩色图像，每行的前 1024 个元素表示红色通道，中间的 1024 个元素表示绿色通道，后面的 1024 个元素表示蓝色通道，总共有 3072 个元素。labels 元素是一个列表，长度为 10 000，范围是 0～9，表示 data 中对应图像的类别标签。下面演示图像数据、标签的获取以及图像的解析，代码如下：

```
imgs=df[b'data']
print(imgs.shape)      #输出(10000, 3072)
lbs=df[b'labels']
print(lbs[:10])        #输出前 10 个样本的标签：[6, 9, 9, 4, 1, 1, 2, 7, 8, 3]
p=imgs[:50,:].reshape(50,3,32,32)           #读取前 50 个数据，转换为 3×32×32
grid_imgs=tvs.utils.make_grid(tc.from_numpy(p),10) #将 50 个图像拼接成新图像
vis.image(grid_images)                     #显示拼接后的图像，见图 7.3
```

图 7.3　图像数据的解析

图像标签所对应的类别名称保存在 batches.meta 文件中，同样使用加载图像数据方法得到一个字典对象。字典对象中 label_names 键所对应的元素就是类别的名称：

```
f=open('./dataset/cifar-10-batches-py/batches.meta','rb')
lbf=pickle.load(f,encoding='bytes')
for i,name in enumerate(lbf[b'label_names']):
    print(i,name.decode())                          #打印标签值与类别名
0 airplane
1 automobile
2 bird
3 cat
4 deer
5 dog
6 frog
7 horse
8 ship
9 truck
```

上面对 CIFAR10 数据集中文件的解析方法进行了介绍，解析后将会获得数据集中的图像数据和标签信息。要将 CIFAR10 数据用于神经网络模型训练，就需要将上述解析方法封装为 torch.utils.data.Dataset 的子类。下面的代码将 CIFAR10 数据构建为自定义数据集类。

代码 7.1　自定义数据集CIFAR10 数据集：7.1CIFARdataset.py

```python
# -*- coding: utf-8 -*-
import torchvision as tvs
from torchvision import transforms as T
import torch as tc
import pickle
from pathlib import Path
import numpy as np

class CIFAR10(tc.utils.data.Dataset):
    #CIFAR10 自定义数据集
    #CIFAR10 数据下载: https://www.cs.toronto.edu/~kriz/cifar-10-python.tar.gz
    def __init__(self,path='./dataset/cifar-10-batches-py',istrain=True,
isimg=True,transform=None, target_transform=None):
        self.path=Path(path)
        self.istrain=istrain
        self.isimg=isimg
        self.transform=transform
        self.target_transform=target_transform
        self.fnames=[self.path/f'data_batch_{i}' for i in range(1,6)]  if
self.istrain else [self.path/'test_batch']

        self.labelfile=self.path/'batches.meta'
        self.labeltext=self.__loadlabel(self.labelfile)
        self.label2str=lambda lbidx: self.labeltext[lbidx]

        self.labels=[]
        self.data=[]
        for f in self.fnames:
            tmpdata,tmplabel=self.__loaddata(f)
            self.labels+=tmplabel
            self.data.append(tmpdata)
        self.data=np.concatenate(self.data,axis=0)

    def __loaddata(self,file):
        f=open(file,'rb')
        print(f'加载数据文件{file.name}...')
        df=pickle.load(f,encoding='bytes')
        imgs=df[b'data']
        print(f'从数据文件{file.name}加载了{imgs.shape[0]}个样本...')
        lbs=df[b'labels']
        return imgs,lbs

    def __loadlabel(self,file):
        f=open(file,'rb')
        lbf=pickle.load(f,encoding='bytes')
        lb=[lb.decode()  for lb in lbf[b'label_names']]
        return lb

    def __len__(self):
```

```
            #可通过 len()方法得到数据集内的样本数
            return self.data.shape[0]

    def __getitem__(self,idx):
        #得到第 idx 个样本，idx 为样本索引
        if idx>=self.__len__() or idx<0:
            raise IndexError(f'index is out of range: {idx}')
        data=self.data[idx].reshape(3,32,32) if self.isimg else self.data
[idx]
        label=self.labels[idx]
        if self.transform:
            data=self.transform(data)
        if self.target_transform:
            label=self.target_transform(label)
        return data,label

if __name__=='__main__':
    import visdom
    vis=visdom.Visdom()
    trans=lambda d:tc.from_numpy(d)/255.0
    t_trans=lambda d:tc.Tensor([d])
    ds=CIFAR10('./dataset/cifar-10-batches-py',istrain=False,isimg=True,
transform=trans)

    #创建一个 dataloader，可用于从数据集中读取批数据
    dataloader=tc.utils.data.DataLoader(ds,batch_size=32,shuffle=True)

    data,target=next(iter(dataloader))

    print('此批数据的标签是:',[ds.label2str(idx) for idx in target])
    grid_img=tvs.utils.make_grid(data,8)
    vis.image(grid_img)
    #输出：
    加载数据文件 test_batch... ....
    从数据文件 test_batch 加载 10000 个样本... ...
    此批数据的标签是: ['airplane', 'automobile', 'cat', 'airplane', 'frog',
'horse', 'deer', 'airplane', 'automobile', 'cat', 'automobile', 'automobile',
'frog', 'dog', 'airplane', 'automobile', 'horse', 'dog', 'automobile',
'horse', 'deer', 'automobile', 'airplane', 'horse', 'dog', 'horse', 'frog',
'dog', 'dog', 'horse', 'frog', 'ship']
```

在代码 7.1 中创建了名为 CIFAR10 的类，继承于 torch.utils.data.Dataset 类，用于提供 CIFAR10 数据集的访问接口。在 CIFAR10 类中的 __init__ 方法提供了类的初始化：

```
def __init__(self,path='./dataset/cifar-10-batches-py',istrain=True,
isimg=True,transform=None, target_transform=None):
```

其中，path 参数是 CIFAR10 数据集下载解压后，数据文件 data_batch_1 等所在的文件夹路径，istrain 表示加载训练数据或测试数据，isimg 表示在提取单个样本时是否转换为 3×32×32 图像张量，transform 表示对样本数据进行的变换，target_transform 表示对样本标签进行的变换。

```
self.path=Path(path)
self.fnames=[self.path/f'data_batch_{i}' for i in range(1,6)]  if
self.istrain else [self.path/'test_batch']
```

将表示路径的字符串转换为路径对象。通过对 istrain 的判断，得到训练数据的文件路径或测试数据的文件名。

```
self.labelfile=self.path/'batches.meta'
self.labeltext=self.__loadlabel(self.labelfile)
self.label2str=lambda lbidx: self.labeltext[lbidx]
def __loadlabel(self,file):
    f=open(file,'rb')
    lbf=pickle.load(f,encoding='bytes')
    lb=[lb.decode() for lb in lbf[b'label_names']]
    return lb
```

从 batche.meta 文件中加载标签的类别名称，并使用一个 lambda 匿名函数创建类的 label2str 函数，用于将类别标签转换为类别名称。

```
self.labels=[]
self.data=[]
for f in self.fnames:
  tmpdata,tmplabel=self.__loaddata(f)
  self.labels+=tmplabel
  self.data.append(tmpdata)
self.data=np.concatenate(self.data,axis=0)
def __loaddata(self,file):
    f=open(file,'rb')
    print(f'加载数据文件{file.name}...')
    df=pickle.load(f,encoding='bytes')
    imgs=df[b'data']
    print(f'从数据文件{file.name}加载了{imgs.shape[0]}个样本...')
    lbs=df[b'labels']
    return imgs,lbs
```

上面的代码是将数据从文件中读出，并分别将标签和数据保存到 labels 和 data 变量中。__loaddata(f)方法用于从一个数据文件中读取所有的样本，通过循环加载所有数据文件中的样本，np.concatenate(self.data,axis=0)是将读取的数据进行合并，对于训练数据合并为 50 000 ×3072，对于测试数据仍然为 10 000×3072。

通过初始化__init__方法，完成对 CIFAR10 数据集的解析，并且将数据保存到类的变量中。下面实现自定义数据集必须包含的__len__方法和__getitem__方法。

```
def __len__(self):
    #可通过 len()方法得到数据集内的样本数
    return self.data.shape[0]
```

__len__()方法是自定义数据集必须要实现的方法之一，其返回数据集中样本的数量。CIFAR10 数据集创建完成后，样本保存在 self.data 变量中，self.data 的第 0 维的尺寸为样本的数量，即 shape 属性的 0 号元素。对于训练数据返回 50 000，对于测试数据则返回 10 000。

```
def __getitem__(self,idx):
#得到第 idx 个样本, idx 为样本索引
    if idx>=self.__len__() or idx<0:
        raise IndexError(f'index is out of range: {idx}')
    data=self.data[idx].reshape(3,32,32) if self.isimg else self.data[idx]
    label=self.labels[idx]
    if self.transform:
        data=self.transform(data)
```

```
        if self.target_transform:
            label=self.target_transform(label)
    return data,label
```

　　__getitem__()方法是自定义数据集必须要实现的关键方法，用于获取 CIFAR10 数据集中索引为 idx 的样本。先对索引号 idx 进行判断，对错误的 idx 抛出异常，保证 idx 的正确性。isimg 返回指定样本为三维 $C \times H \times W$ 张量，还是一维张量。将指定索引 idx 的图像数据保存在 data 变量中，标签保存在 label 变量中。然后根据 transform 和 target_transform 对样本进行变换。最后返回由样本的图像数据和标签数据组成的元组。

　　自定义的 CIFAR10 完成了对数据集的封装，在训练神经网络时，需要将 CIFAR10 数据集提供给 torch.utils.data.DataLoader 对象。DataLoader 提供了数据采样的方法，并且将多个样本组合为批次，向神经网络提供训练数据。下面的代码先创建自定义数据集 CIFAR10，然后传入 DataLoader 对象并获取数据。

```
trans=lambda d:tc.from_numpy(d)/255.0          #将 NumPy 数组转换为张量
t_trans=lambda d:tc.Tensor([d])
#创建 CIFAR10 数据集
ds=CIFAR10('./dataset/cifar-10-batches-py',istrain=False,isimg=True,
transform=trans)

#创建一个 dataloader，用于从数据集中读取批数据，每批 32 个样本，需要打乱采样
dataloader=tc.utils.data.DataLoader(ds,batch_size=32,shuffle=True)
#从 dataloader 里取出一个批次的图像数据和标签
data,target=next(iter(dataloader))
#打印批次里图像数据的类别名称，显示批次里的图像数据
print('此批数据的标签是:',[ds.label2str(idx) for idx in target])
grid_img=tvs.utils.make_grid(data,8)
vis.image(grid_img)
```

　　上面通过一个完整的例子展示了自定义数据集的创建过程。数据集创建后，可以向神经网络提供数据，进行网络的训练和预测。CIFAR10 数据集是用于分类的，样本的标签为类别名。对于分割和检测任务，样本的标签就更加复杂了，因此创建自定义数据集的难度就更大了。

7.3　数据变换与增强

　　图像数据的变换与增强是数据集准备的重要一步，负责将图像转换为神经网络需要的输入格式，同时对数据进行增强处理，以扩充训练集，使得神经网络的学习更加稳定，得到泛化性和强壮性表现突出的模块。上节介绍的自定义数据集，虽然可以在数据集的__getitem__()方法中通过编程加入数据变换和增强的功能，但是加入的数据变换与增强功能不能用于其他任务。PyTorch 的理念之一就是模块化，使得各模块可以组合，重复使用，因此其将数据变换和增强分离出来，构成了一个 transforms 包。在 transforms 包中集成了主流的图像变换和增强方法，可以直接调用，无须重复编写。对于不在 transforms 包中的特殊的数据变换和增强需求，可以通过编写自定义的类来实现，还可以与其他变换联合使用。

　　transforms 包提供了一个 Compose 变换类，可以将多个变换组合构成一个复合的变换，

对图像进行一系列的变换与增强。数据变换在使用上通常作为数据集创建时的参数，传入数据集中即可。前面自定义的 CIFAR10 数据集在初始化的参数列表中就定义了 transform 和 target_transform 两个变量，用于接收图像变换对象。对于变换对象的使用，则在 __getitem__()方法中将变换分别作用于样本数据和样本标签。在创建 CIFAR10 数据集时，传入了一个数据 NumPy 数组变换对象：

```
trans=lambda d:tc.from_numpy(d)/255.0
ds=CIFAR10('./dataset/cifar-10-batches-py',istrain=False,isimg=True,
transform=trans)
```

trans 变换的作用就是将用 NumPy 数组表示的图像数据转换为 PyTorch 张量，并将图像数据压缩到 0～1.0。

当使用 __getitem__()方法生成样本时，使用 trans 变换可以得到满足需要的图像张量：

```
if self.transform:
    data=self.transform(data)
```

虽然 transforms 包中的每种变换的目标都是图像，但是有些变换是针对 PIL 格式的图像，有些变换是针对图像张量的，有些是两种格式都可以，也有专门用于格式转换的变换。下面对 transforms 包中的各种变换功能进行详细介绍。

△注意：本节介绍的图像变换虽然在功能上与部分图像处理具有相同的效果，但是在设计和使用上偏向扩充训练样本和图像的预处理目的。

7.3.1　PIL 图像和张量的共同变换

在进行图像预处理时，图像既可以表示为 PIL 中的 Image 对象，也可以表示为 PyTorch 中的张量对象，Torchvision 库在设计图像预处理编程接口时考虑了这两种不同的图像表示形式，实现了一些能够接受二者的变换方法。

❑ CenterCrop(size)，中心裁切变换，从图像上裁切出指定长宽（Size）的子图像，子图像的中心位于原图像的中心。如果裁切的是形如[..., H，W]的张量，则将张量最后两个维度作为图像的宽和高，不考虑张量的其他尺寸。如果裁切的尺寸在某个方向上大于原图像，则对该方向向外以 0 值扩充到足够大小后再裁切。对于尺寸 size，可以是由(h, w)构成的序列，指定裁切的宽和高；也可以是一个整数值将宽高设置为相同，裁切正方形。下面的代码演示了 CenterCrop 的使用方法，图 7.4 为裁切的结果。

```
import torchvision.transforms as T      #导入 Transforms 包并以 T 命名
from imageio import loadimage           #导入加载图像的包
imgpath='../1.png'                      #图像路径
img=loadimage(imgpath)                  #加载图像
ctrans=T.CenterCrop((150,200))          #创建中心裁切变换，裁切尺寸为 150×200
cimg=ctrans(img)                        #进行裁切
ctrans=T.CenterCrop((450,500))          #创建中心裁切变换，裁切尺寸为 450×500
dimg=ctrans(img)                        #进行裁切
vis.image(img)
vis.image(cimg)
vis.image(dimg)
```

（a）原始图像　　　　　　　（b）150×200 裁切　　　　　　（c）450×500 裁切

图 7.4　中心裁切变换

❑ ColorJitter(brightness=0, contrast=0, saturation=0, hue=0)，色彩抖动变换，对图像的亮
度（brightness）、对比度（constrast）、饱和度（saturation）和色调（hue）进行随机
变换，主要用于训练数据的扩充，增加训练样本。在接受张量时，张量的尺寸需要
为[…, 1, H, W]或[…, 3, H, W]。这 4 个参数都可以接受数值或一个包含[min,max]的
序列来指定抖动范围。下面的代码演示了 ColorJitter 变换的使用方法，图 7.5 为变
换后的效果。

```
ctrans=T.ColorJitter(brightness=.5, hue=.3)        #创建色彩抖动变换
img1=img/255.0                                      #将图像 0～255 的范围压缩到 0～1
cimgs=[ctrans(img1).numpy() for i in range(4)]      #调用 4 次抖动变换
vis.images(cimgs)                                   #显示 4 次抖动变换的结果，见图 7.5
```

图 7.5　色彩抖动变换

❑ T.FiveCrop(size)，五份裁切变换，对图像的上、下、左、右、中裁切指定尺寸的图
像块。FiveCrop 变换的输出结果是一个长度为 5 的元组，分别是 5 个区域的裁切结
果。下面的代码演示了 FiveCrop 的使用方法，输出的裁切结果见图 7.6。

```
ctrans=T.FiveCrop(size=(150, 150)) #创建 5 份裁切变换，设置裁切大小为 150×150
imgs=ctrans(img)                   #应用变换
vis.images([i.numpy() for i in imgs]) #显示变换的结果，见图 7.6
```

图 7.6　五份裁切变换

☐ Grayscale(num_output_channels=1)和 RandomGrayscale(p=0.1)，灰度变换，用于图像的灰度变换，Grayscale 将 3 通道的彩色图像变换成 1 通道的灰度图像，或返回 3 通道的灰度图像，而 RandomGrayscale 按照概率 p 决定是否进行图像的灰度变换。

☐ Pad(padding, fill=0, padding_mode='constant')，扩边变换，对图像的各边扩充指定大小，常用于调整图像的尺寸，以满足后续处理的需要。参数 padding 指明扩充像素的个数，当 padding 是整数时，表示向四边扩充相同的宽度，当 padding 是四个长度的整数序列时，表示对左、上、右、下四个方向分别扩充的宽度；参数 fill 表示指定扩充区域内像素的填充值；参数 padding_mode 是扩充的模型，可选的模式如下：

　➤ constant：以 fill 参数的值进行填充。

　➤ edge：最近的边上的像素值填充。

　➤ reflect：以最近的边反射填充。

　➤ symmetric：以最近的边对称填充。

☐ RandomAffine(degrees, translate=None, scale=None, shear=None, interpolation=<InterpolationMode.NEAREST: 'nearest'>, fill=0)，随机仿射变换，用于图像数据的增强，以增加图像的样本数量。随机仿射变换的原点位于输入图像的中心点。degrees 参数表示旋转的角度范围，可以设置一个值，也可以设置一个区间；translate 参数表示平移的范围，接受一个序列分别表示在 x、y 轴上的移动方向；scale 参数表示尺度的缩放范围；shear 参数表示剪切角度的范围；interpolation 参数表示插值的方法，可选的参数有 InterpolationMode.BILINEAR（双线性内插法）和 InterpolationMode.NEAREST（最近邻插值法）。下面的代码演示了随机仿射变换的创建和使用方法，图 7.7 是变换后的可化视结果。

```
trans0=lambda x: x
trans1=T.RandomAffine(degrees=45, interpolation=T.InterpolationMode.
BILINEAR, fill=128)
trans2=T.RandomAffine(degrees=0,translate=(0.3,0),interpolation=
T.InterpolationMode.BILINEAR, fill=128)
trans3=T.RandomAffine(degrees=0,scale=(0.5,1.1), interpolation=
T.InterpolationMode.BILINEAR, fill=128)
trans4=T.RandomAffine(degrees=0,shear=(10,20), interpolation=
T.InterpolationMode.BILINEAR, fill=128)
trans5=T.RandomAffine(degrees=45, translate=(0.3,0), scale=(0.5,1.1),
shear=(10,20), interpolation=T.InterpolationMode.BILINEAR, fill=128)
imgs=[trans(img).numpy() for trans in [trans0,trans1,trans2,trans3,
trans4,trans5]]                          #应用变换
vis.images(imgs)                         #展示变换结果
```

☐ RandomHorizontalFlip(p=0.5)与 RandomVerticalFlip(p=0.5)，随机水平翻转变换与随机竖直翻转变换，这两个变换都有参数 p，表示翻转的概率，常用于训练样本数量的扩充。

☐ RandomPerspective(distortion_scale=0.5, p=0.5, interpolation=<InterpolationMode.BILINEAR: 'bilinear'>, fill=0)，随机透视变换，将图像从一个视平面投影到另外一个视平面。透视变换（Perspective Transformation）是指利用透视中心、像点、目标点三点共线的条件，按透视旋转定律使承影面（透视面）绕迹线（透视轴）旋转某一个角度，破坏了原有的投影光线束，但仍能保持承影面上投影几何图形不变的变换。

随机透视变换的参数 distortion_scale 表示扭曲的程序，范围是 0～1，参数 p 表示透视变换的概率，参数 interpolation 的取值与仿射变换中的同名变量相同，fill 是填充值，默认为 0。下面的代码演示了随机透视变换的使用方法，图 7.8 为随机透视变换的结果。

```
trans=T.RandomPerspective(distortion_scale=1.0, p=1.0, interpolation=
T.InterpolationMode.BILINEAR, fill=128)
imgs=[trans(img).numpy() if i>0 else img.numpy() for i in range(5)]
vis.images(imgs)
```

（a）原始图像

（b）角度

（c）平移

（d）缩放

（e）剪切

（f）复合变换

图 7.7　随机仿射变换

（a）原始图像

（b）随机透视变换 1

（c）随机透视变换 2

（d）随机透视变换 3

（e）随机透视变换 4

图 7.8　随机透视变换

注意：透视变换与仿射变换的区别与联系，二者都可以用 3×3 的变换矩阵来表示，仿射变换是透视变换的特殊情形。

❑ GaussianBlur(kernel_size, sigma=(0.1, 2.0))，高斯模糊变换，使用高斯核对图像进行卷积操作，可用于消弱噪声或者图像模糊。参数 kernel_size 可以是奇数，也可以是一个指定核宽和高的两个奇数组成的序列，表示高斯核的大小；参数 sigma 可以是浮点数，用于指定高斯分布的标准差，或者是从一个区间随机选择的标准差。下面的代码演示了高斯模糊变换的使用，图 7.9 为高斯模糊变换的结果。

```
trans0=lambda x:x
trans1=T.GaussianBlur(kernel_size=7,sigma=3)
trans2=T.GaussianBlur(kernel_size=9,sigma=5)
trans3=T.GaussianBlur(kernel_size=11,sigma=7)
trans4=T.GaussianBlur(kernel_size=13,sigma=9)
imgs=[trans(img).numpy() for trans in [trans0,trans1,trans2,trans3,trans4]]
vis.images(imgs)
```

（a）原始图像　　　　（b）k=7，sigma=3　　　　（c）k=9，sigma=5

（d）k=11，sigma=7　　　（e）k=13，sigma=9

图 7.9　高斯模糊变换

❑ RandomPosterize(bits, p=0.5)，随机色调分离变换，通过压缩像素的比特数，使得图像的颜色和灰阶数变小，可以压缩图像。参数 bits 表示对一个通道中的像素保留几位比特，取值范围是 1～8，数越大，保留得越多；参数 p 表示色调分离变换的概率。下面的代码演示了色调分离变换的过程，图 7.10 为随机色调用离变换的结果：

```
imgs=[T.RandomPosterize(bits=i, p=1)(img.byte()).numpy() for i in
[8,5,3,2,1]]
vis.images(imgs)
```

注意：在上面的变换代码中，为了使代码紧凑，变换在使用形式上有所差异，但本质上的使用都相同，要注意体会。

（a）原始图像

（b）bits=5

（c）bits=3

（d）bits=2

（e）bits=1

图 7.10　随机色调分离变换

7.3.2　基于张量的变换

在前几章中生成的张量的图像处理方法都可以用作张量的变换。下面的变换，仅适用针对张量形式的图像变换，不适用 PIL 形式的图像变换。

□ LinearTransformation(transformation_matrix, mean_vector)：线性变换，对张量的变换可以表示为 tc.mm(transormation,x)-mean_vector，即用变换矩阵 transformation 乘以待变换的输入图像的张量，再减去 mean_vector。例如，该变换可构造白化变换。假设 X 是以 0 为中心的列向量数据，计算具有 torch.mm(X.t(),X) 的数据协方差矩阵 [D×D]，在此矩阵上执行 SVD 并将其作为 transformation_matrix 参数。

□ Normalize(mean, std, inplace=False)：归一化变换，将张量减去均值 mean，再除以标准差 std，用于将图像的数值范围进行标准化。参数 mean 为数值序列，长度与输入张量的通道数相同，参数 std 为数值序列,长度与输入张量的通道数相同,参数 inplace 表示输出替换输入。

□ RandomErasing(p=0.5, scale=(0.02, 0.33), ratio=(0.3, 3.3), value=0, inplace=False)：随机擦除变换，是在 Zhong 等人的论文 *Random Erasing Data Augmentation* 中提出的图像变换方法，用于数据的增强，扩充训练样本。参数 p 表示擦除的概率，scale 表示擦除的面积占原图像面积的范围，参数 value 表示擦除后填充的值，参数 inplace 表示是否对输入张量操作。下面的代码演示了随机擦除变换的使用方法，图 7.11 为随机擦除变换的结果。

```
imgs=[T.RandomErasing(p=1,value=128)(img).numpy() for i in range(5)]
vis.images(imgs)
```

图 7.11　随机擦除变换

- ❑ ToPILImage(mode=None)：将张量图像转换为 PIL 图像，可用于张量图像的输出，或者用 PIL 库进行图像的变换。参数 mode 为 PIL 中 Image 对象的模式，如'L'、'RGB'、'RGBA'等。输入是[$C×H×W$]的张量或者[$H×W×C$]的 NumPy 数组，输出是一幅 PIL 图像。
- ❑ ToTensor()：将 PIL 转换为张量，并将像素值压缩到 0~1，与 ToPILImage 变换的作用互逆。

在进行图像变换时，通常需要连续使用多个变换，以完成高级的数据增强，可以将多个变换组合成为一个复合变换，transofrms 包中提供的 Compose 类用于多个变换的复合。构造复合变换的方法是 Compose([trans1,trans2,trans3,...])，将多个变换放入列表中，并将列表作为 Compose 类的参数生成复合变换。

此外，针对图像分类任务还提出了一些效果较好的数据增强方法，在 transforms 包中也进行了集成，如 AutoAugment、RandAugment 和 TrivialAugmentWide 等，可以用于图像分类任务，具体使用方法与其他变换方法相同，参考 API 文档设置相关参数即可。

7.3.3　自定义数据的变换和增强

虽然在 transforms 包中集成了许多常用的图像变换和增强方法，但是在针对具体问题时可能仍然不够灵活，需要构造自定义的数据变换和增强方法。Transforms 包提供了自行构造变换和增强的方法，并且提供了常用的变换函数，可以自主地构造适宜的数据变换与增强方法。表 7.2 列出了 Transforms.functional 提供的变换函数，可用于构造自定义变换和增强的方法。

表 7.2　变换函数

函 数 名	参　　　数	作　　用
adjust_brightness	img: torch.Tensor, brightness_factor: float	调节图像亮度
adjust_contrast	img: torch.Tensor, contrast_factor: float	调节图像对比度
adjust_gamma	img: torch.Tensor, gamma: float, gain: float = 1	进行伽马校正
adjust_hue	img: torch.Tensor, hue_factor: float	调节图像色调
adjust_saturation	img: torch.Tensor, saturation_factor: float	调节图像饱和度
adjust_sharpness	img: torch.Tensor, sharpness_factor: float	调节图像锐度
affine	img: torch.Tensor, angle: float, translate: List[int], scale: float, shear: List[float], fillcolor: Optional[List[float]] = None)	仿射变换
autocontrast	img: torch.Tensor	最大值和最小值变换
center_crop	img: torch.Tensor, output_size: List[int]	中心裁切图像

函　数　名	参　数	作　用
crop	img: torch.Tensor, top: int, left: int, height: int, width: int)	裁切图像
equalize	img: torch.Tensor	直方图均衡化
erase	img: torch.Tensor, i: int, j: int, h: int, w: int, v: torch.Tensor, inplace: bool = False	擦除指定区域
gaussian_blur	img: torch.Tensor, kernel_size: List[int], sigma: Optional[List[float]] = None)	高斯模糊
hflip	img: torch.Tensor	水平翻转
pad	img: torch.Tensor, padding: List[int], fill: int = 0, padding_mode: str = 'constant'	图像扩边
resize	img: torch.Tensor, size: List[int], interpolation: torchvision.transforms.functional.InterpolationMode , max_size: Optional[int] = None, antialias: Optional[bool] = None	图像缩放
vflip	img: torch.Tensor	竖直翻转
posterize	img: torch.Tensor, bits: int	色调分离
invert	img: torch.Tensor	颜色反转
resized_crop	img: torch.Tensor, top: int, left: int, height: int, width: int, size: List[int], interpolation: torchvision.transforms.functional.InterpolationMode	裁剪缩放
to_grayscale	Img:torch.Tensor, num_output_channels=1	转为灰度
to_pil_image	pic, mode=None	转为PIL图像
to_tensor	pic	PIL图像转为张量

　　自定义变换和增强方法的构造方式是：创建一个类，除了在初始化方法__init__()内完成变换的参数设定外，关键在于实现__call__()方法。类的内置__call__()方法提供了类对象调用时执行的代码。一般来说，自定义变换与增强类的结构代码如下：

```
class mytrans:                          #创建自定义变换的类
    def __init__(self,p1=0,p2=1):       #类的初始化
        self.p1=p1
        self.p2=p2
    def __call__(self,img):             #自定义变换的变换实现
        return img

mytr=mytrans()                          #创建变换
myt(img)                                #调用变换
```

　　为了更好地说明自定义变换和增强方法的构建，定义一个变换——中心裁切变换。该自定义变换的功能是对输入的图像以指定位置为中心，裁切一个指定宽和高像素的图像，如果裁切范围超出边界，会先将图像以常数扩充再裁切，最后将结果缩放到指定的大小。下面的代码演示了自定义中心裁切变换的实现过程。

代码 7.2　自定义中心裁切变换：7.2centercrop.py

```
import torchvision.transforms as T

class CenterCrop:
```

```
        def __init__(self,size=128,fill=100,interpolation=T.
InterpolationMode.BILINEAR):
            #the cropped image is resized to size
            #fill is the padd fill value
            self.size=(size,size) if isinstance(size,int) else size
            self.interpolation=interpolation
            self.fill=fill
        def __call__(self,img,cx,cy,w,h):              #自定义变换的实现
            #img is a ternsor shaped [...,C,H,W]
            #(cx,cy) is the center position
            #(w,h) is width and height of the patch
            imgh,imgw=img.shape[1:]
            ty=cy-h//2
            tx=cx-w//2
            by=cy+h//2
            bx=cx+w//2

            ptx=abs(tx) if tx<0 else 0
            pty=abs(ty) if ty<0 else 0
            pbx=bx-imgw if bx>imgw else 0
            pby=by-imgh if by>imgh else 0
            pdn=(ptx,pty,pbx,pby )

            #使用变换函数
            newimg=T.functional.pad(img,padding=pdn,fill=self.fill)
            newimg=T.functional.crop(newimg, top=ty+pty, left=tx+ptx, height=
h, width=w)
            newimg=T.functional.resize(newimg, size=self.size, interpolation=
self.interpolation)
            return newimg

if __name__=='__main__':
    import torch as tc
    from imageio import loadimage
    import visdom

    vis=visdom.Visdom()
    imgpath='../1.png'
    img=loadimage(imgpath)

    trans=CenterCrop(size=128,fill=100)                #创建自定义变换
    imgo=trans(img,cx=228,cy=228,w=128,h=128)          #裁切图像
    vis.image(imgo)
```

　　在上面的代码中，将自定义变换命名为 CenterCrop，在__init__()初始化方法中对变换后的图像的缩放尺寸、填充值及插值方法进行设置，图像变换的实施在__call__()方法中定义。自定义变换 CenterCrop 要实现以某点为中心，按指定大小进行裁切，并将裁切结果缩放到指定大小的功能。为了实现变换的功能，在变换时先计算裁切区域的左上和右下两个角点的坐标：

```
imgh,imgw=img.shape[1:]
ty=cy-h//2
tx=cx-w//2
by=cy+h//2
bx=cx+w//2
```

根据计算得到区域的边界坐标，计算图像在各边需要填充的大小，如果左上角的 *x* 坐标 *tx* 小于 0，就需要在图像的左边填充 *tx* 的绝对值个像素宽度，如果左上角的 *y* 坐标 *ty* 小于 0，就需要在图像的上边填充 *ty* 的绝对值个像素，如果右下角的 *x* 坐标 *bx* 大于图像的宽度，就需要在图像的右边填充 bx-imgw 个像素，如果右下角的 *y* 坐标 *by* 大于图像的高度，就需要在图像的下边填充 by-imgh 个像素：

```
ptx=abs(tx) if tx<0 else 0
pty=abs(ty) if ty<0 else 0
pbx=bx-imgw if bx>imgw else 0
pby=by-imgh if by>imgh else 0
pdn=(ptx,pty,pbx,pby )           #将四个方向的填充值按照左、上、右、下的顺序组合
```

使用 Transforms 包中变换函数的 pad、crop 和 resize 方法分别完成图像的扩边填充、裁切和缩放变换，最终完成变换的功能，返回变换后的图像。

```
newimg=T.functional.pad(img,padding=pdn,fill=self.fill)
newimg=T.functional.crop(newimg, top=ty+pty, left=tx+ptx, height=h,
width=w)
newimg=T.functional.resize(newimg, size=self.size, interpolation=self.
interpolation)
return newimg
```

代码 7.2 完整地展示了对图像自定义的中心裁切变换的实现代码。在实际的图像处理任务中，可以参照上述实现过程，按照自定义变换类的结构和功能实现即可。

7.4　小　　结

本章对 PyTorch 框架中专门用于图像处理的 Torchvision 库进行了详细介绍，如自定义数据集的创建，图像的变换和增强等。Torchvision 库集成了多个功能模块，各模块包括对图像预处理、图像数据存取、图像数据变换和增强、神经网络模型等关于图像处理任务的方方面面，是利用 PyTorch 进行图像处理任务必须熟练掌握和使用的包。构建数据集是训练神经网络的前提，特别是自定义数据集的创建方法是所有自定义任务必须实现的。图像的变换和增强对训练神经网络具有重要的作用，选择适宜的变换方法，构造自定义的增强方法，可以有效地增加训练样本，调整数据格式等，向神经网络提供所需的训练数据。本章提供了完整的自定义数据集和自定义变换的两个示例代码，对自定义数据集的创建和自定义变换具有借鉴意义。

7.5　习　　题

1. Torchvision 库是什么，有哪些功能？它与 PyTorch 有什么关系？
2. 什么是数据集？在定义数据集时必须实现的两个方法是什么？
3. 为什么要进行数据变换和增强？
4. Torchvision 库提供了哪些数据变换和增强方法？
5. 在自定义数据增强方法时需要注意哪些问题？

第3篇
基于深度学习的图像处理

第8章 图 像 分 类

在了解了 PyTorch 神经网络的构建过程和图像数据集的构造后，就可以将深度神经网络用于图像的各种处理任务中。实际上，近 10 年来兴起的深度神经网络，就是在图像分类任务上先取得了突破。目前，在图像分类任务中，最优的深度神经网络模型已经达到或超过了人类的视觉范围。深度神经网络模型已经走出实验室，在工业和生活中产生价值、发挥效用。本章主要介绍利用 PyTorch 框架使用深度神经网络进行图像分类的方法。

本章的要点如下：

- 图像分类与卷积神经网络：介绍图像分类的任务和目标，以及当前深度神经网络在图像分类上的最新进展，并介绍如何调用预训练模型完成分类。
- 经典卷积神经网络：介绍经典卷积网络的组成结构，以及构建卷积神经经网络的方法。
- 构建卷积网络：介绍自定义神经网络的构建、训练和评估方法。
- 迁移学习：介绍迁移学习的概念，以及使用迁移学习微调预训练模型，完成自定义图像分类任务的训练和识别。

8.1 图像分类与卷积神经网络

图像分类作为图像处理的重要任务之一，在经历了几十年的缓慢发展后卷积神经网络异军突起，一举将图像分类的精度提升到人类的水平，使图像处理进入大规模的应用阶段。

8.1.1 图像分类及其进展

图像分类是模式识别、机器学习和人工智能的重要环节之一，从图像处理研究开始，图像分类始终是研究的热点之一。在 2012 年以前，图像分类的主要方法是先由人工设计特征，把图像从图像空间转换到特征空间，随后在特征空间中进行分类。这种方法受人工的影响大，设计的特征主观性强，只能在有限的图像数据中取得较好的分类精度。因此，这个时期针对图像分类方法的研究进展缓慢，分类精度与实际应用还有较大差距。斯坦福大学的李飞飞教授领导的团队通过多年的收集、整理和标注，构建了一个千万张图像的大规模数据集——ImageNet 并向全球免费开放，在 2009 年发起了全球性的图像分类大赛。在 2012 年的 ImageNet 大规模分类比赛中，Alex Krizhevsky 在 Hinton 教授的指导下使用构建的卷积神经网络 AlexNet 获得了冠军。AlexNet 的分类精度较之前手工构建特征再分类的方法提高了近 50%，使得图像分类任务取得了重大的突破。随后，卷积神经网络一路突飞猛进，在图像分类上迅速达到了人的识别精度，并在其他图像和非图像任务中也取得了极大的进步。

AlexNet 的成功得益于以下条件：

❑ 大规模数据集 ImageNet。相对于之前以几百、几千或几万张图像的数据集来说，ImageNet 包含上千万张图像，上千种类别，规模巨大，相同类间的图像差异性大，部分类别间的相似度高，使得分类的难度大、要求高。在数据量较小的样本集上，SVM、随机森林、全连接神经网络、卷积神经网络等模型在精度上相似，很难体现出方法的优劣。而 ImageNet 能够对分类方法进行有效地检验，能够更好地评估分类模型的优劣。

❑ 高性能的计算设备。英伟达提出的 CUDA 通用并行计算架构能够利用 GPU 并行计算的特性解决复杂的计算问题。

❑ 卷积神经网络的发展。AlexNet 的论文作者之一 Hinton 教授，从事神经网络研究 30 余年，提出了一系列有关神经网络模型的优化方法，对神经网络有着独到的见解和深厚的积累。

最早的卷积神经网络是 LeCun 发明的 LeNet 系列网络，其中，LeNet5 在 20 世纪 80 年代末就在手写数字识别上取得了最优的精度，但限于数据规模和计算能力，没有得到广泛的使用。AlexNet 正是基于 LeNet 卷积神经网络的思想，结合众多先进技术而取得了突破。AlexNet 采用的新技术有：

❑ 广泛的卷积操作：将卷积操作作为网络的主要模块，使用不同尺寸的卷积核进行特征提取，并通过级联卷积达到多尺度特征的生成，相较于全连接操作具有参数少、计算量小、特征提取效果好的优点。

❑ 简单的池化操作：通过池化操作进行特征的归纳概括，减少了特征数量，降低了模型计算量，与卷积操作共同成为神经网络的基本单元。

❑ 更好的激活函数：使用 ReLU 激活函数替代 Sigmoid 和 Tanh 激活函数，成功解决了 Sigmoid 和 Tanh 激活函数在网络较深时梯度弥散的问题。

❑ Dropout 策略：在神经网络训练时，随机忽略一部分神经元，以防止网络过拟合，提升神经网络的健壮性。

❑ 数据增强：随机地从 256×256 大小的原始图像中截取 224×224 大小的区域，并且采取水平翻转等方法，扩充训练数据的规模。

❑ CUDA 加速：利用 GPU 提供的强大的 CUDA 并行计算能力，加速神经网络训练和预测时大量的矩阵运算。AlexNet 使用了两块 GTX 580 GPU 进行训练。

在随后的几年里，卷积神经网络成为研究的热点，基于卷积神经网络的各种模型不断刷新分类精度。2015 年，微软亚洲研究院提出的 ResNet 分类精度达到了与人的分类精度相同的效果，在一定程度上解决了图像分类问题。ResNet 通过对卷积神经网络的分析，提出了能够减小梯度消失的 Residual Block（残差模块），使得有上千层深度的卷积神经网络也能够被训练，并且卷积神经网络结构越深越大，其精度也越高的观点得到了初步的验证。同时，在 ResNet 中也广泛使用的 BN（Batch Normalization，批归一化）层，作为正则化项取代了权重的 L1 和 L2 正则化项，成为卷积神经网络的基本模块。在 ResNet 的基础上，MobileNet V1/V2、ShuffleNet V1/V2、SqueezeNet 和 DenseNet 等网络在精心设计的基础上或者提高了精度，或者提高了效率，都取得了巨大的成功。

随着网络结构设计的难度越来越大，自动搜索最优网络结构的方法（NAS）开始出现。NAS 把所有的神经网络模型当作可选空间，通过算法从大量的模型中选出最优的模型，可以通过更快的速度、更高的效率对模型进行验证。通过 NAS 技术，谷歌公司从大量的模型中发现了 Efficient 系列神经网络，Facebook 公司发现了 RegNet 系列神经网络。这些通过搜索发现的网络在一定程度上都取得了极好的精度，并且给神经网络的设计提供了思路。

值得一提的是，Vision Transformer（ViT）模型是从自然语言处理的自注意力机制（self-attention）的 Transformer 模型迁移到图像分类任务中形成的。ViT 模型将注意力机制引入卷积神经网络，对卷积神经网络进行了拓展。此外，一些新的思想如胶囊网络等也不断涌现，对图像的认知不断进行新的探索。

8.1.2　预训练模型的使用

对于完成一个分类任务来说，从头开始进行模型的构建和训练并不是一个好的方法。充分利用已有的模型，评估后，再进行调节和修改才更合理。在 Torchvision 库中，已经集成了许多经典的分类网络模型，通过函数的调用即可创建相应的模型，免去了自行搭建的麻烦。让人更欣喜的是在这些模型中大多数模型都提供了已经训练好的参数，可以在创建模型时同步加载，使得模型即时可用。这些模型都位于 torchvision.models 包中，表 8.1 列出了 models 包中的预定分类模型及其精度。

表 8.1　预训练模型

模 型 名 称	函 数 名 称	Top1 精度（%）	Top5 精度（%）
AlexNet	alexnet	56.522	79.066
VGG-11	vgg11	69.020	88.628
VGG-13	vgg13	69.928	89.246
VGG-16	vgg16	71.592	90.382
VGG-19	vgg19	72.376	90.876
VGG-11 with batch normalization	vgg11_bn	70.370	89.810
VGG-13 with batch normalization	vgg13_bn	71.586	90.374
VGG-16 with batch normalization	vgg16_bn	73.360	91.516
VGG-19 with batch normalization	vgg19_bn	74.218	91.842
ResNet-18	resnet18	69.758	89.078
ResNet-34	Resnet34	73.314	91.420
ResNet-50	resnet50	76.130	92.862
ResNet-101	resnet101	77.374	93.546
ResNet-152	resnet152	78.312	94.046
SqueezeNet 1.0	squeezenet1_0	58.092	80.420
SqueezeNet 1.1	squeezenet1_1	58.178	80.624
Densenet-121	densenet121	74.434	91.972

模 型 名 称	函 数 名 称	Top1 精度（%）	Top5 精度（%）
Densenet-169	densenet169	75.600	92.806
Densenet-201	densenet201	76.896	93.370
Densenet-161	densenet161	77.138	93.560
Inception v3	inception_v3	77.294	93.450
GoogleNet	googlenet	69.778	89.530
ShuffleNet V2 x1.0	shufflenet_v2_x1_0	69.362	88.316
ShuffleNet V2 x0.5	shufflenet_v2_x0_5	60.552	81.746
MobileNet V2	mobilenet_v2	71.878	90.286
MobileNet V3 Large	mobilenet_v3_large	74.042	91.340
MobileNet V3 Small	mobilenet_v3_small	67.668	87.402
ResNeXt-50-32x4d	resnext50_32x4d	77.618	93.698
ResNeXt-101-32x8d	resnext101_32x8d	79.312	94.526
Wide ResNet-50-2	wide_resnet50_2	78.468	94.086
Wide ResNet-101-2	wide_resnet50_2	78.848	94.284
MNASNet 1.0	mnasnet1_0	73.456	91.510
MNASNet 0.5	mnasnet0_75	67.734	87.490
EfficientNet-B0	efficientnet_b0	77.692	93.532
EfficientNet-B1	efficientnet_b1	78.642	94.186
EfficientNet-B2	efficientnet_b2	80.608	95.310
EfficientNet-B3	efficientnet_b3	82.008	96.054
EfficientNet-B4	efficientnet_b4	83.384	96.594
EfficientNet-B5	efficientnet_b5	83.444	96.628
EfficientNet-B6	efficientnet_b6	84.008	96.916
EfficientNet-B7	efficientnet_b7	84.122	96.908
regnet_x_400mf	regnet_x_400mf	72.834	90.950
regnet_x_800mf	regnet_x_800mf	75.212	92.348
regnet_x_1_6gf	regnet_x_1_6gf	77.040	93.440
regnet_x_3_2gf	regnet_x_3_2gf	78.364	93.992
regnet_x_8gf	regnet_x_8gf	79.344	94.686
regnet_x_16gf	regnet_x_16gf	80.058	94.944
regnet_x_32gf	regnet_x_32gf	80.622	95.248
regnet_y_400mf	regnet_y_400mf	74.046	91.716
regnet_y_800mf	regnet_y_800mf	76.420	93.136
regnet_y_1_6gf	regnet_y_1_6gf	77.950	93.966
regnet_y_3_2gf	regnet_y_3_2gf	78.948	94.576
regnet_y_8gf	regnet_y_8gf	80.032	95.048
regnet_y_16gf	regnet_y_16gf	80.424	95.240
regnet_y_32gf	regnet_y_32gf	80.878	95.340

创建表 8.1 中的模型，可以参照如下代码：

```
import torch as tc
import torchvision as tvs
vgg11 = tvs.models.vgg11()                    #创建 VGG-11 模型
resnet18 = tvs.models.resnet18()              #创建 ResNet-18 模型
shufflenet = tvs.models.shufflenet_v2_x1_0()  #创建 ShuffleNet v2 模型
mobilenetv3 = tvs.models.mobilenet_v3_small() #创建 MobileNet v3 模型
img=tc.rand((1,3,224,224))                    #模拟一幅预测图像，图像尺寸为 3×224×224
with tc.no_grad():                            #预测时不进行梯度的反传
    r0=vgg11(img)                             #模型的调用
    r1=resnet18(img)
    r2=shufflenet(img)
    r3=mobilenetv3(img)
print(r0.shape,r1.shape,r2.shape)  #预测结果为 1×1000，表示 1 张图像，1000 类
... torch.Size([1, 1000]) torch.Size([1, 1000]) torch.Size([1, 1000])
```

在上面的代码中，首先创建了一些 Torchvision 中的分类模型，随后用一幅随机生成的图像展示了模型的推理过程，得到模型分类结果。

当需要直接使用在 ImageNet 上训练的模型时，就需要加载模型的预训练参数，只需要在模型构建时加上 pretrained=True 参数，即可在模型创建时自动加载预训练的参数，具体方法参照以下代码：

```
vgg11 = tvs.models.vgg11(pretrained=True)   #创建模型时加载预训练参数
resnet18 = tvs.models.resnet18(pretrained=True)
shufflenet = tvs.models.shufflenet_v2_x1_0(pretrained=True)
mobilenetv3 = tvs.models.mobilenet_v3_small(pretrained=True)
```

🖙注意：当第一次创建预训练模型时，需要在网络环境下，这样模型会自动下载预训练模型。

加载完模型后，由于模型中可能含有可变的 Dropout 或 BN 层，在进行预测前必须通过 eval()方法将模型切换到评估模式。

```
vgg11 = vgg11.eval()                        #切换为模型的评估模式
resnet18 = resnet18 .eval()
shufflenet = shufflenet.eval()
mobilenetv3 = mobilenetv3.eval()
```

在进行真实图像的预测前，需要对图像进行必要的预处理，调整图像的大小，对图像进行归一化处理，完成图像数据的准备。

```
from imageio import loadimage
img=loadimage('../1.png')                       #打开图像
img=tvs.transforms.Resize((224,224))(img)       #将图像缩放到 224×224
img=img/255.0                                   #将图像的范围调节到 0~1
#对图像进行了归一化处理
img=tvs.transforms.Normalize((0.485, 0.456, 0.406), (0.229, 0.224,
0.225))(img)
img=img.unsqueeze(0)                            #给图像添加一个维度，成为四维张量
```

🖙注意：由于加载的预训练模型是对归一化后的图像进行训练的，所以在预测时，需要对训练数据按照均值(0.485, 0.456, 0.406)、标准差(0.229, 0.224, 0.225)归一化的参数设置进行各通道像素归一化处理。

使用模型进行图像的预测，在预测时可以使用 Top1 预测方式，即将模型预测的最大值作为最终预测结果。

```
with tc.no_grad():
    r1=resnet18(img)
    r2=shufflenet(img)
    r3=mobilenetv3(img)
    r1=tc.softmax(r1,dim=1).max(dim=1)
    r2=tc.softmax(r2,dim=1).max(dim=1)
    r3=tc.softmax(r3,dim=1).max(dim=1)
    print('resnet18 的预测结果是: {}, 置信度是: {:.2%}'.format(imagenet_lb1000
[r1[1].item()],r1[0].item()))
    print('shufflenet 的预测结果是: {}, 置信度是: {:.2%}'.format(imagenet_
lb1000[r2[1].item()],r2[0].item()))
print('mobilenetv3 的预测结果是: {}, 置信度是: {:.2%}'.format(imagenet_lb1000
[r3[1].item()],r3[0].item()))

resnet18 的预测结果是: mosque, 置信度是: 36.70%          #清真寺
shufflenet 的预测结果是: dome, 置信度是: 78.27%          #圆屋顶
mobilenetv3 的预测结果是: dome, 置信度是: 71.38%
```

对于三个模型的预测结果需要加入 softmax 进行归一化处理，将预测结果转为置信度，并把置信度最大的预测类别作为最终预测结果进行输出。为了将输出结果显示为类别名称，使用 imagenet_lb1000 进行类别索引与类别名称的转换。从预测结果来看，3 个模型是有差异的，对图 8.1（a）来说，ResNet-18 模型预测为 mosque（清真寺），而 ShuffleNet 和 MobileNet V3 模型预测为 dome（圆屋顶），实际上该图是满州里市俄罗斯艺术博物馆，因此后两个模型更切合实际。将预测图像修改为图 8.1（b）进行预测，3 个模型的结果是：

```
resnet18 的预测结果是: three-toed sloth, ai, Bradypus tridactylus, 置信度是:
93.95%
shufflenet 的预测结果是: three-toed sloth, ai, Bradypus tridactylus, 置信度
是: 99.97%
mobilenetv3 的预测结果是: three-toed sloth, ai, Bradypus tridactylus, 置信度
是: 75.07%
```

3 个模型的预测结果都是 three-toed sloth（三趾树懒），而且置信度都非常高。从预测结果来看，模型的预测与图像本身的含义也有关系。

（a）满洲里市俄罗斯艺术博物馆　　　　　　　（b）三趾树懒

图 8.1　预测图像

⌂注意：imagenet_lb1000 质上是一个以网络输出结点的索引号为键，对应的类别名称为值的字典，其结构是 imagenet_lb1000={0: 'tench, Tinca tinca', 1: 'goldfish, Carassius auratus',... ..., 999: 'toilet tissue, toilet paper, bathroom tissue'}。

以上使用 torchvision.models 包中集成的模型，详细地介绍了使用预训练模型进行图像分类的步骤。下面的代码通过对上述过程的整合，构造了读取图像、得到模型和结果预测三个函数，将整个预训练模型进行了封装，只需要对这 3 个函数进行调用，即可完成图像的分类。

代码 8.1　加载预训练模型进行图片分类：8.1premodels.py

```python
import torch as tc
import torchvision as tvs
from imagenetlabels import imagenet_lb1000
from imageio import loadimage

def getmodel(model='resnet18'):
    #创建预训练模型
    models={'resnet18':tvs.models.resnet18,
            'shufflenet':tvs.models.shufflenet_v2_x1_0,
            'mobilenetv3':tvs.models.shufflenet_v2_x1_0}
    #要使用评估模式
    model=models.get(model,tvs.models.resnet18)(pretrained=True).eval()
    return model

def getimage(imgpath):
    #打开图像并转换为图像输入格式
    img=loadimage(imgpath)
    img=tvs.transforms.Resize((224,224))(img)
    img=img/255.0
    img=tvs.transforms.Normalize((0.485, 0.456, 0.406), (0.229, 0.224,
0.225))(img)
    img=img.unsqueeze(0)
    return img

def predict(img,model):
    #使用预训练模型进行图像分类
    with tc.no_grad():
        r1=model(img)
        r1=tc.softmax(r1,dim=1)
        pr,idx=r1.max(dim=1)
    print('模型的预测结果是：{}，置信度是：{:.2%}'.format(imagenet_lb1000
[idx.item()],pr.item()))
    return pr,idx,imagenet_lb1000[idx.item()]

if __name__=='__main__':
    md=getmodel('shufflenet')
    img=getimage('../3.jpg')
    predict(img,md)
#输出：
模型的预测结果是：three-toed sloth, ai, Bradypus tridactylus, 置信度是：99.97%
```

自 2012 年 AlexNet 一举成名后，卷积神经网络吸引了全世界图像处理研究者的目光，掀起了对卷积神经网络研究的热潮。经过十余年的快速发展，在卷积神经网络中出现了一批经典的模型，下面挑选几个影响较大的卷积神经网络模型进行介绍。

8.2　经典的卷积神经网络

8.2.1　VGGNet 模型

由英国牛津大学提出的 VGGNet 夺得了 2014 年 ImageNet 挑战赛冠军，其中，Top1 的分类精度达到了 76.3%。VGGNet 加深了卷积网络的层数，网络层数从 11 层增加至 19 层，表明了网络的深度越大，精度就越高。从网络结构上来看，VGGNet 的组成单元结构简单，只包含 3×3 卷积层、最大池化层、ReLU 激活函数、全连接层和 Dropout 层几种结构，并且通过简单结构单元的堆叠，可以组合成不同复杂程度的 VGGNet。表 8.2 列出了 VGGNet 的各种结构，每种结构的区别在于有权值（可训练）的层数，网络以 224×224 尺寸的 RGB 图像作为输入，表 8.1 中的各列表示相应层数网络的结构，整个网络由最大池化层 maxpool 划分为 6 个部分。前 5 部分用于特征提取，由相似的结构堆叠而成，每个结构都是由一些卷积层、ReLU 激活层和最大池化层组成；最后一部分用于分类，由两个全连接层+激活层+Dropout 层和最后的 softmax 预测层组成。下面对前 5 个特征提取部分和最后一个部分的实现进行详细介绍。

表 8.2　VGGNet的结构

A	B	C	D	E
11 层	13 层	16 层	16 层	19 层
输入224×224尺寸的RGB图像				
conv3-64	conv3-64 conv3-64	conv3-64 conv3-64	conv3-64 conv3-64	conv3-64 conv3-64
maxpool				
conv3-128	conv3-128 conv3-128	conv3-128 conv3-128	conv3-128 conv3-128	conv3-128 conv3-128
maxpool				
conv3-256 conv3-256	conv3-256 conv3-256	conv3-256 conv3-256 conv1-256	conv3-256 conv3-256 conv3-256	conv3-256 conv3-256 conv3-256 conv3-256
maxpool				
conv3-512 conv3-512	conv3-512 conv3-512	conv3-512 conv3-512 conv1-512	conv3-512 conv3-512 conv3-512	conv3-512 conv3-512 conv3-512 conv3-512

续表

A	B	C	D	E
11 层	13 层	16 层	16 层	19 层
maxpool				
conv3-512 conv3-512	conv3-512 conv3-512	conv3-512 conv3-512 conv1-512	conv3-512 conv3-512 conv3-512	conv3-512 conv3-512 conv3-512 conv3-512
maxpool				
FC-4096				
FC-4096				
FC-1000				
softmax				

1. 特征提取

这一部分由结构相似的 5 个部分构成，每个部分包含一个或多个 3×3 卷积层+ReLU 激活函数和最大池化层。从表 8.2 中可以看出，VGG-11 的 5 个部分分别是：

❑ 1 个 3×3 卷积层+ReLU 激活函数，2×2 的最大池化层；
❑ 1 个 3×3 卷积层+ReLU 激活函数，2×2 的最大池化层；
❑ 2 个 3×3 卷积层+ReLU 激活函数，2×2 的最大池化层；
❑ 2 个 3×3 卷积层+ReLU 激活函数，2×2 的最大池化层；
❑ 2 个 3×3 卷积层+ReLU 激活函数，2×2 的最大池化层。

而对于 VGG-19，其 5 个部分分别是：

❑ 2 个 3×3 卷积层+ReLU 激活函数，2×2 的最大池化层；
❑ 2 个 3×3 卷积层+ReLU 激活函数，2×2 的最大池化层；
❑ 4 个 3×3 卷积层+ReLU 激活函数，2×2 的最大池化层；
❑ 4 个 3×3 卷积层+ReLU 激活函数，2×2 的最大池化层；
❑ 4 个 3×3 卷积层+ReLU 激活函数，2×2 的最大池化层。

从上面的结构中可以看出网络的复杂程度和每部分使用的卷积层数量相关。在表 8.2 中，每个卷积层后的数值表示卷积输出的通道数。由于这 5 个部分结构相似，可以用代码封装为统一的类，实现代码如下：

```
from torch import nn

class Block(nn.Module):
    #构造每个部分
    def __init__(self,inchannel=3,outchannel=5,repeat=1):
        super().__init__()
        layers=[]
        for i in range(repeat):
            layers.append(nn.Conv2d(inchannel,outchannel,kernel_size=3,
padding=1))
            layers.append(nn.ReLU())
            inchannel=outchannel
```

```
        layers.append(nn.MaxPool2d(2,2))
        self.block=nn.Sequential(*layers)
    def forward(self,x):
        return self.block(x)
```

上面的代码定义了一个 nn.Module 子类用于表示单个部分，接受输入通道数 inchannel、输出通道数 outchannel 和卷积重复数量 repeat。通过设置 repeat 参数即可构造出含有不同卷积层的部分。在__init__()方法中，通过循环创建由参数 repeat 指定数量的卷积层，最后添加最大池化层，使用 nn.Sequential 将卷积层、激活层和池化层按顺序生成模型结构。这样 VGG-11 可以表示为[1,1, 2, 2, 2]，VGG-19 可以表示为[2, 2, 4, 4, 4]，其中的数字表示 Block 类中参数 repeat 的值。

2. 分类

这一部分由两个全连接层+激活层+Dropout 层和最后的 softmax 预测层组成。由于特征提取部分的输出张量的尺寸为 $512\times7\times7$，在接入全连接层时，需要先将张量展开为长度为 25 088（$512\times7\times7$）的一维张量，在具体实现时，可以按照表 8.2 中所示的结构实现，代码如下：

```
classifier=nn.Sequential(
        nn.Linear(512*7*7,4096),
        nn.ReLU(),
        nn.Dropout(p=0.5),
        nn.Linear(4096,4096),
        nn.ReLU(),
        nn.Dropout(p=0.5),
        nn.Linear(4096,1000)      #输出 1000，表示 1000 个类
```

注意：分类部分的 softmax 预测层在交叉熵损失函数中集成，能够提供更好的训练精度，因此以上分类部分省去了最后的 softmax 层。此外，在分类部分中，最后一个 nn.Linear 层的输出通道 1000 表示类别数，需要根据实际类别进行确定。

将上述 VGGNet 的特征提取和特征分类部分进行堆叠和组合就可以生成完整的网络，并通过参数的设置实现不同层数和规模的 VGGNet。下面的代码展示了完整的 VGGNet 构造方法。

代码 8.2　VGGNet：8.2 vggnet.py

```
import torch as tc
from torch import nn

class Block(nn.Module):
    def __init__(self,inchannel=3,outchannel=5,repeat=1):
        super().__init__()
        layers=[]
        for i in range(repeat):
            layers.append(nn.Conv2d(inchannel,outchannel,kernel_size=3,
padding=1))
            layers.append(nn.ReLU())
            inchannel=outchannel
        layers.append(nn.MaxPool2d(2,2))
        self.block=nn.Sequential(*layers)
    def forward(self,x):
```

```
            return self.block(x)

class VGG(nn.Module):
    cfg={
     'vgg11':[1,1,2,2,2],
     'vgg13':[2,2,2,2,2],
     'vgg16':[2,2,3,3,3],
     'vgg19':[2,2,4,4,4],
     }
    channlenums=[64,128,256,512,512]

    def __init__(self,name='vgg11',classnum=10,inchannel=3):
        super().__init__()
        self.classnum=classnum
        self.inchannel=inchannel
        cg=self.cfg.get(name)
        if not cg:
            cg=self.cfg['vgg11']
            print('不存在的 vgg 模型名!')
            print('可用的 vgg 模型名有:"vgg11", "vgg13", "vgg16", 或 "vgg19"')
            print('作为默认加载了 vgg11')
        blocks=[]
        inch=self.inchannel
        for blocki,outch in enumerate(self.channlenums):
            blocks.append(Block(inch,outch,cg[blocki]))
            inch=outch
        self.features=nn.Sequential(*blocks)
        self.classifier=nn.Sequential(
                nn.Linear(512*7*7,4096),
                nn.ReLU(),
                nn.Dropout(p=0.5),
                nn.Linear(4096,4096),
                nn.ReLU(),
                nn.Dropout(p=0.5),
                nn.Linear(4096,self.classnum),
            )

    def forward(self,x):
        x=self.features(x)
        x=x.flatten(start_dim=1)
        x=self.classifier(x)
        return x

#构造不同层数和规模的 VGGNet
vgg11=VGG(name='vgg11',classnum=1000)
vgg13=VGG(name='vgg13',classnum=1000)
vgg16=VGG(name='vgg16',classnum=1000)
vgg19=VGG(name='vgg19',classnum=1000)
```

在上面的代码中，定义了一个 VGG 类实现了 VGGNet，在__init__()方法中根据不同的配置分别构造特征提取部分和分类部分，在 forward()方法中将特征提取部分和分类部分联合形成完整的网络结构。在构造完成后，通过简单的调用，设置网络的类型及类别数，即可得到相应的 VGG 模型。

8.2.2　ResNet 模型

VGGNet 的成功初步表明了深层卷积神经网络的有效性，然而在构建更深层次如几十层、上百层的网络模型时，梯度消失和梯度爆炸的问题成为阻碍。2015 年，微软亚洲研究院提出的 ResNet 获得了当年的 ImageNet 竞赛冠军，并使得图像分类准确率达到人类的分类精度。ResNet 通过对 VGGNet 的改进引入了残差模块和 BN 层，基本解决了梯度消失和梯度爆炸问题，使得几十层、上百层甚至上千层的卷积神经网络得以训练，展示了卷积神经网络的强大能力。

残差模块是 ResNet 的核心结构，可以将低层的输入信息通过高速通道直达高层，从而较好地保留低层的特征。图 8.2 为残差模块示意图，图中的右侧曲线为未经处理的输入 x，图中的 $F(x)$ 是由卷积、BN 和 ReLU 等操作为主构成的残差部分，整个残差模块的输出为输入 x 与残差部分 $F(x)$ 的和，即 $F(x)+x$。

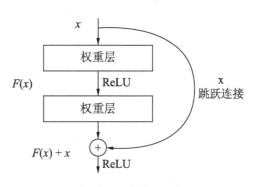

图 8.2　残差模块示意

图 8.3 为 ResNet 网络的整体结构，与 VGGNet 相似，可以分为 5 个特征提取部分和 1 个分类部分，根据特征提取部分的复杂程度形成 ResNet-18、ResNet-34、ResNet-50、ResNet-101 和 ResNet-152 等不同类别的 ResNet 模型。

layer name	output size	18-layer	34-layer	50-layer	101-layer	152-layer
conv1	112×112	7×7, 64 stride 2				
		3×3, max pool, stride 2				
conv2_x	56×56	$\begin{bmatrix}3{\times}3,64\\3{\times}3,64\end{bmatrix}{\times}2$	$\begin{bmatrix}3{\times}3,64\\3{\times}3,64\end{bmatrix}{\times}3$	$\begin{bmatrix}1{\times}1,64\\3{\times}3,64\\1{\times}1,256\end{bmatrix}{\times}3$	$\begin{bmatrix}1{\times}1,64\\3{\times}3,64\\1{\times}1,256\end{bmatrix}{\times}3$	$\begin{bmatrix}1{\times}1,64\\3{\times}3,64\\1{\times}1,256\end{bmatrix}{\times}3$
conv3_x	28×28	$\begin{bmatrix}3{\times}3,128\\3{\times}3,128\end{bmatrix}{\times}2$	$\begin{bmatrix}3{\times}3,128\\3{\times}3,128\end{bmatrix}{\times}4$	$\begin{bmatrix}1{\times}1,128\\3{\times}3,128\\1{\times}1,512\end{bmatrix}{\times}4$	$\begin{bmatrix}1{\times}1,128\\3{\times}3,128\\1{\times}1,512\end{bmatrix}{\times}4$	$\begin{bmatrix}1{\times}1,128\\3{\times}3,128\\1{\times}1,512\end{bmatrix}{\times}8$
conv4_x	14×14	$\begin{bmatrix}3{\times}3,256\\3{\times}3,256\end{bmatrix}{\times}2$	$\begin{bmatrix}3{\times}3,256\\3{\times}3,256\end{bmatrix}{\times}6$	$\begin{bmatrix}1{\times}1,256\\3{\times}3,256\\1{\times}1,1024\end{bmatrix}{\times}6$	$\begin{bmatrix}1{\times}1,256\\3{\times}3,256\\1{\times}1,1024\end{bmatrix}{\times}23$	$\begin{bmatrix}1{\times}1,256\\3{\times}3,256\\1{\times}1,1024\end{bmatrix}{\times}36$
conv5_x	7×7	$\begin{bmatrix}3{\times}3,512\\3{\times}3,512\end{bmatrix}{\times}2$	$\begin{bmatrix}3{\times}3,512\\3{\times}3,512\end{bmatrix}{\times}3$	$\begin{bmatrix}1{\times}1,512\\3{\times}3,512\\1{\times}1,2048\end{bmatrix}{\times}6$	$\begin{bmatrix}1{\times}1,512\\3{\times}3,512\\1{\times}1,2048\end{bmatrix}{\times}3$	$\begin{bmatrix}1{\times}1,512\\3{\times}3,512\\1{\times}1,2048\end{bmatrix}{\times}3$
	1×1	average pool, 1000-d fc, softmax				
FLOPs		$1.8{\times}10^9$	$3.6{\times}10^9$	$3.8{\times}10^9$	$7.6{\times}10^9$	$11.3{\times}10^9$

图 8.3　ResNet 网络结构

在特征提取部分，从 conv2_x 到 conv5_x 都是由残差模块构成，括号内部为残差模块的详细参数信息，括号外部的数字表明该模块堆叠的数量。残差模块的类型在 ResNet-18

和 ResNet-34 模型中都是 3×3 卷积构成的普通残差模块，ResNet-50 及其以上模型使用瓶颈（Bottlenet）类型的残差模块，先使用 3×3 的卷积降低通道数，再使用 1×1 卷积，最后再使用 3×3 卷积恢复通道。

普通残差模块是由两个 3×3 卷积+BN+ReLU 构成的结构与输入相加构成。需要注意的是，残差模块作为各部分之间的连接时还需要使用步长为 2 的卷积进行特征图的减半，并且在输入与输出通道不匹配的情况下，在残差部分需要使用 1×1 的卷积调整通道数目。下面的代码展示了普通残差的实现过程，其中，__init__()方法的 3 个参数分别表示残差模块的输入通道数、输出通道数及是否缩小尺寸。

```python
from torch import nn
class ResBlock(nn.Module):
    #用于小于 50 层的 ResNet-18 和 ResNet-34
    def __init__(self,inchannel,outchannel,isupsample=True):
        super().__init__()
        stride=2 if isupsample else 1
        self.conv1 = nn.Conv2d(inchannel,outchannel,kernel_size=3,
                                padding=1,stride=stride,bias=False)
        self.bn1 = nn.BatchNorm2d(outchannel)
        self.relu = nn.ReLU(inplace=True)
        self.conv2 = nn.Conv2d(outchannel,outchannel,kernel_size=3,
padding=1,bias=False)
        self.bn2 = nn.BatchNorm2d(outchannel)
        #匹配通道数
        ups=nn.Identity() if stride==1 else nn.AvgPool2d(2,2)
        covbn=nn.Sequential(nn.Conv2d(inchannel,outchannel,kernel_size=1
                ,stride=stride,bias=False), nn.BatchNorm2d(outchannel) )
        self.conv1x1= ups if inchannel==outchannel else covbn


    def forward(self,x):
        xx=self.conv1x1(x)
        x=self.conv1(x)
        x=self.bn1(x)
        x=self.relu(x)
        x=self.conv2(x)
        x=self.bn2(x)
        #残差连接
        x+=xx
        return self.relu(x)
```

瓶颈类型的残差模块是由一个 1×1 卷积+BN+ReLU、一个 3×3 卷积+BN+ReLU、一个 1×1 卷积+BN+ReLU 构成的结构与输入的相加构成。在构造时除了要考虑普通残差的特征图减小和通道匹配外，还需要考虑输出特征图的输出通道数。下面的代码展示了瓶颈类型的残差实现过程。__init__()方法与普通残差在参数上一致，保持了模块的可替换和互用性。

```python
class Bottleneck(nn.Module):
    #用于大于或等于 50 层的 ResNet
    def __init__(self,inchannel,outchannel,isupsample=True):
        super().__init__()
        midchannel=outchannel//4

        stride=2 if isupsample else 1
```

```
        self.conv1 = nn.Conv2d(inchannel,midchannel,kernel_size=1,stride=
stride,bias=False)
        self.bn1 = nn.BatchNorm2d(midchannel)
        self.relu = nn.ReLU(inplace=True)

        self.conv2 = nn.Conv2d(midchannel,midchannel,kernel_size=3,
padding=1,bias=False)
        self.bn2 = nn.BatchNorm2d(midchannel)

        self.conv3 =nn.Conv2d(midchannel,outchannel,kernel_size=1,bias=
False)
        self.bn3 = nn.BatchNorm2d(outchannel)

        #匹配通道数
        ups=nn.Identity() if stride==1 else nn.AvgPool2d(1,2)
        covbn=nn.Sequential(nn.Conv2d(inchannel,outchannel,kernel_size=1,
            stride=stride,bias=False), nn.BatchNorm2d(outchannel) )
        self.conv1x1= ups if inchannel==outchannel else covbn

    def forward(self,x):
        xx=self.conv1x1(x)
        x=self.conv1(x)
        x=self.bn1(x)
        x=self.relu(x)
        x=self.conv2(x)
        x=self.bn2(x)
        x=self.relu(x)
        x=self.conv3(x)
        x=self.bn3(x)
        x+=xx
        return self.relu(x)
```

普通残差和瓶颈类型的残模块都实现了 ResNet 的残差功能，但瓶颈模块的计算量更少，更适用于深层的卷积神经网络。ResNet 的中间 4 个部分都是由不同配置（不同通道和不同数量）的残差模块堆叠和连接而成，构成了 ResNet 的主体结构。对于输入部分和输出部分则分别使用了卷积、BN、全连接和 ReLU 激活函数等。下面的代码通过创建自定义的 ResNet 类实现 ResNet 模型。类的 cfg 字典对象保存了常用的 ResNet 模型的配置，其中，键是 ResNet 的层数，值是 ResNet 中间 4 个残差部分中残差模块的堆叠数量。__init__()方法接受 name 模型名称指定生成模型的层数，可选 18、34、50、101 和 152 层的网络，分类数量 classnum 表示输出的类别数，输入通道数 inchannel 表示输入图像的通道路，一般取 3，指 RGB 图像。

```
class ResNet(nn.Module):
    cfg={
        '18':[2,2,2,2],
        '34':[3,4,6,3],
        '50':[3,4,6,3],
        '101':[3,4,23,3],
        '152':[3,8,36,3]
    }
    channlenums=[64,128,256,512]
    def __init__(self,name='18',classnum=1000,inchannel=3):
        super().__init__()
        self.conv1 = nn.Conv2d(inchannel,64, kernel_size=7, stride=2,
```

```
                         padding=3,bias=False)
        self.bn1 = nn.BatchNorm2d(64)
        self.relu = nn.ReLU(inplace=True)
        self.maxpool = nn.MaxPool2d(kernel_size=3, stride=2, padding=1)
        cg=self.cfg[name]
        if not cg:
            cg=self.cfg['18']
            print('不存在的 resnet 模型名!')
            print('可用的 resnet 模型名有:"18", "34", "50", "101",或 "152"')
            print('作为默认加载了 resnet18')
        Block= ResBlock if int(name)<50 else Bottleneck
        ratio=1 if int(name)<50 else 4
        blocks=[]
        inch=64
        for blocki,outch in enumerate(self.channlenums):
            block=[]
            outch=outch*ratio
            for n in range(cg[blocki]):
                isupsample= True if n==0 and blocki else False
                block.append(Block(inch,outch, isupsample ))
                inch=outch
            blocks.append(nn.Sequential(*block))
        self.features=nn.Sequential(*blocks)
        self.avgpool = nn.AdaptiveAvgPool2d((1, 1))
        self.fc = nn.Linear(512*ratio, classnum)
    def forward(self,x):
        x=self.conv1(x)
        x=self.bn1(x)
        x=self.relu(x)
        x=self.maxpool(x)
        x=self.features(x)
        x = self.avgpool(x)
        x = tc.flatten(x, 1)
        x = self.fc(x)
        return x
```

对于模型的使用则直接通过 ResNet 类进行创建即可:

```
res18=Resnet('18',classnum=10)              #创建 ResNet-18,输出 10 类
res34=Resnet('34')                          #创建 ResNet-34,默认类别为 1000
res50=Resnet('50')
res101=Resnet('101')
res152=Resnet('152')
```

　　上面介绍了两种用于分类任务的卷积网络及其 PyTorch 实现代码,对前面的内容进行了综合应用,展示了卷积神经网络的构造方法。当前用于分类的卷积神经网络还在不断发展中,新的网络结构不断地出现,并且针对特定分类的问题需要设计网络模型,这些网络模型的实现都可以参考上面介绍的两种网络模型的构建方法。

8.3　卷积神经网络的训练与评估

　　在完成卷积神经网络的设计和创建后,使用准备好的数据集,就可以进行模型的训练和精度的评估了。卷积神经网络的训练是通过标注的数据,在损失函数的引导下用优化器

进行网络参数的学习，使得神经网络的分类能力提高。神经网络的训练是数据集和神经网络的结合，需要准备好数据集和神经网络模型。在数据集方面，第 7 章介绍了 CIFAR10 图片分类数据集的构造过程，对于神经网络模型，8.2 节介绍了 ResNet 模型，本节就使用自定义的 CIFAR10 数据集，进行 ResNet 模型的训练。由于 CIFAR10 数据集较小，使用 18 层的 ResNet-18 网络。

　　网络训练主要包括数据变换方法的选择、数据集的创建、网络的创建、损失函数的创建或加载、优化器的创建等几个准备步骤，以及数据集的遍历、前向传播、损失计算、后向传播、参数更新、统计损失和测试精度等几个训练步骤。下面的代码将上述网络训练步骤封装在名为 train() 的函数中，通过调用 train() 函数即可完成网络训练。

```python
def train():
    Batch_size=128          #设置模型训练时每批图像的数量，可以根据内存设置为合适的值
    Learning_rate=0.001         #学习速率
    stepoch=0                   #起始的轮数，大于 0 时尝试加载保存的模型
    epoch=5                     #本次训练的轮数

    trans=T.Compose([lambda x:tc.from_numpy(x)/255,
            T.RandomHorizontalFlip(),T.Resize((33,33))])
    testtrans=T.Compose([lambda x:tc.from_numpy(x)/255,T.Resize((33,33))])

    traindataset=CIFAR10(istrain=True,transform=trans)
    testdataset=CIFAR10(istrain=False,transform=testtrans)
    trainloader=tc.utils.data.DataLoader(traindataset, batch_size=Batch_
size,
                                    shuffle=True)
    testloader=tc.utils.data.DataLoader(testdataset, batch_size=Batch_
size,
                                    shuffle=False)
    print('数据集加载成功...')

    md=ResNet('18',classnum=10) if stepoch ==0 else tc.load(f'./tmp/md
{stepoch}')
    print('模型创建成功...')

    criterion = nn.CrossEntropyLoss()
    optimizer = optim.SGD(md.parameters(), lr=Learning_rate, momentum=0.9,
dampening=0.1)
    print('损失函数和优化器创建成功')

    for epoch in range(stepoch,stepoch+epoch):
        md=md.train()
        running_loss = 0.0
        for i, data in enumerate(trainloader):
            inputs, labels = data
            optimizer.zero_grad()
            outputs = md(inputs)
            loss = criterion(outputs, labels)
            loss.backward()
            optimizer.step()
            running_loss += loss.item()
            if i % 10 == 9:    # print every 10 mini-batches
```

```
                print('[{}, {:5}] loss: {:.3}'.format(
                    epoch + 1, i + 1, running_loss / 10))
                running_loss = 0.0
        #测试
        md=md.eval()
        tc.save(md,f'./tmp/md{epoch+1}')
        corectnum=0
        with tc.no_grad():
            for i, data in enumerate(testloader):
                inputs, labels = data
                outputs = md(inputs)
                _,indices=outputs.max(dim=1)
                corectnum+=tc.count_nonzero(labels==indices)
        print('在{}轮训练后测试集上的精度是{:.2%}'.format(epoch+1,corectnum/
10000))
    train()                                        #进行训练
```

在 train()函数中首先进行训练参数的设定。

```
Batch_size=128        #设置模型训练的每批图像的数量，可以根据内存设置适当的值
Learning_rate=0.001   #学习速率
stepoch=0             #起始的轮数，大于 0 时尝试加载保存的模型
epoch=5               #本次训练的轮数
```

创建训练数据和测试数据的变换方法，以及训练数据集和测试数据集，然后将训练数据集和测试数据集进行封装。

```
trans=T.Compose([lambda x:tc.from_numpy(x)/255,
        T.RandomHorizontalFlip(),T.Resize((33,33))])
testtrans=T.Compose([lambda x:tc.from_numpy(x)/255,T.Resize((33,33))])

traindataset=CIFAR10(istrain=True,transform=trans)
testdataset=CIFAR10(istrain=False,transform=testtrans)
trainloader=tc.utils.data.DataLoader(traindataset, batch_size=Batch_
size,
                                    shuffle=True)
testloader=tc.utils.data.DataLoader(testdataset, batch_size=Batch_size,
                                    shuffle=False)
```

当 stepoch=0 时，创建 ResNet-18 模型，当 stepoch>0 时，表示加载第 stepoch 轮的训练结果，继续训练。

```
md=ResNet('18',classnum=10) if stepoch ==0 else tc.load(f'./tmp/md
{stepoch}')
```

创建交叉熵损失函数。

```
criterion = nn.CrossEntropyLoss()
```

创建优化器函数，使用带有动量的随机梯度下降算法。

```
optimizer = optim.SGD(md.parameters(), lr=Learning_rate, momentum=0.9,
dampening=0.1)
```

随后的两个嵌套循环是进行网络参数的学习，并在最后一个循环中在测试集上进行精度测试。需要注意的是，在训练中需要将网络模式切换为训练模式。

```
md=md.train()                                    #或者使用 md.train()
```

在测试时需要将网络模式切换到评估模式。

```
md=md.eval()                                           #或者使用 md.eval()
```

训练模式和评估模式的区别在于 BN 和 Dropout 等层是否发挥作用。此外，在测试时，没有必要保留梯度信息，可以把测试代码放入 with tc.no_grad()语句块内，临时关闭网络的梯度计算，加快网络的训练速度。

在经过 15 轮的训练后，模型的精度达到 80.24%，表明在 CIFAR10 数据集上，网络在训练中得到了收敛，验证了数据集、模型和训练的正确性。如果要进一步提升精度，可以采用的措施有：增加训练轮数，增加如缩放、旋转、添加噪声等图像的变换和增强方法。

网络评估是使用训练好的模型进行图像类别的推理，主要包括数据的加载、数据的变换、模型的加载、结果预测和结果输出等几个步骤。下面的代码将网络评估的几个步骤封装到一个 test()函数中。

```
def test():
    import visdom
    vis=visdom.Visdom()
    Batch_size=32
    stepoch=15
    testtrans=T.Compose([lambda x:tc.from_numpy(x)/255,T.Resize((33,33))])
    testdataset=CIFAR10(istrain=False,transform=testtrans)
    testloader=tc.utils.data.DataLoader(testdataset, batch_size=Batch_
size, shuffle=False)

    md=tc.load(f'./tmp/md{stepoch}')
    md=md.eval()
    with tc.no_grad():
        data,labels=next(iter(testloader))
        outputs=md(data)
        _,indices=outputs.max(dim=1)
        corectnum=tc.count_nonzero(labels==indices)
        print('此批数据的标签是:',[testdataset.label2str(idx) for idx in
labels])
        print('网络的预测标签是:',[testdataset.label2str(idx) for idx in
indices]  )
        print(f'预测准确率是:{corectnum/Batch_size:.2%}')
        grid_img=tvs.utils.make_grid(data,8)
        vis.image(grid_img)                    #图 8.4 为测试图像
#进行预测
test()
...
此批数据的标签是: ['cat', 'ship', 'ship', 'airplane', 'frog', 'frog',
'automobile', 'frog', 'cat', 'automobile', 'airplane', 'truck', 'dog',
'horse', 'truck', 'ship', 'dog', 'horse', 'ship', 'frog', 'horse',
'airplane', 'deer', 'truck', 'dog', 'bird', 'deer', 'airplane', 'truck',
'frog', 'frog', 'dog']
网络的预测标签是: ['dog', 'ship', 'ship', 'airplane', 'deer', 'frog',
'automobile', 'frog', 'cat', 'automobile', 'airplane', 'truck', 'dog',
'horse', 'truck', 'ship', 'dog', 'horse', 'ship', 'frog', 'horse', 'bird',
'deer', 'truck', 'deer', 'cat', 'deer', 'airplane', 'truck', 'frog', 'frog',
'dog']
预测准确率是:84.38%
```

图 8.4　测试图像

调用 test() 即可从测试数据集中抽取图像进行评估，图 8.4 显示了 32 张图像，在 32 张图像中有 27 张图像预测正确，准确率是 84.38%。

8.4　迁移学习简介

对于特定的一个分类问题，使用经典的网络从头开始进行训练不仅需要强大的计算设备，而且需要花费大量的时间，并不是一个好的办法。在前面的介绍中我们知道，在 Torchvision 库的 models 包中集成的模型可以选择加载预训练的权重，可以达到开箱即用的效果。对于一个新的问题，如果能借助现有模型中经过训练得到的权重，将其用在新的任务中进行微调，从而在小样本的数据集中加速新任务训练的方法，则称其为迁移学习（Transfer Learning）。

迁移学习本质上是将一个域上学习到的知识，用于另一域的任务中。例如：一个完成猫和狗分类的数据集训练的网络，将其迁移到桌和椅分类的数据集中并进行微调，而完成桌和椅的分类任务。虽然猫狗和桌椅是不同的域，但是通过实验发现，迁移已有模型的特征能够帮助目标分类任务的训练。

📖**注意**：虽然迁移学习在实践中有效，但是其理论上存在缺陷，使用中也存在风险。例如，根据一个学生的英语成绩的优劣，推断其数学成绩的优劣是不合适的。

迁移学习在卷积神经网络中应用的方式主要分为两种：

❑ 将网络作为特征提取器。对一个预训练的网络，冻结除最后的全连接层之外的所有层的权重（不计算梯度和梯度更新），将最后的全连接层替换为具有随机初始化参数的新层，并在全部数据上仅训练参加的新全连接层。

❑ 微调卷积网络。根据新任务，将在其他任务中完成训练的卷积神经网络（如在 ImageNet 数据集中完成训练的网络）进行迁移，调整原网络的输出部分，保留原网络的主体结构及网络的权重。随后在目标数据集中进行正常训练。

在具体实现上，上述两种方式具有相似的形式，下面以迁移预训练的 ResNet-18 模型到 CIFAR10 分类任务为例进行介绍。

```
#将网络作为特征提取器
import torchvision as tvs
md=tvs.models.resnet18(pretrained=True)
for param in md.parameters():
    param.requires_grad = False
md.fc=nn.Linear(512,10)
```

加载预训练模型 tvs.models.resnet18(pretrained=True)　，从网络下载已经训练好的参数在 ResNet-18 模型中进行网络初始化；使用 for 循环对加载预训练模型参数进行遍历，将参数设置为不进行梯度求导，冻结模型中的所有参数；语句 md.fc=nn.Linear(512,10)表示将模型的最后一层 fc 全连接层替换为一个新的随机初始化的全连接层，并设置输出分类数量为 CIFAR 的 10 个类别。

相较于仅将将网络的输出层作为预训练模型的方法，微调卷积网络的方法对参数不进行冻结，只将最后的全连接层替换为一个新的随机初始化的全连接层，并设置输出分类数量为 CIFAR 的 10 个类别。

```
#微调卷积网络
import torchvision as tvs
md=tvs.models.resnet18(pretrained=True)
md.fc=nn.Linear(512,10)
```

对于迁移网络的训练需要注意以下两点：

❑ 训练数据与预训练网络中数据的变换尽可能一致。例如，训练迁移自 ImageNet 数据的 ResNet-18 网络时需要将 CIFAR10 数据缩放到 224×224 尺寸大小，并进行数据的归一化操作。将前面的数据变换方法修改如下：

```
trans=T.Compose([lambda x:tc.from_numpy(x)/255,
        T.RandomHorizontalFlip(),T.Resize((224,224)),
        T.Normalize((0.485, 0.456, 0.406), (0.229, 0.224, 0.225))])
testtrans=T.Compose([lambda x:tc.from_numpy(x)/255,T.Resize((224,224)),
        T.Normalize((0.485, 0.456, 0.406), (0.229, 0.224, 0.225))])
```

❑ 训练学习率的设置要有区别。迁移学习的最后一层是随机初始化的，需要进行训练，学习率可以设定得较大一些，而其前面的其他层的参数已经在迁移网络中经过训练了，学习率可以设置得较小一些或者不进行训练。也可以采取先冻结迁移的参数，训练几轮后，再进行全部参数的微调训练的策略。

下面以迁移预训练的 ResNet-18 模型到 CIFAR10 分类任务为例，展示迁移学习的方法，实现过程与 8.3 节的代码机乎相同，仅需将模型迁移的代码加入即可：

```
def train():
    Batch_size=64                    #训练的批大小，根据内存设置
    Learning_rate=0.001              #学习速率

    stepoch=0                        #起始的轮数，大于 0 时尝试加载保存的模型
    epoch=2                          #本次需要训练的轮数

    trans=T.Compose([lambda x:tc.from_numpy(x)/255,T.RandomHorizontalFlip(),
T.Resize((224,224)),
                T.Normalize((0.485, 0.456, 0.406), (0.229, 0.224, 0.225))])
    testtrans=T.Compose([lambda x:tc.from_numpy(x)/255,T.Resize((224,224)),
                T.Normalize((0.485, 0.456, 0.406), (0.229, 0.224, 0.225))])
```

```
    traindataset=CIFAR10(istrain=True,transform=trans)
    testdataset=CIFAR10(istrain=False,transform=testtrans)
    trainloader=tc.utils.data.DataLoader(traindataset, batch_size=Batch_
size, shuffle=True)
    testloader=tc.utils.data.DataLoader(testdataset, batch_size=Batch_
size, shuffle=False)
    print('数据集加载成功...')

    md=tvs.models.resnet18(pretrained=True) if stepoch ==0 else tc.load
(f'./tmp/clstrans/md{stepoch}')

    if stepoch==0:
        for param in md.parameters():
            param.requires_grad = False
        md.fc=nn.Linear(512,10)
    else:
        for param in md.parameters():
            param.requires_grad = True
    print('模型创建成功...')

    criterion = nn.CrossEntropyLoss()
    optimizer = optim.SGD(md.parameters(), lr=Learning_rate, momentum=
0.9,dampening=0.1)
    print('损失函数和优化器创建成功')

    for epoch in range(stepoch,stepoch+epoch):
        md=md.train()
        running_loss = 0.0
        for i, data in enumerate(trainloader):
            inputs, labels = data
            optimizer.zero_grad()
            outputs = md(inputs)
            loss = criterion(outputs, labels)
            loss.backward()
            optimizer.step()
            running_loss += loss.item()
            if i % 10 == 9:    # print every 10 mini-batches
                print('[{}, {:5}] loss: {:.3}'.format(
                    epoch + 1, i + 1, running_loss / 10))
                running_loss = 0.0
        #评估
        md=md.eval()
        tc.save(md,f'./tmp/clstrans/md{epoch+1}')
        corectnum=0
        with tc.no_grad():
            for i, data in enumerate(testloader):
                inputs, labels = data
                outputs = md(inputs)
                _,indices=outputs.max(dim=1)
                corectnum+=tc.count_nonzero(labels==indices)
        print('在{}轮训练后测试集上的精度是{:.2%}'.format(epoch+1,corectnum/
10000))
```

在训练时，先将 stepoch 设置为 0，epoch 设置为 2，完成只训练输出全连接 fc 层的两轮训练。完成训练后，再将 stepoch 设置为 2，epoch 设置为 5，对全部参数的进行 5 轮微调训练。以这样混合的方式经过 7 轮训练后，测试集的模型精度达到了 95.21%。相较于从随机状态开始网络训练，使用迁移学习的方法在减小训练轮数的情况下，达到了更高的精度，超过近 15%。可见迁移学习作为一种神经网络的训练方法，可以在数据集较小、数据集相似的情况下取得事半功倍的效果。

模型训练完成后，测试时，由于在图像数据中使用了归一化变换，在显示数据时需要进行反归一化变换，反归一化变换可以定义如下：

```python
class UnNormalize:
    #restore from T.Normalize
    #反归一化
    def __init__(self,mean=(0.485, 0.456, 0.406),std= (0.229, 0.224,
0.225)):
        self.mean=tc.tensor(mean).view((1,-1,1,1))
        self.std=tc.tensor(std).view((1,-1,1,1))
    def __call__(self,x):
        x=(x*self.std)+self.mean
        return tc.clip(x,0,None)
```

可以将预测代码修改如下：

```python
def test():
    import visdom
    vis=visdom.Visdom()
    Batch_size=32
    stepoch=7
    testtrans=T.Compose([lambda x:tc.from_numpy(x)/255,T.Resize((224,224)),
        T.Normalize((0.485, 0.456, 0.406), (0.229, 0.224, 0.225))])
    testdataset=CIFAR10(istrain=False,transform=testtrans)
    testloader=tc.utils.data.DataLoader(testdataset, batch_size=Batch_size,
                                        shuffle=False)
    unn=UnNormalize((0.485, 0.456, 0.406), (0.229, 0.224, 0.225))
    md=tc.load(f'./tmp/clstrans/md{stepoch}')
    md=md.eval()
    with tc.no_grad():

        data,labels=next(iter(testloader))

        outputs=md(data)
        _,indices=outputs.max(dim=1)
        corectnum=tc.count_nonzero(labels==indices)
        print('此批数据的标签是:',[testdataset.label2str(idx) for idx in
labels])
        print('网络的预测标签是:',[testdataset.label2str(idx) for idx in
indices]  )
        print(f'预测准确率是:{corectnum/Batch_size:.2%}')
        data=unn(data)
        grid_img=tvs.utils.make_grid(data,8)
        vis.image(grid_img)
```

通过调用上述测试代码，取与 8.3 节中相同的数据进行预测，经过迁移学习的模型在 32 个样本（图 8.4）中取得了 100%的准确率。

8.5　小　　结

本章对 PyTorch 在图像分类中的使用进行了详细介绍。图像分类是图像处理的一个核心环节。深度学习的发展，特别是卷积神经网络的发展，基本上解决了图像分类问题。由于卷积神经网络的规模通常较大，模型相对复杂，Torchvsion 库的 models 包中集成了许多优秀的模型，其中分类网络就有几十种可以直接使用。对于构建新的卷积神经网络模型，PyTorch 也提供了全面的支持，本章通过对 VGGNet 和 ResNet 的实现，介绍了创建新模型的基本步骤。模型构建完成后，本章又介绍了将模型、损失函数、优化方法和数据集等进行有机结合，完成模型的训练和评估，展示了卷积神经网络进行分类的全过程。本章最后介绍了迁移学习的基本概念和简单使用。迁移学习可以将现有网络的特征用于新任务训练中，通常可以加速网络的训练，有助于提高小样本情况下的网络泛化能力。需要注意的是，图像分类作为图像处理的核心环节，虽然已经达到了比肩人类的精度，但是仍有进步的空间，新的方法仍然在不断涌现。

8.6　习　　题

1．什么是图像分类？图像分类的难点有哪些？

2．详细说明 VGGNet 图像分类网络的结构。

3．详细说明 ResNet 图像分类网络的结构，解释残差连接是如何实现的，其对分类精度的提升有什么功效。

4．训练一个图像分类网络，验证卷积神经网络在图像分类中的使用方法。

5．什么是迁移学习？为什么迁移学习能够加速神经网络在训练时的收敛速度？

第9章 图像分割

与图像分类判断整张图像的类别不同,图像分割是对图像上的每个像素进行类别判断。图像分割的结果是一张与输入大小相同的图像,但输出图像像素值表示原图像像素的类别。随着深度神经网络在图像分类上取得的成功,将分类神经网络进行改进就能完成对每个像素的分类。图像分割能够得到目标的精确轮廓,具有十分重要的用途。本章主要介绍利用PyTorch框架使用深度神经网络进行图像分割的方法。

本章的要点如下:

❏ 图像分割与卷积神经网络:介绍图像分割的概念,以及分割数据集和分割数据的可视化,并介绍当前深度神经网络在图像分割上的最新进展。

❏ 经典分割网络:介绍经典分割网络的组成结构,以及如何调用预训练模型完成图像的分割。

❏ 构建分割网络:介绍分割数据集的构建,以及自定义分割网络的构建、训练和评估。

❏ 分割网络实践:介绍如何通过迁移学习,对水表用水量区域进行分割,完成图像分割任务。

9.1 图像分割与卷积神经网络

在经典的图像处理中,图像分割一般基于单个像素值或包含一定邻域内的全部像素进行类别的判断。在前面的章节中介绍了经典的全局图像聚类方法。该方法存在的问题主要表现为分割结果较为零散,边界不够圆滑,分割结果不准确,例如很难将穿着不同衣服的人分割出来。深度神经网络是一种很好的特征提取器,能够生成比像素值更好的识别特征。因此,通过对分类神经网络的结构进行改进,直接输出一张与输入图像宽和高尺寸相同的张量,可以完成端到端的训练和预测。

图像分割通常可以分为两种类型:一种称为语义分割,只是将图像中相同类别的像素给予相同的标签;另一种称为实例分割,将图像中不同对象的像素给予不同的值,即使图中的两个对象有相同的类别,也需要单独进行区分。图 9.1 展示了语义分割和实例分割的区别,其中,(a)图为原始图像,其中有人、飞机和背景 3 种类别的物体,(b)图是语义分割的结果,其中的 3 个人具有相同的分割标签,分割结果以类别进行区分,相同类别具有相同的标签,(c)图为实例分割结果,图中的 3 个人具有不同的分割标签,分割结果是以对象进行区分,不同对象的标签也不相同。由于语义分割的应用更为广泛且模型容易掌握,所以这里主要介绍语义分割。

（a）原始图像

（b）语义分割结果

（c）实例分割结果

图 9.1　图像分割

深度神经网络对于图像分割的研究主要使用 PASCAL VOC2012 数据集，图 9.1 为该数据集中的数据。该数据集由一些来自实际场景的图像组成，每幅图像都经过详细的标注，可以用于图像分类、检测和分割。该数据集由 4 个大类、20 个小类组成：

❑ Person：person。

❑ Animal：bird、cat、cow、dog、horse、sheep。

❑ Vehicle：aeroplane、bicycle、boat、bus、car、motorbike、train。

❑ Indoor：bottle、chair、dining table、potted plant、sofa、tv-monitor。

对于图像分割来说，还需要加入背景类，共 21 个类别。数据集可以在 PASCAL VOC2012 的网站（http://host.robots.ox.ac.uk/pascal/VOC/voc2012/index.html）上下载。对数据解压缩后，得到如图 9.2 所示的目录。

在构建分割任务时，主要涉及其中的 4 个目录：

❑ ImageSets 文件夹下的 Segmentation 子文件夹中包含 3 个文件，即 train.txt、val.txt 和 trainval.txt，这 3 个文件分别记录了分割数据训练集、验证集、训练和验证并集的图像文件名。

- Annotations
- ImageSets
- JPEGImages
- SegmentationClass
- SegmentationObject

图 9.2　数据集的目录结构

❑ JPEGImages 文件夹包含所有训练集图像，可以根据 ImageSets 文件夹下不同数据集中的文件名的记录进行图像的获取。图像数据如图 9.1（a）所示。

❑ SegmentationClass 文件夹包含所有语义分割标签图像，如图 9.1（b）所示。文件命名与 JPEGImages 中对应的原始图像相同。

❑ SegmentationObject 文件夹包含所有实例分割标签图像，如图 9.1（c）所示。文件命名与 JPEGImages 中对应的原始图像相同。

此外，由于图像分割在自动驾驶、工业质检和医学影像诊断上具有重要的使用价值，所以目前有许多自动驾驶、工业质检和医学影像的分割数据集。在使用方法和模型的构建上它们具有相似性，下面主要以 PASCAL VOC2012 数据集的构建为例进行介绍。

FCN（Fully Convolutional Network，全卷积神经网络）是第一个将卷积神经网络用于图像分割任务的模型，在 PASCAL VOC 图像分割数据集上取得了远超经典图像分割算法的精度，证明了深度神经网络能够用于图像分割。FCN 直接来自于对分类网络的改进，具体主要表现在以下几点：

❑ 将分类网络最后的两层全连接分类层用卷积层代替。用卷积层不仅可以与全连接层保持相同的功能，而且使得网络能够接受不同尺寸的图像，输出的特征图上的元素保持了空间位置关系。

❑ 通过对特征图采样，使得特征图恢复为输入的原始图像大小，建立特征图上的元素与原图像像素间的一一映射关系，从而构成监督训练所需要的样本和标签对。

❑ 不同尺度特征图的堆叠，提供多尺度的特征。通过联合小尺度的特征，使得分割结果的轮廓更细致。

随着 FCN 的成功，以全卷积神经网络的分割网络为主，出现了一批性能优良的分割网络，其中以 UNet 分割网络最经典。

UNet 是 2015 年提出的一种图像分割网络，主要用于细胞的分割。UNet 名称中的字母 U 形象地表示了该网络的结构，整个网络由左右两个对称的部分构成。

❑ 左侧部分可以看作一个编码结构，图像在经过左侧部分时先经历一个特征图由大变小的一个过程，而特征图通道数则由少多变多，并且二者的变化规律是特征图每缩小一半，特征图的通道数就增加一倍。编码结构的功能是将图像转换到特征空间。

❑ 右侧部分可以看作一个解码结构，图像在经过右侧部分时特征图会经历上采样过程，每经过一次上采样，特征图就会增大一倍，最终输出与输入图像的宽、高尺寸大小相同的预测结果。

❑ 左右两部分之间存在相同尺度特征图的连接，进行多尺度特征的融合。

除了上述两个图像分割模型外，其他常用的模型还有 SegNet、PSPNet、LinkNet、RefineNet 和 RegNet 等。每年都会发表新的分割模型，效果也越来越好。

总之，在图像分割上，卷积神经网络的结构需要构造一个特征编码部分和一个特征恢复的解码部分，同时，为了提高分割结果边缘的准确性，联合不同尺度的特征是十分有必要的。

9.2　分割数据集

在进行分割模型的建立前，需要完成数据集的准备。本节以 PASCAL VOC2012 分割数据集的建立为例，说明分割数据集建立的一般过程，此外，本节还会介绍一些分割数据的可视化方法。分割数据集与分类数据集最大的差异在于标签不同，分类数据集返回的训练样本对的标签是类别编号，分割数据集返回的训练样本对的标签是一个张量，其中，每个元素都对应输入图像像素的类别。样本标签不同，就是建立分割数据集时需要考虑的因素。

分割数据集的另一个特点就是在进行数据增强时，当原始图像像素的空间位置发生变化时，需要同时对标签张量也进行相似的变换，并且要保持标签不变。由于这一点，分割数据的增强方法的设计要十分谨慎，必须在模型训练前进行充分验证。

1. 创建数据集

根据前面对 PASCAL VOC2012 数据的介绍，在建立自定义的语义分割数据集时，需要用到的 3 个文件夹是 ImageSets 文件夹下的 Segmentation 子文件夹、JPEGImages 文件夹和 SegmentationClass 文件夹。

　　与分类数据集的创建相似，自定义分割数据集也需要建立一个 tc.utils.data.Dataset 子类，对分割数据集进行封装，用于提供模型训练和预测的接口。由于分类和分割在任务处理上不同，在得到训练的样本对时，需要把标签从类别编号替换为类别图，以表示图像上的每个像素的类别。数据集创建完成后，创建一个分割数据集对象，使用索引得到一个表示样本的元组，样本元组包含图像和类别图。图 9.3 为数据集中的一个样本对，其中：（a）图是原始图像，作为分割网络的输入；（b）图是类别图，是真实的分割结果，也是分割网络输出的监督，在类别图中，对于 20 个类别分别使用 1～20 表示，背景用 0 表示，边缘使用 255 表示，由于各类别灰度值相似且偏小，对类别图直接可视化视觉上难以区分各种类别；（c）图是类别图的可视化，通过对（b）图进行颜色映射，就可以对类别图生成更好的可视化效果。

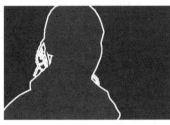
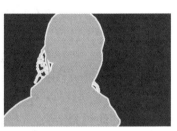

（a）原始图像　　　　　　　　　（b）类别图　　　　　　　　（c）类别图的可视化

图 9.3　分割数据集的样本

　　下面的代码展示了分割数据集的完整创建过程，定义了一个 VocsegDataset 类，该类不仅通过__getitem__()方法得到训练数据，而且通过 pseudomap()方法完成类别图的可视化。

代码 9.1　vocsegdata.py

```python
import torch as tc
from pathlib import Path
from torchvision import transforms as T
from torchvision.io import read_image
class VocsegDataset(tc.utils.data.Dataset):
    #PASCAL VOC2012 自定义数据集
    #PASCAL VOC2012: http://host.robots.ox.ac.uk/pascal/VOC/voc2012/
index.html
    def __init__(self,vocdir=Path(r'/mnt/d/data/VOC2012'),istrain=True,
trans=None):
        super().__init__()
        self.istrain=istrain
        self.vocdir=vocdir
        idxfile=vocdir / (r'ImageSets/Segmentation/train.txt' if istrain
else r'ImageSets/Segmentation/val.txt' )
        self.filenames=[i.strip() for i in open(idxfile).readlines()]
        self.len=len(self.filenames)
        self.cache={}
        self.trans=trans
        self.labelmap={0:'background',1:'aeroplane', 2:'bicycle',3:'bird',
4:'boat',
        5:'bottle',6:'bus', 7:'car', 8:'cat', 9:'chair', 10:'cow',
        11:'dining table', 12:'dog', 13:'horse', 14:'motorbike',
15:'person',
        16:'potted plant', 17:'sheep', 18:'sofa', 19:'train', 20:
```

```
'tv/monitor',255:'border'}

    def genpath(self,filename):
        xpath=self.vocdir /'JPEGImages' / (filename+'.jpg')
        ypath=self.vocdir /'SegmentationClass' / (filename+'.png')
        return xpath,ypath

    def __len__(self):
        return self.len
    def __getitem__(self,idx):
        assert 0<=idx<self.__len__()
        filename=self.filenames[idx]
        if xy:=self.cache.get(filename):
            pass
        else:
            xfile,yfile=self.genpath(filename)
            xy=read_image(str(xfile)).float(),read_image(str(yfile))
            self.cache[filename]=xy
        xy=self.trans(xy) if self.trans else xy
        return xy
    def pseudomap(self,y):
        tmap=[[  0,   0,    0],              #0=background
              [128,   0,    0],              #1=aeroplane
              [  0, 128,    0],              #2=bicycle
              [128, 128,    0],              #3=bird
              [  0,   0,  128],              #4=boat
              [128,   0,  128],              #5=bottle
              [  0, 128,  128],              #6=bus
              [128, 128,  128],              #7=car
              [ 64,   0,    0],              #8=cat
              [192,   0,    0],              #9=chair
              [ 64, 128,    0],              #10=cow
              [192, 128,    0],              #11=dining table
              [ 64,   0,  128],              #12=dog
              [192,   0,  128],              #13=horse
              [ 64, 128,  128],              #14=motorbike
              [192, 128,  128],              #15=person
              [  0,  64,    0],              #16=potted plant
              [128,  64,    0],              #17=sheep
              [  0, 192,    0],              #18=sofa
              [128, 192,    0],              #19=train
              [  0,  64,  128]]              #20=tv/monitor
        tmap+=[224,224,192]*235              #无定义的类别使用统一的颜色
        fr=lambda x,tmp:tmap[int(tmp)][0]
        fg=lambda x,tmp:tmap[int(tmp)][1]
        fb=lambda x,tmp:tmap[int(tmp)][2]
        r=tc.empty_like(y).map_(y,fr)
        g=tc.empty_like(y).map_(y,fg)
        b=tc.empty_like(y).map_(y,fb)
        return tc.cat([r,g,b])
#测试分割数据集
if __name__=='__main__':
    import visdom
    vis=visdom.Visdom()
    vsds=VocsegDataset(istrain=True)
    x,y=vsds[99]
    print(x.shape,y.shape)
```

```
vis.image(x)                    #图 9.3（a）为原始图，用于分割网络的输入
vis.image(y)                    #图 9.3（b）为类别图，真实的分割标签
vis.image(vsds.pseudomap(y))    #类别图的可视化
```

VocsegDataset 类的初始化方法__init__()接收 3 个参数，其中，vocdir 表示 VOC 数据集 VOC2012 文件夹的路径，istrain 表示加载训练集或验证集，trans 表示数据变换方法，用于数据的增强，这 3 个参数根据数据集的实际情况设置即可。在初始化 VocsegDataset 类时，__init__()方法从 train.txt 或 val.txt 中读取图像的文件名，得到数据集的长度，并不真正的读取图像。__len__()方法和__getitem__()方法是创建数据集的关键方法，与分类数据集不同，分割数据集在返回训练样本对时，样本和标签应具有相同的高和宽，并且在相同的位置，标签上的像素值表示样本在该像素处的类别，受这些条件限制需要对样本进行缩放、旋转、平移、仿射变换等增强变换时，对标签也进行相似的处理，并且保证变换后标签中的像素值仍然是表示类别的整数。pseudomap()方法实现了标签的可视化，利用灰度映射方法，实现分割结果的可视化，能够将视觉效果较差的图 9.3（b）的标签，转换为视觉效果较好的图 9.3（c）。

2. 数据增强

数据标注成本高的特点，使得分割数据集的样本数据一般不大，这会在训练神经网络时出现过拟合现象。数据增强可以增加样本的数量，减小过拟合的风险。与分类网络的数据增强不同，分割网络在进行数据增强时不仅要对样本增强，也需要对标签进行相似的增强。特别是当对图像采取缩放、裁切、旋转、平移和仿射变换等使像素位置发生变化的图像增强时，标签也需要采取相同的变换，并且在采样过程中应保证标签图像中的像素是表示类别的整数，而非浮点数。

对于实现图像分割的增强，可以仿照 PyTorch 中自定义数据增强的方式：创建一个变换的类，在__call__()方法中实现图像增强。在下面的代码中实现了一个用于分割任务数据增强的类：

```
class Segtrans:
    #图像语义分割通用增强
    def __init__(self):
        self.colorjitter=T.ColorJitter(0.2,0.2,0.2,0.1)
    def __call__(self,xy,isnorm=False):
        x,y=xy
        #色彩抖动
        x=self.colorjitter(x/255.0)
        #旋转
        if random.random()>0.6:
            deg=random.random()*180-90
            x=T.functional.rotate(x,deg,T.InterpolationMode.BILINEAR)
            y=T.functional.rotate(y,deg,T.InterpolationMode.NEAREST)
        #缩放到 256x256
        x=T.functional.resize(x,(256,256),T.InterpolationMode.BILINEAR)
        y=T.functional.resize(y,(256,256),T.InterpolationMode.NEAREST)
        #水平翻转
        if random.random()>0.5:
            x=T.functional.hflip(x)
            y=T.functional.hflip(y)
        #竖直翻转
```

```
    if random.random()>0.5:
        x=T.functional.vflip(x)
        y=T.functional.vflip(y)
    #转为灰度
    if random.random()>0.9:
        x=T.functional.rgb_to_grayscale(x,3)
    #标准化
    if isnorm:
        x=T.functional.normalize(x,(0.485, 0.456, 0.406),(0.229, 0.224,
0.225))
    return x,y.long()
```

在 Segtrans 类的__call__()方法中将色彩抖动、旋转、缩放、翻转，多个数据增强方法使用随机级联方式，对输入的样本进行随机变换并输出，从而增加了训练样本数量，达到数据增强的效果。Segtrans 类的使用应和上述自定义的数据集 VocsegDataset 相配合，作为实例化数据集的一个参数。在下面的代码中，将数据增强与数据集相结合，读取同一个样本时，会进行随机的图像增强，效果如图 9.4 所示。

```
import visdom
vis=visdom.Visdom()
trans=Segtrans()
vsds=VocsegDataset(istrain=True,trans=trans)
#第一次得到第 99 号样本并可视化
x,y=vsds[99]
vis.image(x)
vis.image(vsds.pseudomap(y.byte()))
#第二次得到第 99 号样本并可视化
x,y=vsds[99]
vis.image(x)
vis.image(vsds.pseudomap(y.byte()))
x,y=vsds[99]
```

（a）增强后的图像

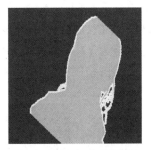

（b）图（a）的类别图

（c）增强后的图像

（d）图（c）的类别图

图 9.4　数据增强

$\bigcirc$ **注意**：当创建分割数据的增强变换时，务必要保证标签的正确性，通常需要在训练前进
行检查。为了方便地完成数据增强，在第三方库 Imgaug 中提供了一些常用于分
割任务的增强方法。

以上对分割数据集的创建和用于分割的数据增强方法进行了介绍，并以 PASCAL VOC 分
割任务为例进行了实践。数据集创建完成后，下一步就是创建分割神经网络，训练神经网络。

9.3　FCN 分割模型

FCN（Fully Convolutional Networks，全卷积神经网络）是 2015 年由 Jonathan Long 等
人在论文 *Fully Convolutional Networks for Semantic Segmentation* 中提出的一种用于图像分
割的模型。FCN 第一次把卷积神经网络用于图像分割，不仅证明了卷积神经网络能够用于
图像分割，而且在性能上也超越了传统的图像分割方法。从 FCN 开始，开启了卷积神经网
络在图像分割的研究和应用热潮。

FCN 分割模型的核心思想有以下几点。

❑ 特征复用。在 FCN 初始化时，参数并不是随机初始化的，而是使用已经训练好的分
类网络中层和参数迁移到 FCN 中，作为特征提取器。这样就使得 FCN 在训练时有
一个较好的初始化状态，只需要进行微调，就能取得好的分割效果。如图 9.5 所示，
在 FCN 的底层，将上方分类网络的底层特征迁移到下方分割网络，作为分割网络的
特征提取器。

❑ 将全连接层替换为卷积层。在分类网络中，一般在网络的输出部分，使用全局池化
对整幅图像的特征进行综合，随后使用全连接层进行分类。FCN 将最后的全局池化
层和全连接层全部替换为卷积层，使得整个网络全部由卷积层构成，FCN 也因此得
名。这样，FCN 就能够对任意尺寸的图像进行预测。从现在的观点来看，全连接层
就是卷积核为 1×1 的卷积（Pointwise Convolution）。如图 9.5 所示，在网络的高层，
将上方分类网络的全连接层替换为卷积层。

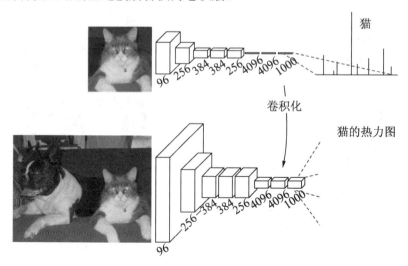

图 9.5　特征复用和全卷积网络

- 上采样（Upsampling）。在分类网络中，网络高层的特征图会变小，会比原始图像小，无法对图像进行逐像素的预测。上采样就是对较小的特征图进行放大，使其恢复到原始图像大小，从而能够对原始图像进行逐像素地预测，完成图像的分割。目前，上采样的方式有反卷积（Transposed Convolution）和双线性插值等。
- 融合高低层特征。对高层特征图上采样，虽然能够完成图像的分割，但是会丢失非常多的细节。FCN 把网络高层和中层的特征图进行上采样，与底层特征融合后一起进行图像的分割。图 9.6 为 FCN 中特征图的上采样和不同层次特征图的融合过程。

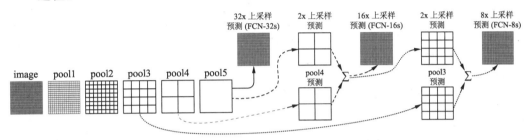

图 9.6　上采样和高低层特征融合

以上就是 FCN 的核心思想，FCN 并不是指具体的一个网络，而是满足要求的一类网络。FCN 与 ResNet 同时于 2015 年发表，因此，FCN 使用较早的 AlexNet、VGG 和 GoogleLeNet 作为特征提取的骨干网络，用于图像的分割。由于 ResNet 的效果优于 AlexNet、VGG 和 GoogleLeNet 这几个较早的分类网络，所以在 PyTorch 中提供了以 ResNet 作为特征提取器的 FCN：fcn_resnet50 和 fcn_resnet101。以上两种 FCN 都可以加载预训练的参数，可以直接用于 PASCAL VOC 分割任务中的类别分类，同样也可以改变输出层，使用迁移学习方法进行其他数据的语义分割。下面对两种 FCN 的使用进行详细介绍。

- fcn_resnet50：以 ResNet-50 作为 FCN 的骨干网络进行特征的提取。其构造方法如下：

```
torchvision.models.segmentation.fcn_resnet50(*, weights: Optional[FCN_
ResNet50_Weights] = None, progress: bool = True, num_classes: Optional[int]
= None, aux_loss: Optional[bool] = None, weights_backbone: Optional
[ResNet50_Weights] = ResNet50_Weights.IMAGENET1K_V1, **kwargs: Any)
```

- fcn_resnet101：以 ResNet-101 作为 FCN 的骨干网络进行特征的提取。其构造方法如下：

```
torchvision.models.segmentation.fcn_resnet101(*, weights: Optional[FCN_
ResNet101_Weights] = None, progress: bool = True, num_classes: Optional
[int] = None, aux_loss: Optional[bool] = None, weights_backbone: Optional
[ResNet101_Weights] = ResNet101_Weights.IMAGENET1K_V1, **kwargs: Any)
```

以上两个 FCN 模型在创建时的参数含义如下：
- weights：设置模型的初始化权重。当不设置时，FCN 会加载参数 weights_backbone 设定的 ResNet 预训练模型参数，初始一个 FCN 用于训练；当设置为 FCN_ResNet50_Weights.DEFAULT 或 FCN_ResNet101_Weights.DEFAULT 时，会加载已经训练好的 FCN 参数，可以直接用于 PASCAL VOC 数据集中 21 个类别的图像分割。
- progress：为布尔类型，当为 True 时，会显示权重下载进度条，否则不显示。
- num_classes：为整数，设置分割的类别总数（包含背景类别），默认值为 21，可根据自己的任务进行设置。

❑ aux_loss：为布尔类型，当为 True 时，会加入辅助损失，否则不会加入辅助损失。

❑ weights_backbone：设置初始化 FCN 骨干网络的预训练参数。对于 fcn_resnet50，可设置为 ResNet50_Weights.IMAGENET1K_V1 或 ResNet50_Weights.IMAGENET1K_V2；对于 fcn_resnet101，可设置为 ResNet50_Weights.IMAGENET1K_V1 或 ResNet101_Weights.IMAGENET1K_V2。

为了更清楚地了解 FCN 的使用，下面使用预训练的 FCN 模型进行图像分割演示，代码如下：

```
from torchvision.models.segmentation import fcn_resnet50, FCN_ResNet50_
Weights
from torchvision.io import read_image,ImageReadMode
from vocsegdata import vocpseudomap
import torch as tc
import visdom

vis=visdom.Visdom()

weights=FCN_ResNet50_Weights.DEFAULT                    #创建预训练参数
md=fcn_resnet50(weights)                   #创建具有预训练参数的 fcn_resnet50 模型
md=md.eval()                                #将模型切换为评估模式

img=read_image('segimg.png',ImageReadMode.RGB)         #打开图像
vis.image(img)                              #图 9.7（a）为原始图像

trans=weights.transforms()                  #创建图像变换对象
data=trans(img)                             #将图像变换为模型输入
data=data.unsqueeze(0)                      #将单张图像改为批数量为 1 的四维张量
output=md(data)['out']                      #使用模型预测并得到预测结果

normalized_masks = tc.nn.functional.softmax(output, dim=1)#计算各类的概率
res=tc.argmax(output,dim=1)                 #得到预测结果
vmap=vocpseudomap(res.byte())               #将预测结果可视化
vis.image(vmap)                             #图 9.7（b）为分割结果
```

（a）原始图像　　　　　　　　　　　　　　（b）分割结果

图 9.7　FCN 预训练模型进行图像分割

在上面的代码中，为了直接使用 FCN 的预训练模型，在创建 fcn_resnet50 模型时设置初始化权重为 FCN_ResNet50_Weights.DEFAULT，这样就会自动下载预训练的参数。加载 FCN 模型后，对图像进行分割不能直接使用原始图像，权重对象的 weights.transforms()方法定义了图像分割前的预处理变换，在使用 FCN 模型分割图像前必须先进行变换。这个变

换主要包含先使用双线性内插将图像缩放到 520，再把灰度值缩放到 0～1，最后使用 mean=[0.485, 0.456, 0.406]和 std=[0.229, 0.224, 0.225]进行标准化。图像经过变换后送入模型即可得到模型的输出结果，模型输出的是一个字典，字典的 out 键存储了图像分割的结果，使用 softmax 可以将输出结果转化为各类别的概率，同一像素位置取概率的最大值所表示的类别即可得到分割结果。

　　FCN 作为一种经典的图像分割网络，除了直接使用预训练模型外，还可以通过迁移学习，在自定义数据集上进行训练，完成特定的语义分割任务。后面会详细介绍如何在自定义数据集上利用 FCN 进行图像分割。

9.4　UNet 分割模型

　　UNet 是在 2015 年提出的用于图像分割的模型。UNet 继承并发展了 FCN，明确提出了分割模型应当具备的编码/解码结构和高/低层特征融合两个部分，影响了分割模型的发展。UNet 的优点是该模型可以在小样本的情况下，无须对分类模型的特征进行迁移，只需要使用端到端的方式进行分割模型的训练，就可以得到精度很高的分割模型。

　　UNet 中的字母 U 形象地展示了该网络的结构形状，如图 9.8 所示。图 9.8 详细地展示了 UNet 的结构和数据处理的过程，图像从网络左侧输入，经过逐步向下进行 5 次编码，4 次下采样，将尺寸为 572×572 大小的原始图像缩减到 28×28 减小特征图的尺寸，增加特征通道到 1024，随后在网络右侧进行 4 次反卷积和特征融合，将图像恢复到 64 通道，尺寸大小为 388×388 的特征图，最后经过 1×1 的卷积得到图像分割的结果。

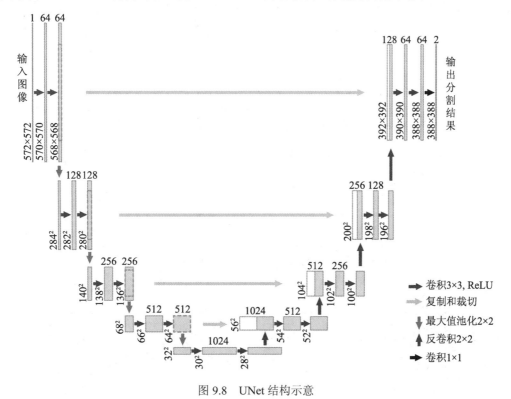

图 9.8　UNet 结构示意

在 PyTorch 中并没有提供完整的 UNet 模型，需要根据 UNet 的结构自行定义。由于 PyTorch 提供了 UNet 内部各组成部分的运算，只需要按照 UNet 模型结构进行组合即可完成创建。下面的代码展示了 UNet 网络的定义：

```python
import torch as tc
class UNet(tc.nn.Module):
    ''' U-Net: Convolutional Networks for Biomedical Image Segmentation
        https://arxiv.org/pdf/1505.04597.pdf
        input shape is 572×572, output shape is 388×388
        input size is 508 output size is 324
        input size is 524 output size is 340
        input size is 540 output size is 356
        input size is 556 output size is 372
        input size is 572 output size is 388
        input size is 588 output size is 404
    '''
    def __init__(self,in_channels=3,out_channels=2):
        super(UNet,self).__init__()
        self.encoder1=tc.nn.Sequential(
            tc.nn.Conv2d(3,64,3),tc.nn.ReLU(),
            tc.nn.Conv2d(64,64,3),tc.nn.ReLU(),
        )
        self.encoder2=tc.nn.Sequential(
            tc.nn.MaxPool2d(2),
            tc.nn.Conv2d(64,128,3),tc.nn.ReLU(),
            tc.nn.Conv2d(128,128,3),tc.nn.ReLU(),
        )
        self.encoder3=tc.nn.Sequential(
            tc.nn.MaxPool2d(2),
            tc.nn.Conv2d(128,256,3),tc.nn.ReLU(),
            tc.nn.Conv2d(256,256,3),tc.nn.ReLU(),
        )
        self.encoder4=tc.nn.Sequential(
            tc.nn.MaxPool2d(2),
            tc.nn.Conv2d(256,512,3),tc.nn.ReLU(),
            tc.nn.Conv2d(512,512,3),tc.nn.ReLU(),
        )
        self.encoder5=tc.nn.Sequential(
            tc.nn.MaxPool2d(2),
            tc.nn.Conv2d(512,1024,3),tc.nn.ReLU(),
            tc.nn.Conv2d(1024,1024,3),tc.nn.ReLU(),
        )
        self.decode50=tc.nn.ConvTranspose2d(1024,512,2,stride=2)
        self.decode51=tc.nn.Sequential(
            tc.nn.Conv2d(1024,512,3),tc.nn.ReLU(),
            tc.nn.Conv2d(512,512,3),tc.nn.ReLU(),
        )
        self.decode60=tc.nn.ConvTranspose2d(512,256,2,stride=2)
        self.decode61=tc.nn.Sequential(
            tc.nn.Conv2d(512,256,3),tc.nn.ReLU(),
            tc.nn.Conv2d(256,256,3),tc.nn.ReLU(),
        )
        self.decode70=tc.nn.ConvTranspose2d(256,128,2,stride=2)
```

```
        self.decode71=tc.nn.Sequential(
            tc.nn.Conv2d(256,128,3),tc.nn.ReLU(),
            tc.nn.Conv2d(128,128,3),tc.nn.ReLU(),
        )
        self.decode80=tc.nn.ConvTranspose2d(128,64,2,stride=2)
        self.decode81=tc.nn.Sequential(
            tc.nn.Conv2d(128,64,3),tc.nn.ReLU(),
            tc.nn.Conv2d(64,64,3),tc.nn.ReLU(),
        )
        self.head=tc.nn.Conv2d(64,out_channels,1)
    def forward(self,x):
        x1=self.encoder1(x)
        x2=self.encoder2(x1)
        x3=self.encoder3(x2)
        x4=self.encoder4(x3)
        x5=self.encoder5(x4)
        x=tc.cat((self.decode50(x5),x4[:,:,4:-4,4:-4]),dim=1)
        x=self.decode51(x)
        x=tc.cat((self.decode60(x),x3[:,:,16:-16,16:-16]),dim=1)
        x=self.decode61(x)
        x=tc.cat((self.decode70(x),x2[:,:,40:-40,40:-40]),dim=1)
        x=self.decode71(x)
        x=tc.cat((self.decode80(x),x1[:,:,88:-88,88:-88]),dim=1)
        x=self.decode81(x)
        x=self.head(x)
        return x
if __name__=='__main__':
    net=UNet(1,2)                   #创建一个 UNet，输入 1 通道的图像，输出 2 类的分割结果
    print(net)                      #打印网络结构
    x=tc.rand((1,1,572,572))        #创建一个随机张量表示图像
    output=net(x)                   #运行网络
    print(output.shape)             #查看网络输出张量的尺寸
```

与创建分类网络相似，UNet 分割网络的创建也要继承自 torch.nn.Module，相对于直接构造卷积和池化，可以按照 UNet 的结构划分为 5 个编码模块和 4 个解码模块，先对每个模块进行构造，再对各模块按照数据的流动进行结合，完成整个网络的构建。

在 UNet 类的__init__()方法中定义了 5 个编码模块：self.encoder1、self.encode2、self.encoder3、self.encoder4 和 self.encoder5，它们都使用 Sequential 对象封闭模块的具体操作，包含两组 3×3 的卷积和 ReLU 激活函数，其中除了第一个编码模块 self.encoder1 没有使用最大池化外，其他 4 个编码模块都使用了最大池化。由于需要融合低层的特征，这 4 个解码模块都分为两个部分，一部分是使用反卷积的上采样，另一部分是将反卷积和低层特征进行特征变换的卷积层。

UNet 类的 forward()方法定义了数据的运算过程。首先是顺序计算 5 个编码器，并且暂存运算结果；然后顺序执行 4 个解码模块，每个解码模块先进行反卷积，再将跨层特征进行，连接和卷积变换，最后通过一个分割头，调整分割输出的类别数，得到分割结果。

这样在创建 UNet 网络时，只需要提供输入图像的通道数和表示分割类别数的输出通道数，如 UNet(1,2)，表示创建的网络输入 1 通道的图像，输出 2 通道的图像。之后不论训练还是预测，与分类网络的使用相似，调用网络传入张量即可得到结果。

9.5　分割网络的训练与评估

准备好数据集并定义好分割模型后，本节就介绍分割网络的训练和评估。与分类网络的训练相似，分割网络的训练同样需要创建优化器、定义损失函数、反向传播梯度等，将分割网络的训练看作逐像素的分类训练，但是在具体的计算形式上会稍有不同。训练完成后，分割网络的评估具有自己的特点，与分类网络考虑准确率不同，分割网络通常存在大量的背景类，准确率不能很好地反映真实的分割效果，需要使用其他指标。下面介绍分割网络训练和评估的方法。

9.5.1　损失函数

在介绍分割网络结构时，分割网络的输出是一个 $N×C×H×W$ 的张量，其中：N 表示进行分割的图像数量；H、W 表示高和宽，在 FCN 中与输入图像的宽和高相同，在 UNet 中比输入图像的宽、高小；而 C 表示分割的类别数，损失函数就需要在 C 轴上计算，损失函数不论二类还是多类都可以使用交叉熵损失。另一方面，分割网络的最后一层输出层是卷积层，并没有包含 softmax 操作，也就是说在计算损失函数前，先对网络的输出计算 softmax，再进行交叉熵损失计算，或者直接使用带有 softmax 的交叉熵损失函数。

在 PyTorch 中提供了交叉损失函数的两种构造方法。

1. 分步计算

对分割网络的输出张量，先使用 nn.LogSoftmax 计算张量的 softmax 和对数，再使用 nn.NLLLoss 计算损失。使用方式如下：

```
import torch as tc
from torch import nn
x=tc.rand(1,3,2,2)                #创建一个N×C×H×W的张量，模拟分割网络的输出
target=tc.randint(0,3,(1,2,2))    #创建一个N×H×W的张量，模拟分割的标签
m = nn.LogSoftmax(dim=1)          #创建一个LogSoftmax层
loss=nn.NLLLoss()                 #创建一个交叉熵层
xx=m(x)                           #计算带有log的softmax
ls_value=loss(xx,target)          #计算交叉熵损失
```

在上述代码中创建 LogSoftmax 对象时，格式是 nn.LogSoftmax(dim=None)，需要指定计算施展的维度，由于分割网络的输出张量的 C 表示类别，在第 1 维，所以创建时，将 dim 参数设置为 1；创建 NLLLoss 对象的格式是 nn.NLLLoss(weight=None, size_average=None, ignore_index=-100, reduce=None, reduction='mean')。其中，weight 参数是一个长度为 C 的一维张量，用于设定各类的权重，缓解类别不均衡的情况，ignore_index 对于设定不参与损失计算的类别，如在 VOC 数据集中对象和背景的过渡边界，reduction 可设置为 ['mean', 'sum', 'none'] 其中之一，分别表示计算损失的平均值、计算损失的累加和、不进行任何操作返回单个像素的损失，而 size_average 和 reduce 两个参数会在以后的版本中剔除，不建议使用。

2. 合并计算

对分割网络的输出张量，可以直接使用 nn.CrossEntropyLoss 完成 softmax 和交叉熵损失的计算。使用方式如下：

```
import torch as tc
from torch import nn
x=tc.rand(1,3,2,2)             #创建一个 N×C×H×W 的张量，模拟分割网络的输出
target=tc.randint(0,3,(1,2,2)) #创建一个 N×H×W 的张量，模拟分割的标签
loss=nn.CrossEntropyLoss()     #创建交叉熵损失函数对象
ls_value=loss(xx,target)       #计算交叉熵损失
```

在上面的代码中，创建 CrossEntropyLoss 对象的格式是 nn.CrossEntropyLoss(weight= None, size_average=None, ignore_index=-100, reduce=None, reduction='mean', label_smoothing= 0.0)，该损失函数的各参数含义与 NLLLoss 损失函数的参数含义相同，不再赘述。

可以使用相同的张量 x 和标签 target，对两种交叉熵损失方法进行计算，两者的计算结果是相同的，没有差别。但是在实际使用中，使用第二种合并计算的方法具有更好的稳定性，效率更高，如果不需要使用中间结果，应当采用第二种方法进行计算。

9.5.2　优化器

优化器对网络参数的优化提供了方便的接口，能够完成网络参数的学习。由于分割网络可以看作逐像素的分类网络，因此，分割网络的优化器可以采用与分类网络相同的优化器。一般使用下面两种优化器。

1. optim.SGD优化器

optim.SGD 提供了使用随机梯度下降算法的优化器。随机梯度下降算法是最经典的神经网络优化方法。在创建 SGD 优化器时，可以设置 momentum 参数从原始的 SGD 梯度下降算法中引入动量项，使网络在学习过程中更稳定。SGD 优化器的创建方法如下：

```
import torch as tc
from torch import optim
params=[tc.rand((1,3),requires_grad=True)]    #模拟网络的参数
optimizer=optim.SGD(params,lr=0.1)            #创建 SGD 优化器对象
print(optimizer)
########输出
SGD (
Parameter Group 0
    dampening: 0
    differentiable: False
    foreach: None
    lr: 0.1
    maximize: False
    momentum: 0
    nesterov: False
    weight_decay: 0
```

在上面的代码中，创建 SGD 优化器对象的格式是 optim.SGD(params, lr=<required parameter>, momentum=0, dampening=0, weight_decay=0, nesterov=False, *, maximize= False, foreach=None, differentiable=False)。其中：params 参数指被优化的参数，是一个包含张量的可迭代对象，如列表或者以张量为值的字典；lr 参数指优化器的学习速率，一般是一个 0.00001～0.1 的小数；momentum 参数用于设置动量值，默认是 0，表示不使用，一般设置为 0.9 以上，以保证学习的稳定；maximize 参数用于设置优化的方向，默认值是 False，即梯度下降，求解最小值，当将 maximize 设置为 True 时，即梯度上升，求解最大值；其他参数使用较少不再介绍。

2. optim.Adam优化器

optim.Adam 提供了使用 Adam 算法的优化器。Adam 优化器是在论文 *Adam: A Method for Stochastic Optimization* 中提出的，比 SGD 算法具有更好的效果和更快的收敛速度。Adam 优化器的创建方法如下：

```
import torch as tc
from torch import optim
params=[tc.rand((1,3),requires_grad=True)]        #模拟网络的参数
optimizer=optim.Adam(params,lr=0.1)               #创建 SGD 优化器对象
print(optimizer)
########输出
Adam (
Parameter Group 0
    amsgrad: False
    betas: (0.9, 0.999)
    capturable: False
    differentiable: False
    eps: 1e-08
    foreach: None
    fused: False
    lr: 0.1
    maximize: False
    weight_decay: 0
)
```

在上述代码中创建 Adam 优化器对象时，格式是 optim.Adam(params, lr=0.001, betas=(0.9, 0.999), eps=1e-08, weight_decay=0, amsgrad=False, *, foreach=None, maximize=False, capturable=False, differentiable=False, fused=False)，其中，各参数的含义与 SGD 优化器中的参数含义相同，不再赘述。

创建好优化器对象后，就可以使用优化器进行网络参数的学习。每次更新参数前，先将分割网络参数的梯度置 0：

```
optimizer.zero_grad()
```

训练数据经过分割网络的前向传播后，先使用损失函数通过计算得到损失值，再使用损失值的 backward()方法求解网络参数的梯度，最后就可以使用优化器进行参数的学习。

```
optimizer.step()
```

在分割模型的训练中，通过使用上述方法，只需要添加创建优化器，参数梯度清零，更新三行参数代码即可完成分割网络模型参数的学习。

9.5.3　评价指标

虽然分割网络模型可以看作逐像素的分类，可以使用精度（Accuracy）指标进行评价，但是在分割网络中由于类别间像素数量的差异较大，使用精度会受到占比较大类别的影响，如背景类在某些任务中占比 99%以上，不能很好地反映分割的效果。在 FCN 的论文中提出了一些用于评价分割网络模型性能的指标。本节就介绍这些指标及其计算方法。

1. 混淆矩阵

混淆矩阵（Confusion Matrix）是一个误差矩阵，详细地记录了监督学习算法的性能，许多评价指标都能根据混淆矩阵通过计算得到。混淆矩阵实质上是一个 $C \times C$ 的数值矩阵，其中，C 表示类别数。在混淆矩阵中，矩阵的每行表示样本的真实类别，每列表示样本的预测类别，矩阵中的某个元素 a_{ij} 表示真实类别为 i 类但被模型分为 j 类的样本数量。当 $i=j$ 时，即 i 和 j 为混淆矩阵中的对角线元素，a_{ij} 表示被正确分类的样本数量；当 $i \neq j$ 时，即 i 和 j 为混淆矩阵中的非对角线元素，a_{ij} 表示真实类别为 i 类但被错分为 j 类的样本数量。从以上分析可以看出，在样本集中，混淆矩阵的对角线元素越大，非对角线元素越小，则模型的性能就越好。

表 9.1 列举了一个二分类的图像分割的混淆矩阵，从混淆矩阵中可以看出，类别为 1 的像素被模型正确识别出了 5 个，识别错误的有 2 个，类别为 2 的像素被模型正确识别出了 7 个，识别错误的有 1 个。除了上述直观的信息，还可以从混淆矩阵中推断出一些其他信息。例如，样本集中类别 1 的样本数量为 7（5+2），类别 2 的样本数量为 8（1+7），像素总数为 15（5+2+1+7）。多分类图像分割的混淆矩阵与表 9.1 的二分类的图像分割混淆矩阵相似。

表 9.1　图像分割的混淆矩阵

混 淆 矩 阵		预　测　值	
		类别 1	类别 2
真实值	类别 1	5	2
	类别 2	1	7

混淆矩阵虽然能够全面体现模型的性能，但是在实际中，混淆矩阵包含多个元素，对于反映模型的性能不够直观。因此，更多的时候使用下面一些单值的评价指标。

2. 像素准确率

像素准确率（Pixel Accuracy）是最常用的一种评价指标，常用于对分类模型的性能评价，能够反映总体的分割精度。计算方法如下：

$$\mathrm{PA} = \frac{\sum\limits_{i=1}^{i=C} a_{ii}}{\sum\limits_{i=1}^{i=C} \sum\limits_{j=1}^{j=C} a_{ij}} \times 100\%$$

其中，C 和 a_{ij} 的定义与上述混淆矩阵中的定义相同。表 9.1 中的混淆矩阵的结果，像素准确率的计算过程是：$PA = \dfrac{5+7}{5+2+1+7} \times 100\% = 80\%$。

3. 平均像素准确率

平均像素准确率（Mean Pixel Accuracy）能够较好克服像素准确率被占比较大类别的控制，更好地反映分割模型的性能。计算方法如下：

$$MPA = \frac{1}{C} \times \sum_{i=1}^{C} \frac{a_{ii}}{\sum\limits_{j=1}^{C} a_{ij}} \times 100\%$$

MPA 先计算每类的分割精度，然后求取各类分割精度的平均值。对于表 9.1 中的混淆矩阵的结果，平均像素准确率的计算过程是：$MPA = \dfrac{1}{2} \times \left(\dfrac{5}{5+2} + \dfrac{7}{7+1} \right) \times 100\% = 79.5\%$。

4. 平均交并比

平均交并比（MIoU，Mean Intersection over Union）是一种更严格的评价指标，对于分割结果的评价更精准，能够更好地反映分割效果。计算方法如下：

$$MIoU = \frac{1}{C} \times \sum_{i=1}^{C} \frac{a_{ii}}{\sum\limits_{j=1}^{C} a_{ij} + \sum\limits_{j=1}^{C} a_{ji} - a_{ii}} \times 100\%$$

MIoU 先计算每类的交并比，然后求取所有类别交并比的平均值。对于表 9.1 中的混淆矩阵的结果，平均交并比的计算过程如下：

$$MIoU = \frac{1}{2} \times \left(\frac{5}{5+2+5+1-5} + \frac{7}{7+1+7+2-7} \right) \times 100\% = 66.3\%$$

上面对几种分割模型的评价指标进行了介绍，并通过一个简单的二分类例子详细说明了各种指标的计算方法，从计算结果可以看出，平均交并比这个指标能够更好地反映图像分割效果，平均交并比越大，分割效果越好，反之，分割效果越差。

由于上述几个指标对于分割模型的评价十分重要，因此得到了广泛的使用，但是在 PyTorch 中并没有提供相关的计算方法，需要自行实现。下面给出一种实现方法：

```python
import torch as tc
class Segmetric:
    def __init__(self,num_classes=2):
        self.num_classes=num_classes
        self.clear()
    def update(self,output,label):
        def mapfunc(x,y):
            if y>=self.num_classes: return -1    #防止出现 ignore_index 的干扰
            self.confusion_matrix[x,y]+=1
            return x==y
        predict = tc.argmax(output, dim=1,keepdim=True)
        return label.map_(predict,mapfunc)
    def clear(self):
        #混淆矩阵，每行表示样本的真实标签，每列表示样本的预测标签，混淆矩阵在第 i 行第 j
        #列的值的含义是：类别是 i 的样本被分为 j 类的数量
        self.confusion_matrix=tc.zeros((self.num_classes,self.num_
```

```
classes),dtype=tc.long)
    def acc(self):
        #计算总体像素准确率(Pixel Accuracy, PA)
        correct_num=tc.trace(self.confusion_matrix)
        return (correct_num/tc.sum( self.confusion_matrix )).item()
    def mpa(self):
        #类别平均准确率
        croect_nums=tc.diag(self.confusion_matrix)
        sm=tc.sum(self.confusion_matrix,dim=1)
        return tc.mean(croect_nums/sm).item()
    def miou(self):
        #平均交并比
        croect_nums=tc.diag(self.confusion_matrix)
        fns=tc.sum(self.confusion_matrix,dim=1)          #假阴
        fps=tc.sum(self.confusion_matrix,dim=0)          #假阳
        iou=croect_nums/( fns+fps-croect_nums)
        return iou.mean().item()
    def cm(self):
        return self.confusion_matrix
if __name__=='__main__':
    sm=Segmetric(2)
    ##################################
    #例子1：直接设置混淆矩阵
    sm.confusion_matrix=tc.tensor([[5,2],[1,7]])
    print('total acc is:',sm.acc())
    print('total mean acc is:',sm.mpa())
    print('miou is:',sm.miou())
    ##################################
    #例子2：根据分割网络的输出和标签计算
    sm.clear()
    output=tc.rand([2, 2, 340, 340])          #神经网络的输出形状N×C×H×W
    y=tc.randint(0,2,(2,1,340,340))           #标签N×1×H×W
    sm.update(output,y)
    print('total acc is:',sm.acc())
    print('total mean acc is:',sm.mpa())
    print('miou is:',sm.miou())
```

在上述代码中定义了一个类 Segmetric 用于评估分割模型的效果。Segmetric 类实现的基本原理是：初始化函数__init__()接收一个参数用于设置类别总数，根据类别总数在 clear() 方法中初始化一个混淆矩阵；acc()方法利用张量的相关运算返回像素精度；mpa()方法计算平均像素精度并返回；miou()方法计算平均交并比并返回；cm()方法计算并返回混淆矩阵；update()方法用于更新混淆矩阵，接收两个参数，一个是分割网络的输出张量，形状是 $N \times C \times H \times W$，另一个是表示分割结果的标签张量，形状是 $N \times 1 \times H \times W$。

9.6　分割网络实践

前面几节对分割网络的各部分进行了介绍。本节将对以上内容进行综合应用，完成一个分割模型的训练和评估，进行分割网络的实践。为了使分割网络在没有 GPU 的环境下也能进行训练并快速收敛，下面选择了一个较小的数据集，并且使用迁移学习的方法训练一个 FCN 分割网络。

本节训练分割网络的目的是提取水表中表示用水量的码字区域，如图 9.9 所示。

图 9.9　水表图像和分割标签

对于用水量区域的分割，能够对用水量的检测提供便利。整个数据集包含 150 个图像的训练集和 11 个图像的测试集。参考 VOC 数据集的定义方法可以创建一个水表数据集。

```python
class Watermeter(tc.utils.data.Dataset):
    def __init__(self,vocdir=Path(r'd:/data/Watermeter'),istrain=True,
trans=None):
        super().__init__()
        self.istrain=istrain
        self.vocdir=vocdir
        idxfile=vocdir / (r'train.txt' if istrain else r'val.txt' )
        self.filenames=[i.strip().split(' ') for i in open(idxfile).
readlines()]
        self.len=len(self.filenames)
        self.cache={}
        self.trans=trans
        self.labelmap={0:'background',1:'meter'}
    def genpath(self,filename):
        xpath=self.vocdir /filename[0]
        ypath=self.vocdir /filename[1]
        return xpath,ypath
    def __len__(self):
        return self.len

    def __getitem__(self,idx):
        assert 0<=idx<self.__len__()
        filenames=self.filenames[idx]
        if xy:=self.cache.get(filenames[0]):
            pass
        else:
            xfile,yfile=self.genpath(filenames)
            xy=read_image(str(xfile),mode=ImageReadMode.RGB).float(),
read_image(str(yfile),mode=ImageReadMode.GRAY)
            self.cache[filenames[0]]=xy
        xy=self.trans(xy) if self.trans else xy
        return xy
```

数据的训练数据较少，需要使用数据增强方法以增加样本数据。参考 VOC 数据集中的图像增强方法，可以创建一个图像增强类。

```python
class Segtrans:
    #图像语义分割通用增强
```

```
    def __init__(self,isnorm=False):
        self.colorjitter=T.ColorJitter(0.2,0.2,0.2,0.1)
        self.isnorm=isnorm
    def __call__(self,xy,isnorm=False):
        x,y=xy
        y[y>0]=1
        #色彩抖动
        x=self.colorjitter(x/255.0)
        #旋转
        if random.random()>0.6:
            deg=random.random()*180-90
            x=T.functional.rotate(x,deg,T.InterpolationMode.BILINEAR)
            y=T.functional.rotate(y,deg,T.InterpolationMode.NEAREST)
        #缩放到 524x524
        x=T.functional.resize(x,(524,524),T.InterpolationMode.BILINEAR)
        y=T.functional.resize(y,(524,524),T.InterpolationMode.NEAREST)
        #水平翻转
        if random.random()>0.5:
            x=T.functional.hflip(x)
            y=T.functional.hflip(y)
        #竖直翻转
        if random.random()>0.5:
            x=T.functional.vflip(x)
            y=T.functional.vflip(y)
        #转为灰度
        if random.random()>0.9:
            x=T.functional.rgb_to_grayscale(x,3)
        #标准化
        if isnorm or self.isnorm:
            x=T.functional.normalize(x,(0.485, 0.456, 0.406),(0.229, 0.224,
0.225))
        return x,y.long()
```

准备好数据后，就可以创建模型、优化器和损失函数进行分割网络的训练了。为了方便，可以将上述步骤封装到一个名为 train()的函数中。

```
def train():
    mddir='./tmp/'
    Batch_size=4                            #训练的批大小，根据内存设置
    Learning_rate=0.0003                    #学习速率

    stepoch=0                               #起始的轮数，大于 0 时尝试加载保存的模型
    epoch=500                               #本次需要训练的轮数

    trans=Segtrans(isnorm=True)

    traindataset=Watermeter(istrain=True,trans=trans)
    testdataset=Watermeter(istrain=False,trans=trans)
    trainloader=tc.utils.data.DataLoader(traindataset, batch_size=Batch_
size,shuffle=True)
    testloader=tc.utils.data.DataLoader(testdataset, batch_size=Batch_
size,shuffle=False)
    print('数据集加载成功... ...')
    weight=FCN_ResNet50_Weights.DEFAULT
    md=tvs.models.segmentation.fcn_resnet50(weights=weight,num_classes=
21) if stepoch ==0 else tc.load(mddir+f'md{stepoch}')
```

```
md.classifier[4]=nn.Conv2d(512, 2, kernel_size=(1, 1), stride=(1, 1))
print(md)
weights=tc.ones(2)
weights[0]=0.015
criterion = nn.CrossEntropyLoss(weight=weights,reduction='mean',
ignore_index=255)
optimizer = optim.SGD(md.parameters(), lr=Learning_rate, momentum=
0.98,dampening=0.1)
print('损失函数和优化器创建成功')

for epoch in range(stepoch,stepoch+epoch):
    md=md.train()
    running_loss = 0.0
    for i, data in enumerate(trainloader):
        inputs, labels = data
        optimizer.zero_grad()
        outputs = md(inputs)['out']
        print(outputs.shape,labels.shape)
        labels=labels.squeeze(dim=1)
        loss = criterion(outputs, labels)
        loss.backward()
        optimizer.step()
        running_loss += loss.item()
        if i % 2 == 1:    # print every 10 mini-batches
            print('[{}, {:5}] loss: {:.3}'.format( epoch + 1, i + 1,
running_loss / 2))
            running_loss = 0.0
    #评估
    md=md.eval()
    tc.save(md,mddir+f'md{epoch+1}')

    sm=Segmetric(2)
    with tc.no_grad():
        for i, data in enumerate(trainloader):
            inputs, labels = data
            outputs = md(inputs)['out']
            sm.update(outputs,labels)
    print('在{}轮训练后测试集上的总体精度是{:.2%},类别平均精度是{:.2%},MIoU
是{:.2%}'.format(epoch+1,sm.acc(),sm.mpa(),sm.miou()))
```

在上面的函数中加载了一个已经在 VOC 数据集上预训练的 fcn_resnet50 网络，并将最后一层输出层的类别从 21 类修改为 2 类，随后进行训练，每轮训练结束后都会评估网络的像素精度、平均像素精度及 MIoU 等指标。经过 20 轮训练后，分割模型的精度能够达到：

在 20 轮训练后测试集上的总体精度是 99.03%,类别平均精度是 99.42%,IoU 是 83.50%

从训练结果中可以看出，经过 20 轮的训练，像素精度和平均向像精度达到 99%以上，平均交并比也达到了 83.5%，从 3 个指标来看，训练的分割网络取得了不错的分割效果。

完成模型训练后，将训练好的模型用于预测，得到图像的分割结果才是模型训练的最终用途。模型预测的主要流程包括：模型的加载、数据的读取、模型推断和分割结果的展示等步骤。为了方便，可以将上述步骤封装到一个名为 val()的函数中：

```
def val():
    mdepoch=20
```

```
mddir='./tmp/'
md=tc.load(mddir+f'md{mdepoch}')
md=md.eval()
trans=Segtrans(isnorm=True)
testdataset=Watermeter(istrain=False,trans=trans)
testloader=tc.utils.data.DataLoader(testdataset, batch_size=1,
                            shuffle=False)
with tc.no_grad():
        for i, data in enumerate(testloader):
            inputs, labels = data
            outputs = md(inputs)['out']
            _,indices=outputs.max(dim=1,keepdim=False)
            inputs=unnorm(inputs)
            vis.image(inputs.squeeze(0))
            rmap=testdataset.pseudomap(indices.byte())
            vis.image(rmap)
            print(i)

if __name__=='__main__':
    import visdom
    vis=visdom.Visdom()
    val()
```

以上代码实现了对训练好地模型的预测，首先通过 tc.load 加载训练好的模型，并把模型转为评估模式，然后打开数据集，最后遍历数据集，调用模型进行推断，得到并展示分割结果。

图 9.10 为模型在验证集上的分割结果，（a）图表示一组待分割图像，（b）图表示真实的分割标签，（c）图表示模型的预测结果。可以看出，经过训练的模型，能够较好地分割出表示用水量的目标区域，与真实的标注结果十分相似，能够去除无关的背景。

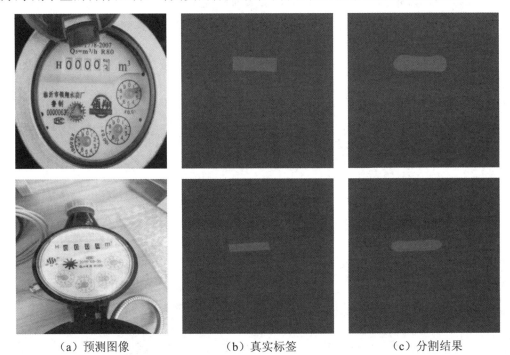

（a）预测图像　　　　　　　（b）真实标签　　　　　　　（c）分割结果

图 9.10　水表图像和分割标签

9.7　小　　结

本章对 PyTorch 在图像分割方面的应用进行了全面介绍。图像分割是图像处理中的一个重要环节，可以看作一种特殊的图像分类——逐像素的分类。由于卷积神经网络在图像分类任务上的成功，将卷积网络进行适当的改进就能用于图像分割任务。在加入了上采样和不同层次的特征后，卷积神经网络相较其他方法能够在图像分割中取得更好的效果。FCN和 UNet 作为两种经典的分割网络，对图像分割产生了深远的影响，使得图像分割成为能够在工业中应用的技术。相较于分类网络，分割网络在数据集的制作、数据增强方法、损失函数和模型评估等方面都有自身独特的特性，本章都进行了详细的介绍。在本章的最后，通过一个水表图像分割任务对分割网络的训练和使用进行了综合实践，可以将其进行简单的修改，为完成其他图像分割任务提供参考。

9.8　习　　题

1. 什么是图像分割？
2. 如何构造一个图像分割数据集？相较于分类数据集，分割数据集有什么特点？
3. 详细说明 FCN 图像分割神经网络的结构。
4. 详细说明 UNet 图像分割神经网络的结构。
5. 训练一个图像分割神经网络，并说明其训练过程。

第 10 章　目　标　检　测

目标检测是计算机视觉的三大任务之一，简单来说就是不仅在图像上检测到图像中存在的对象，而且给出每个对象所在的位置。与分类和分割相同，深度学习在目标检测中也取得了突破性的进展。本章将介绍如何使用 PyTorch 框架构建和训练目标检测网络。

本章的要点如下：

❑ 目标检测与卷积神经网络：介绍目标检测的概念、目标检测数据集和目标检测结果的可视化，以及当前深度神经网络在目标检测领域的最新进展。

❑ 经典目标检测网络：介绍经典的目标网络结构，以及如何调用预训练模型完成目标检测任务。

❑ PyTorch 目标检测网络：介绍目标检测数据集的构建，以及自定义目标检测网络的构建、训练和评估的方法。

❑ 目标检测网络实践：介绍如何通过迁移学习，在螺丝螺母数据集上实践目标检测。

10.1　目标检测与卷积神经网络

在图像处理中，目标检测、图像分类和图像分割是图像处理中的 3 个主要环节。与图像分类和图像分割不同，目标检测不仅要进行分类，而且还需要估计目标在图像中的位置。图 10.1 为目标检测任务示意，目标检测不仅识别到了图像中的 3 个对象，而且使用矩形框完成了对 3 个目标的定位。目标检测中的分类任务在卷积神经网络中已经成熟，但同时预测目标分类和位置则是一项新的挑战。

图 10.1　目标检测任务示意

最早将卷积神经网络用于目标检测的是 Overfeat。Overfeat 基于 AlexNet，把 AlexNet 输出的特征图作为目标检测的特征，取代了之前人工设计的 HOG、积分图等经典的图像特征，将目标检测的识别和定位融合到同一个网络框架中，从而获得了 2013 年 ILSVRC 定位比赛的冠军。Overfeat 再一次证明了神经网络学习到的特征具有更好的效果，之后卷积神经网络在目标检测中得到了迅速发展。

10.1.1　目标检测的常用术语

目标检测相对于图像分类和图像分割更加复杂，因此，在研究目标检测的过程中出现了一些专用术语，理解这些术语有利于更好地学习目标检测模型。下面对这些术语进行介绍。

1．感受野

图像经过不同卷积核和级连的卷积层，输出的特征图中的每个元素都对应于原图中的特定区域。换句话说就是，特征图中某个元素的值是由它所对应的图像感受野（Receptive Field）内的像素计算得到的，与该感受野之外的图像中的其他像素无关。这样，特征图中的元素所在的特征向量就是卷积提取的感受野的特征向量，特征向量只能对感受野区域内的对象进行预测，感受野决定了能够检测目标的最大尺寸范围。当然，通过联合特征图上多个相邻的元素可以增大感受野，从而检测更大尺寸的目标，这就是卷积神经网络具有多层的原因之一。

2．锚框

在目标检测中，目标的定位使用具有明确坐标的矩形框，该矩形框也称为锚框（Anchor），用于标示目标的分布区域，如图 10.1 所示。锚框的产生有两种方法：一种是人工标记，作为真实锚框，用于模型的训练，另一种是模型在运行中生成的预测锚框。锚框是矩形形状，一般用 4 个数值表示，具体有 3 种锚框表示方法：左上—右下两点的坐标；左上坐标—高宽长度；中心坐标—高宽长度。描述锚框的数值采用绝对坐标的方法或相对坐标的方法。

3．交并比

在目标检测中，交并比（IoU，Intersection over Union）指两个锚框相交的面积与相并的面积的比值，通常用于描述锚框的定位精度。例如，当两个锚框重合时，相交的面积和相并的面积相同，值为 1，同样，当交并比为 1 时，表示两个锚框重合。当两个锚框相离时，二者不相交，即相离面积为 0，交并比就为 0，同样，当交并比为 0 时，表示两个锚框相离，没有任何重合；当两个锚框有部分相交时，交并比就为一个 0～1 的数，值越大表示重合越多，值越小表示重合越少。

4．APxx指标

在目标检测中，AP50、AP75、AP95 和 mAP（mean Average Precision）这些 APxx 指标用于描述模型的检测性能。这些指标最初在 2007 年的 VOC 比赛中作为标准，现在已经成为评价目标检测模型的实际标准。通过以上介绍我们知道，真实锚框和模型预测锚框的交并比能够反映检测的效果，交并比为 1 的理想情况并不容易达到，把锚框绘制到图像上进行观察，当真实锚框和预测锚框的交并比达到 50% 时，两个锚框并没有太大差别。因此，当交并比≥50% 时，就认为检测成功。对所有的检测结果进行计算后，即可统计得出交并比≥50% 的平均精度——AP50。从而可知，AP75 指交并比≥75% 时的平均精度，AP95 指交并比≥95% 时的平均精度。AP 是总体的平均精度，容易受到类别占比大的影响，mAPxx系列指标就是对各类分别计算 AP 后，再计算各类 AP 的平均值，可以抵消占比大样本的影响，更好地反映目标检测的综合精度。

　　以上就是在目标检测发展过程中，用于描述目标检测的一些术语。准确地理解这些术语能够更好地认识目标检测问题，为使用和训练目标检测模型提供基础。

10.1.2　目标检测的类型

　　经过多年的发展，目标检测方法可以按照不同标准划分为单阶段（One-Stage）、两阶段（Two-Stage）、有锚框（Anchor Based）和无锚框（Anchor Free）等。不同的检测方法各有千秋，都包含精妙的思想，但也存在一些不足。

1. 两阶段方法

　　两阶段方法可以看作传统目标检测方法的延续，它把目标检测问题分为两个阶段：第一个阶段是将卷积神经网络作为特征提取器，得到具有包含空间关系的特征图代替原始图像进行目标检测；第二个阶段是在检测时生成大量的先验框，识别出目标所在的框，并对该框的位置和尺寸进行预测。典型的网络结构有 RCNN（Regions with CNN features）、SPPNet（Spatial Pyramid Pooling Net）、Fast RCNN、Faster RCNN 和 Feature Pyramid Networks。RCNN 在待检测的图像上先生成约 2000 个候选框，对图像在框内的区域进行裁切并缩放到指定大小，用 CNN 分类网络进行特征提取，最后使用 SVM（支持向量机）进行目标的判断和锚框的预测。RCNN 使得在 VOC2007 数据集上的目标检测 mAP 从 33.7%提升到了 58.5%，体现了卷积神经网络在目标检测中的优势，但其也存在检测速度慢的缺点，只有大约 10FPS。SPPNet 对 RCNN 进行了改进，提出了空间金字塔池化（SPP）方法，有效地避免了对图像的缩放，并且只需要对特征图计算一次，减少了计算量，检测速度达到 RCNN 的两倍，但精度提升并不明显。Fast RCNN 进一步对 RCNN 进行了优化，显著提升了检测精度，在 VOC2007 数据集中的精度达到了 70%，但仍然是基于候选框，使得模型结构不够优雅。Faster RCNN 提出了用 Region Proposal Network（RPN）取代人工候选框的方法，把候选区选择、特征提取和目标框回归统一到一个网络中，实现了一种完全端到端的目标检测方法，使得目标检测模型完全卷积化。FPN 网络基于 Faster RCNN，使用了特征金字塔（FPN）作为更好的特征提取器，从而进一步提升了目检检测精度。新的两阶段模型不断被提出，检测精度越来越高，但同时存在与生俱来的速度慢的缺点。

2. 单阶段方法

　　与两阶段目标检测模型考虑候选框不同，单阶段方法取消了候选框一阶段，把目标识别和定位放在了同一个网络中。2015 年，几乎同时出现的 SSD（Single Shot MultiBox

Detector）和 YOLO（You Only Look Once）开启了单阶段目标检测的模型研究的序幕，随后又出现了 YOLOv2、YOLOv3、RetinaNet、Corner Net、Center Net 和 FCOS（Fully Convolutional One Stage）网络，以及一系列 YOLO 系列的改进模型。SSD 第一次引入了锚框机制和多尺度（多分辨率）目标检测方法，不仅提升了检测速度，而且改善了小目标检测精度，在 VOC2007 数据集中取得了检测精度 mAP≥76%的效果。YOLO 号称 You Only Look Once（你只需要一瞥）就能完成目标检测，彻底抛弃了候选框，直接基于特征图中元素的感受野完成目标的识别和定位，整个模型就是卷积网络，因此具有极快的检测速度，达到了实时的状态，能够满足生产的要求。随后，YOLOv2 和 YOLOv3 系列模型在保持检测速度的同时进行了一系列改进，进一步提升了目标检测精度。RetinaNet 进一步分析和改进了单阶段检测模型，提出了新的 Focal Loss，检测精度得到了进一步提升。在 YOLOv3 发布后，作者担心进一步发展会造成技术滥用，特别在军事上，于是宣布退出目标检测的研究。由于 YOLOv3 的成功，其他研究人员继续在此基础上进行改进，提出了 YOLOv4、YOLOv5、YOLOX、YOLOv7 和 YOLOv8 等一系列模型。单阶段的方法从 SSD 开始，出现了以特征图上的锚框为候选框，作为对象定位基准，锚框通常以超参的形式存在，这成为目标检测研究最后的难题。Corner Net、Center Net 和 FCOS 等方法尝试不使用锚框进行目标检测。总之，一阶段目标检测由于检测速度快，检测精度较好的特点，已经成为目标检测的主流方法。

3．有锚框的方法

在早期的目标检测中，使用了大量的先验框，这对检测性能影响很大。以特征图上的元素的感受野为基础，相关研究人员提出了每个元素有多个形状不同的先验框，作为目标定位基础，在训练时以锚框为基准优化预测的外接矩形。SSD 最早提出了该思想，由于卷积后的特征图尺寸较小，当图像中的目标过多时，漏检就比较多，也就是说，在特征图上存在一个元素可能对应多个对象的情况。为了解决这个问题，SSD 就在一个元素上给出了多个尺寸的锚框，根据目标对象与锚框的交并比确定特定的锚框进行优化。从 YOLOv2 开始，在特征图上引入了先验锚框的方法，提升了目标检测效果。锚框的引入也给模型带来了额外的超参数，使得模型不够优美。

4．无锚框的方法

在最近的一些目标检测研究成果中，如 Corner Net、Center Net、FCOS 和 PP-YOLOE 等模型提出了无锚框的目标检测方法，表现出了相当的潜力，是未来目标检测的研究方向，但目前在检测精度上与有锚框的方法还有一定的差距。Corner Net 的主要思想是把目标检测中的定位框用左上和右下两个点进行表示，提出了一种叫作 Corner Pooling 的方法来提高左上和右下两个点的预测精度，把所有对象的左上角点和右下角点的识别结果保存在两个热力图（Heat Maps）中，为了能够使两个热力图中同一对象的两个角点匹配，使用神经网络对检测出的每个角点提取一个特征向量，由特征向量是否匹配来决定角点的匹配，这样在模型中就不需要锚框了。而 Center Net 的主要思想是直接利用较高分辨率的特征图，以避免在特征图中单个元素需要指定多个锚框的问题，特征图中的每个元素只负责一个对象，并且在训练时以对象的中心偏离和对象的宽高作为目标，避免了锚框的使用。FCOS 在进行对象的定位时，以特征图中元素的中心为准，分别预测中心与四个边框的偏移量，并增加一个中心度的特征，以过滤掉非中心的一些元素的预测结果。这些改进使得 FCOS 训练十分方便，预测速度也非常快。PP-YOLOE 是百度公司在 YOLO 模型和 FCOS 模型的基础上进行了改进，并在其 PaddlePaddle 深度学习框架上实现的模型，其进一步优化了检测速度和检测精度。

以上对卷积神经网络在目标检测中的发展进行了简要介绍，可以看出，相对于图像分类和分割，目标检测问题具有自身的独特性和复杂性。基于对该问题的不同认识，相应产生了不同种类的各具特色的目标检测方法。总体上来看，目标检测将会以单阶段和无锚框的方法为发展方向，并逐步与图像分类和分割统一。

10.2　预训练网络的使用

与分类和分割网络类似，PyTorch 的视觉库 Torchvision 中提供了一些常见的目标检测模型，如 Faster R-CNN、FCOS、RetinaNet、SSD 和 SSDlite 等，对于 YOLOv5 目标检测模型，则需要从 GitHub 上下载其仓库和模型的预训练权值，安装必要的第三方库后才可以使用。下面对这些目标检测模型的使用进行介绍。

10.2.1　Torchvision 的预训练模型

在 Torchvision 中提供了 Faster R-CNN、FCOS、RetinaNet、SSD 和 SSDlite 等多个成熟的目标检测模型中，每个模型包含一个或多个改进版本，在检测速度和精度上有所区别，并且所有的模型都提供了在 COCO 数据集中的训练参数，可以在创建时加载，也可以直接用于目标检测。所有的目标检测模型都位于 torchvision.models.detection 子包中，表 10.1 列出了 Torchvision 中的所有目标检测模型。

表 10.1　Torchvision 中的目标检测模型

模 型 名 称	预训练参数	mAP
fasterrcnn_resnet50_fpn	FasterRCNN_ResNet50_FPN_Weights.COCO_V1	36.4
fasterrcnn_resnet50_fpn_v2	FasterRCNN_ResNet50_FPN_V2_Weights.COCO_V1	41.5
fasterrcnn_mobilenet_v3_large_fpn	FasterRCNN_MobileNet_V3_Large_FPN_Weights.COCO_V1	32.8
fasterrcnn_mobilenet_v3_large_320_fpn	FasterRCNN_MobileNet_V3_Large_320_FPN_Weights.COCO_V1	22.8
ssd300_vgg16	SSD300_VGG16_Weights.COCO_V1	25.1
ssdlite320_mobilenet_v3_large	SSDLite320_MobileNet_V3_Large_Weights.COCO_V1	21.3
retinanet_resnet50_fpn	RetinaNet_ResNet50_FPN_Weights.COCO_V1	36.4
retinanet_resnet50_fpn_v2	RetinaNet_ResNet50_FPN_V2_Weights.COCO_V1	41.5
fcos_resnet50_fpn	FCOS_ResNet50_FPN_Weights.COCO_V1	39.2

表 10.1 中的模型都带有相应的预训练参数，可以在创建时进行加载，直接用于图像的目标检测。

```
from torchvision.models import detection
from torchvision.io import read_image,ImageReadMode
import torchvision.transforms.functional as F

#1.创建带有预训练参数的ssdlite320_mobilenet_v3_large
model=detection.ssdlite320_mobilenet_v3_large(weights=detection.
SSDLite320_MobileNet_V3_Large_Weights)

#2.打开检测的图像然后转换为张量
imgpath='./PennPed00036.png'
imgorg=read_image(imgpath,ImageReadMode.RGB)
img = F.convert_image_dtype(imgorg, tc.float)

#3.进行预测
model=model.eval()
with tc.no_grad():
    detection_outputs = model([img,])
    print(detection_outputs)
###########输出:
[{'boxes': tensor([[299.1938,  50.6852, 564.9406, 241.1753],
        [515.7953,  37.2071, 632.4020, 330.5136], ...,
        [ 56.7112,  16.5703, 114.1035,  83.7213]]), 'scores': tensor
([0.9813, 0.9748, 0.9689, 0.9118, ...0.0252, 0.0251, 0.0258]), 'labels':
tensor([ 3,  1,  1,  6,  3,  3,  3,  1,  1,  3,  3,  3,  6,  8, ... 1,  3,
 3,  3,  3,  3,  1])}]
```

上述代码展示了使用预训练模型进行图像预测的过程，首先创建带有预训练参数的模型（模型和参数见表 10.1），需要注意的是，在第一次创建时，需要连接网络下载模型参数，花费时间较长；其次，打开图像，把图像转为像素范围在 0~1 且形状为 $C{\times}H{\times}W$ 的张量；最后，把模型切换到评估模式，关闭对梯度的追踪，把准备的图像张量以 1 个元素的列表方式传入模型，模型运行后即可得到检测结果。

🔔注意：如果需要对多幅图像进行目标检测，当调用模型时，把各表示图像的各张量放入一个列表中即可，输出的列表中的各位置即是各输入图像的检测结果。

可以看到，模型的输出是一个元素为字典的列表，每个字典包含一张图像检测结果，包含键为 boxes、labels 和 scores 的 3 组张量。boxes 键对应的张量形状为 $N{\times}4$，表示检测到 N 个目标的锚框，每个锚框以 4 个值 (x_0, y_0, x_1, y_1) 左上角点和右下角点的方式表示；scores 张量长度为 N，表示检测到的 N 个目标的置信度；labels 张量长度为 N，表示 N 个对象的类别。

直接观察输出结果并不直观，需要进行一些后处理来更好地展示。后处理主要包括：

❑ 过滤掉一些 score 置信度较低的检测结果，一般取 0.5 或 0.7 作为阈值；

❑ 将检测结果中的类别转换为类别标签，方便观看和理解；

❑ 将检测结果绘制到图像上以可视化的方式进行展示。

对以上代码增加一些后处理的操作，就可以得到最终的检测结果。

```
model=model.eval()
with tc.no_grad():
    detection_outputs = model([img,])
    print(detection_outputs)
    ######检测结果的后处理
```

```
#得到第 1 张图像的 3 个检测结果
res=detection_outputs[0]
boxes=res['boxes']
scores=res['scores']
labels=res['labels']

#1.设置阈值，过滤到类别置信度小于 threshold 值的结果
threshold=0.7                         #保留类别概率大于 0.7 的检测结果
mask=scores>threshold
scores=scores[mask]
labels=labels[mask]
boxes=boxes[mask]

#2.转换类别为包含置信度的类别标签，并且根据类别指定各检测结果的颜色
labelnames=[COCO_INSTANCE_CATEGORY_NAMES[label]+f'({scores[idx]:.2f})'
for idx,label in enumerate(labels) ]
colors=[tuple(colormap[i]) for i in labels]

#3.将检测结果绘制为图像
img=draw_bounding_boxes(imgorg, boxes, labels=labelnames, colors=
colors, width=3, font_size=21, font='simhei')

#4.显示绘制的图像，展示检测结果，如图 10.2 所示
vis=visdom.Visdom()
print(img.shape)
vis.image(img)
```

在上面的后处理代码中，当转换类别标签时，使用列表把表示类别的数字转换为具有
含义的类别标签：

```
COCO_INSTANCE_CATEGORY_NAMES = [
    '__background__', 'person', 'bicycle', 'car', 'motorcycle', 'airplane',
'bus',
    'train', 'truck', 'boat', 'traffic light', 'fire hydrant', 'N/A', 'stop
sign',
    'parking meter', 'bench', 'bird', 'cat', 'dog', 'horse', 'sheep', 'cow',
    'elephant', 'bear', 'zebra', 'giraffe', 'N/A', 'backpack', 'umbrella',
'N/A', 'N/A',
    'handbag', 'tie', 'suitcase', 'frisbee', 'skis', 'snowboard', 'sports
ball',
    'kite', 'baseball bat', 'baseball glove', 'skateboard', 'surfboard',
'tennis racket',
    'bottle', 'N/A', 'wine glass', 'cup', 'fork', 'knife', 'spoon', 'bowl',
    'banana', 'apple', 'sandwich', 'orange', 'broccoli', 'carrot', 'hot
dog', 'pizza',
    'donut', 'cake', 'chair', 'couch', 'potted plant', 'bed', 'N/A', 'dining
table',
    'N/A', 'N/A', 'toilet', 'N/A', 'tv', 'laptop', 'mouse', 'remote',
'keyboard', 'cell phone',
    'microwave', 'oven', 'toaster', 'sink', 'refrigerator', 'N/A', 'book',
    'clock', 'vase', 'scissors', 'teddy bear', 'hair drier', 'toothbrush'
]
```

然后根据预测类别的值，使用与 VOC 图像分割相关的颜色映射方法，以便在绘制锚
框时使不同的类具有不同颜色的锚框。

```
colormap=[[0,0,0],[128,0,0],[0,128,0],[128,128,0],[0,0,128],[128,0,128],
[0,128,128],[128,128,128],[64,0,0],[192,0,0],[64,128,0],[192,128,0],
[64,0,128],[192,0,128],[64,128,128],[192,128,128],[0,64,0],[128,64,0],
[0,192,0],[128,192,0],[0,64,128],[128,64,128],[0,192,128],[128,192,128],
[64,64,0],[192,64,0],[64,192,0],[192,192,0],[64,64,128],[192,64,128],
[64,192,128],[192,192,128],[0,0,64],[128,0,64],[0,128,64],[128,128,64],
[0,0,192],[128,0,192],[0,128,192],[128,128,192],[64,0,64],[192,0,64],
[64,128,64],[192,128,64],[64,0,192],[192,0,192],[64,128,192],[192,128,192],
[0,64,64],[128,64,64],[0,192,64],[128,192,64],[0,64,192],[128,64,192],
[0,192,192],[128,192,192],[64,64,64],[192,64,64],[64,192,64],[192,192,64],
[64,64,192],[192,64,192],[64,192,192],[192,192,192],[32,0,0],[160,0,0],
[32,128,0],[160,128,0],[32,0,128],[160,0,128],[32,128,128],[160,128,128],
[96,0,0],[224,0,0],[96,128,0],[224,128,0],[96,0,128],[224,0,128],
[96,128,128],[224,128,128],[32,64,0],[160,64,0],[32,192,0],[160,192,0],
[32,64,128],[160,64,128],[32,192,128],[160,192,128],[96,64,0],[224,64,0],
[96,192,0],[224,192,0],[96,64,128],[224,64,128],[96,192,128],[224,192,128],
[32,0,64],[160,0,64],[32,128,64],[160,128,64],[32,0,192],[160,0,192],
[32,128,192],[160,128,192],[96,0,64],[224,0,64],[96,128,64],[224,128,64],
[96,0,192],[224,0,192],[96,128,192],[224,128,192],[32,64,64],[160,64,64],
[32,192,64],[160,192,64],[32,64,192],[160,64,192],[32,192,192],[160,192,192],
[96,64,64],[224,64,64],[96,192,64],[224,192,64],[96,64,192],[224,64,192],
[96,192,192],[224,192,192],[0,32,0],[128,32,0],[0,160,0],[128,160,0],
[0,32,128],[128,32,128],[0,160,128],[128,160,128],[64,32,0],[192,32,0],
[64,160,0],[192,160,0],[64,32,128],[192,32,128],[64,160,128],[192,160,128],
[0,96,0],[128,96,0],[0,224,0],[128,224,0],[0,96,128],[128,96,128],
[0,224,128],[128,224,128],[64,96,0],[192,96,0],[64,224,0],[192,224,0],
[64,96,128],[192,96,128],[64,224,128],[192,224,128],[0,32,64],[128,32,64],
[0,160,64],[128,160,64],[0,32,192],[128,32,192],[0,160,192],[128,160,192],
[64,32,64],[192,32,64],[64,160,64],[192,160,64],[64,32,192],[192,32,192],
[64,160,192],[192,160,192],[0,96,64],[128,96,64],[0,224,64],[128,224,64],
[0,96,192],[128,96,192],[0,224,192],[128,224,192],[64,96,64],[192,96,64],
[64,224,64],[192,224,64],[64,96,192],[192,96,192],[64,224,192],[192,224,192],
[32,32,0],[160,32,0],[32,160,0],[160,160,0],[32,32,128],[160,32,128],
[32,160,128],[160,160,128],[96,32,0],[224,32,0],[96,160,0],[224,160,0],
[96,32,128],[224,32,128],[96,160,128],[224,160,128],[32,96,0],[160,96,0],
[32,224,0],[160,224,0],[32,96,128],[160,96,128],[32,224,128],[160,224,128],
[96,96,0],[224,96,0],[96,224,0],[224,224,0],[96,96,128],[224,96,128],
[96,224,128],[224,224,128],[32,32,64],[160,32,64],[32,160,64],[160,160,64],
[32,32,192],[160,32,192],[32,160,192],[160,160,192],[96,32,64],[224,32,64],
[96,160,64],[224,160,64],[96,32,192],[224,32,192],[96,160,192],[224,160,192],
[32,96,64],[160,96,64],[32,224,64],[160,224,64],[32,96,192],[160,96,192],
[32,224,192],[160,224,192],[96,96,64],[224,96,64],[96,224,64],[224,224,64],
[96,96,192],[224,96,192],[96,224,192],[224,224,192]]
```

最后使用 draw_bounding_boxes()函数把准备好的锚框和类别标签等信息按照指定位置绘制到图像中。draw_bounding_boxes()函数是从 YOLOv5 的可视化方法中经过精简和修改而得到的，具体实现如下：

```
def draw_bounding_boxes(imgchwtensor, boxestensor, labels=['Object'],
colors= ['red'], fill= False, width=1, font= 'simhei', font_size= 12,
outtype='CHW'):
#imgchwtensor 是一个表示图像且形状为 cxhxw 的张量，boxestensor 的形状为 nx4,表示
#检测到的 n 锚框，4 个值分别是 lx、ly、rx、ry；labels 用于给锚框添加文本，当长度为 1
#时，所有锚框添加相同的文本，当长度为 n 时，指定每个锚框的值；color 用于指定锚框的颜色，
#当长度为 1 时，所有锚框具有相同的颜色，当长度为 n 时，指定每个锚框的颜色；width 表示绘
```

```
#制锚框的宽度；font 指定文本的字体，font_size 指定绘制文体的字体大小，outtype 设置输
#出图像的格式为'CHW'或'HWC'
x = (imgchwtensor*(255 if imgchwtensor.max()<=1 else 1)).byte()
   image = Image.fromarray(x.permute(1,2,0).numpy())
   draw = ImageDraw.Draw(image)
   try:
       font=ImageFont.truetype(font,font_size)
   except Exception:
       font = ImageFont.load_default()
   boxes=boxestensor
   numofbox=len(boxes)
   colors=colors*numofbox if len(colors)==1 else colors
   labels=labels*numofbox if len(labels)==1 else labels
   textcolor='white'
   boxes=boxes.numpy()
   for i in range(numofbox):
       box=tuple(boxes[i])
       draw.rectangle(xy=box, fill=None ,outline=colors[i],width=width)
# box
       label=labels[i]
       if label != '':
           draw.rectangle(box, width=width, outline=colors[i])  # box
           _,_, w, h = font.getbbox(label)  # text width, height
           outside = box[1] - h >= 0  # label fits outside box
           draw.rectangle(
                   (box[0], box[1] - h if outside else box[1], box[0] + w + 1,
                   box[1] + 1 if outside else box[1] + h + 1),
                   fill=colors[i],
               )
           draw.text((box[0], box[1] - h if outside else box[1]), label,
fill=textcolor, font=font)
   if outtype=='HWC':
       return np.asarray(image)
   if outtype=='CHW':
       return np.asarray(image).transpose((2,0,1))
```

　　图 10.2 展示了使用 ssdlite320_mobilenet_v3_large 预训练模型对图像检测的可视化结果，从图像中检测出两个较大的人的图像，一辆小汽车图像和一辆公交车图像，而对较小的两个人的图像和左侧的部分汽车的图像没有检出来。通过更换表 10.1 中的其他模型，可以用相应的模型进行图像检测。

图 10.2　目标检测及其可视化

10.2.2　YOLOv5 的预训练模型

　　由于 YOLO 系列模型具有检测速度快、精度高的优点，成为常用的目标检测模型。目前主流的 YOLO 模型是 YOLOv5，整个模型以开源的形式发布在地址 https://github.com/ultralytics/yolov5 上。下面介绍 YOLOv5 预训练模型的安装和使用。

　　由于 YOLOv5 整个项目以开源的方式发布在 GitHub 上，所以其安装主要有 3 步：

　　（1）复制 YOLOv5 项目到本地。当安装有 Git 软件时，可以控制台（终端）上使用下面的命令：

```
git clone https://github.com/ultralytics/yolov5
```

即可在当前目录下新建一个名为 yolov5 的文件夹，该文件夹包含整个 YOLOv5 模型的代码。

　　如果没有安装 Git 软件，也可以打开 https://github.com/ultralytics/yolov5 网页，在右上角找到 Code（下载）钮铵，选择 Download ZIP 选项，服务器会把整个项目压缩为.zip 文件并进行下载。下载完成后，解压缩文件即可，如图 10.3 所示。

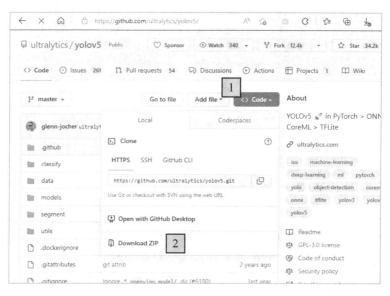

图 10.3　下载 YOLOv5 项目

　　（2）下载权重文件。权重文件较大，并不在上面的项目文件中。为了使用预训练的模型，需要单独下载权重文件。权重文件的保存和下载网址是 https://github.com/ultralytics/yolov5/releases。打开上述权重下载地址，找到 Assets 目录，在该目录下即列出了 YOLOv5 系列全部模型（36 个）的权重参数，如图 10.4 所示。对于目标检测模型，找到 yolov5s.pt、yolov5n.pt、yolov5m.pt、yolov5l.pt 和 yolov5x.pt 的条目，然后下载其中的一个或多个权值文件即可。不同的权重文件对应的 YOLOv5 模型的复杂度不同，可以通过权重文件的大小进行简单的判断，权重越大则模型越复杂。如果是第一次使用，建议下载 yolov5s.pt 权值文件，并在下载后将该文件移动到 yolov5 的文件夹下即可。

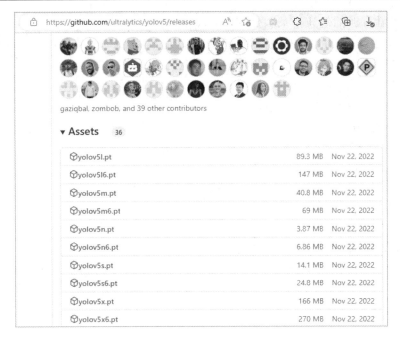

图 10.4　权重文件下载页面

注意：YOLOv5 权重文件名称中的字母表示模型的复杂度，模型由小到大的顺序是 n、s、
m、l 和 x。

（3）安装项目所需的第三方库。整个 YOLOv5 项目是以 Python 语言编写的，除了
PyTorch 外，还需要一些第三方库才能正常运行。安装第三方库的方式是从终端进入 yolov5
文件夹，输入下面的命令：

```
pip install -r .\requirements.txt
```

即可自动安装相关的第三方库（如图 10.5 所示），等待安装完毕，YOLOv5 模型即完成
安装。

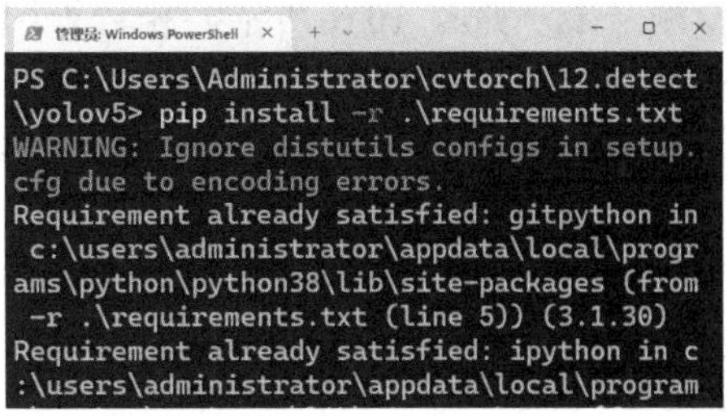

按照上述步骤完成安装后，使用 YOLOv5 模
型进行目标检测非常简单，只需要在运行 detect.py
时设置目标检测的数据源（Source）参数即可。
YOLOv5 支持的目标检测数据源如下：

❑ Webcam（连接到计算机的摄像头）：
　　(OPTION = 0) 实时从摄像头中读取图像
　　并进行目标检测，对应的数据源的值为 0。

图 10.5　安装 YOLOv5 必备的第三方库

❑ 图像：对指定路径中的图像进行检测，并
　　在新的图像文件中输出检测结果，对应的数据源的值为图像的路径，如
　　c:/bb/filename.jpg。

❑ 视频：对指定路径下的视频进行检测并创建一个带有目标检测结果的视频，对应的
　　数据源的值为视频的路径，如 filename.mp4。

❑ 目录：对一个目录下的所有指定文件进行检测，并保存包含检测结果的图像和视频，

对应的数据源的值为目录，如 directory_name。

- □ RTSP 流：从 RTSP 流中进行目标检测，对应的数据源的值为 RTSP 流地址，如 rtsp://192.168.1.105/rtplive/470011e600ef003696235daa。
- □ RTMP 流：从 RTMP 流中进行目标检测，对应的数据源的值为 RTMP 流地址，如 rtmp://192.168.1.105/live/test。
- □ HTTP 流：从 HTTP 流中进行目标检测，对应的数据源为 HTTP 流地址，如 http://112.50.243.8/PLTV/88888/224/3221225900/1.m3u8。

执行以下命令对一张图像进行检测。

```
python .\detect.py --source ../PennPed00036.png
#####输出结果如下：
detect: weights=yolov5s.pt, source=D:/data/PennFudanPed/PNGImages/
PennPed00036.png, data=data\coco128.yaml, imgsz=[640, 640], conf_thres=
0.25, iou_thres=0.45, max_det=1000, device=, view_img=False, save_txt=
False, save_conf=False, save_crop=False, nosave=False, classes=None,
agnostic_nms=False, augment=False, visualize=False, update=False, project
=runs\detect, name=exp, exist_ok=False, line_thickness=3, hide_labels=
False, hide_conf=False, half=False, dnn=False, vid_stride=1

YOLOv5  2023-1-5 Python-3.8.10 torch-1.13.0+cpu CPU

Fusing layers...
YOLOv5s summary: 213 layers, 7225885 parameters, 0 gradients
image 1/1 D:\data\PennFudanPed\PNGImages\PennPed00036.png: 352x640 4
persons, 6 cars, 1 bus, 1 truck, 1 handbag, 140.6ms
Speed: 0.0ms pre-process, 140.6ms inference, 0.0ms NMS per image at shape
(1, 3, 640, 640)
Results saved to runs\detect\exp1
```

输出结果的上部分为当前检测模型的运行参数，下部分为模型的一些运行状态和输出结果，最终的结果保存在 yolov5 文件夹下的 run\detect\exp1 文件夹中。打开该文件夹即可看到检测结果，如图 10.6 所示。相较于图 10.2 中的 SSD 模型的检测结果，YOLOv5 模型检测到了更多的目标，特别是两个处于图像右上角的两个较小的人也被正确检测出来。

图 10.6　YOLOv5 的检测结果

对于不同来源的数据检测，只需要参照上面的代码修改--source 参数的值即可。例如，对连接计算机的摄像头进行实时检测，可输入下面的命令：

```
python .\detect.py --source 0
```

将参数 source 设置为 0，表示从 0 号摄像头采集图像进行检测。在底层使用 OpenCV 作为摄像头的驱动，进行图像采集，source 参数的值表示摄像头编写，其会作为参数传入 cv2.getCapture()函数。

运行状态会在终端显示，运行后，终端会显示检测结果，同时还会弹出一个视频窗口，这是一个显示带有实时检测结果的视频，如图 10.7 所示。

以上对使用 detect.py 调用 YOLOv5s 模型进行图像检测和实时检测进行了简单介绍，

更多 detect.py 的用法，可以打开该文件查看。例如，加载不同的模型权重可以使用--weights
参数进行指定。

图 10.7　实时目标检测

⊙注意：要正确运行上例，需要在下载权重文件时下载 yolov5s.pt，该权重文件为 detect.py
的默认权重文件，下载其他权重文件需要在预测时指定。

以上通过两个目标检测实例介绍了 Torchvision 中的模型和 YOLOv5 模型的使用方法，
进一步熟悉了目标检测的相关知识，学会了预训练目标检测模型的使用。在实际应用中，
检测目标与预训练的模型会有所差异，需要根据应用场景对自己的数据进行训练。由于单
阶段模型已经成为目标检测的主流，所以下面介绍如何使用 Torchvision 中的 FCOS 模型和
YOLOv5 模型在自定义数据集中进行目标检测训练。

10.3　FCOS 模型及其训练

FCOS（Fully Convolutional One Stage）是 2019 年由 Zhi Tian 等人提出的一种全卷积单
阶段无锚框检测模型。该模型无须在训练时计算锚框的 IoU 值，极大简化了模型的训练过
程，使得模型训练更方便，并且在推理时使用 NMS（None Maximum Suppression，非及大
值抑制）可以使推理速度极快。在 Torchvision 模型库中包含以 Resnet50 作为骨干网络的
FCOS，这样只需要创建模型进行训练即可。

10.3.1　FCOS 模型简介

FCOS 模型的结构如图 10.8 所示，整个模型从左向右可以分为三部分：Backbone（骨
干网络）、Feature Pyramid（特征金字塔），以及由 Classification、Center-ness 和 Regression
构成的多尺度目标检测头作为输出。

Backbone 主要用于提取不同尺度的特征，一般使用预训练的分类网络的特征提取部分
作为 BackBone，FCOS 的 Backbone 作为模型的入口，接受输入的图像，从 Backbone 中输
出 C3、C4 和 C5 特征图。各特征图的高和宽标记在各特征图的左侧，分别为输入图像的
1/8、1/16 和 1/32，对于输入为 800×1024 的图像，C3 的尺寸为 100×128，C4 的尺寸为

50×64，C5 的尺寸为 25×32。

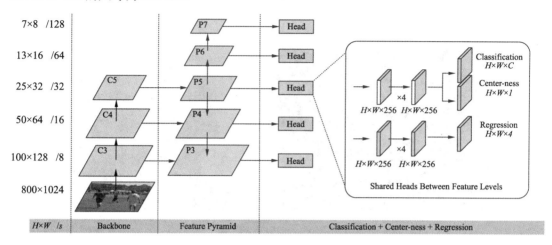

图 10.8　FCOS 目标检测模型

Feature Pyramid 接收来自骨干网络的 C3、C4 和 C5 特征图，一方面以 C5 特征图为基础构造尺寸为 13×16 的 P6 特征图和尺寸为 7×8 的 P7 特征图，另一方面将 C5 上采样和 C4 合并以构造与 C4 同尺寸的 P4，并将 P4 上采样和 C3 合并，构造出与 C4 同尺寸的 P3。这样通过 Feature Pyramid 总共构造出 P3、P4、P5、P6 和 P7 共 5 个尺寸的特征图，目标检测就在这 5 个不同尺寸的特征图上完成。

多尺度目标检测头负责对从 Feature Pyramid 传的来 P3 至 P7 共 5 个特征图进行检测。在每个特征图上进行目标检测的头都具有相同的结构。每个头包含两个独立的部分，即分类头和回归头。分类头由 Classification 结构和 Center-ness 结构组成。其中，Classification 结构输出一个尺寸为 $H \times W \times C$ 的张量，该张量表示在尺寸为 $H \times W$ 的特征图上共检测了 C 个类别的结果，Center-ness 结构输出一个尺寸为 $H \times W \times 1$ 的张量，该张量中的元素可以预测元素所处位置是否为检测目标的中心。回归头由 Regression 结构构成，输出一个尺寸为 $H \times W \times 4$ 的张量，该张量中的元素表示以该元素为中心的目标到该元素的 4 个方向（上、下、左、右）的距离。图 10.9 显示了 FCOS 模型在 Regression 部分学习的 4 个距离，分别是中心到左边界的距离，中心到右边界的距离，中心到上边界的距离和中心到下边界的距离。这样 FCOS 模型就彻底抛弃了锚框 IoU 的计算，直接以这 4 个距离进行训练。

由于在 Torchvision 中包含以 ResNet50 为骨干网络的 FCOS 模型，并且还可以加载 COCO 上预训练的模型，这样创建一个 FCOS 模型就非常方便了，创建方法与上一节创建预训练模型方法相同：

```
from torchvision.models import detection
model = detection.fcos_resnet50_fpn( progress=True, num_classes=3,
pretrained_backbone=True, trainable_backbone_layers=4)
```

在上面的代码中创建了一个具有 3 个检测类别（num_classes 参数），以带有预训练参数的 ResNet-50 为骨干网络的 FCOS 模型，创建模型时的其他参数及其含义可以参考 API 文档。

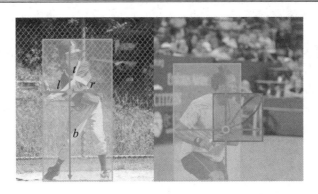

图 10.9　FCOS 目标外接矩形的表示

10.3.2　数据集的构建

目标检测模型多样，因此在训练前对于数据集的构建方法也有所差异。Torchvision 包提供的所有目标检测模型已经对训练数据的格式进行了统一，因此，只需要把按照统一的方式构建数据，Torchvision 包内的其他目标检测模型也可以使用。

由于通用目标检测数据集通常较大，不便于进行原理演示。因此这里使用一个样本量较小且类别数较小的目标检测数据集——螺丝螺母目标检测数据集。螺丝螺母目标检测数据集是一个开源的目标检测数据集，下载地址为 https://aistudio.baidu.com/aistudio/datasetdetail/6045。另外，该数据集也可以在本书的配套资料中下载。

螺丝螺母目标检测数据集包括 413 张训练集和 10 张测试集两部分。图 10.10 为一个带有标注的训练集中的样本，在该样本中，螺丝和螺母被放置于一个白色托盘中，托盘被放置在一个灰色平台上，螺丝和螺母使用矩形框进行标注。下面以该数据集为例，构造用于训练 Torchvision 中的模型的数据集。

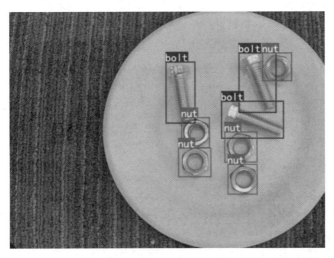

图 10.10　螺丝螺母目标检测数据集中的样本

使用 Torchvision 中的目标检测模型训练自定义数据同样需要对数据集进行封装，并在得到样本的 __getitem__()方法中返回一个表示样本元组的数据和标签，以(x, y)表示，其中，

x 是一个范围为 0~1 的 3×H×W 的图像张量，y 表示图像 x 的标签，是一个包含 label 和 boxes 两个键的字典，label 键里以整数张量的形式存储了图像中 K 个目标的标签值，boxes 键里存储了图像中 K 个对应目标外边矩形框的左上和右下共 4 个坐标值组成的一个 K×4 的数字张量，格式如下：

```
#样本标签 y 的格式:
{'labels': tensor([1, 1, 1, 2, 2, 2, 2, 2]),
  'boxes': tensor([[ 711,  233,  844,  506],
                   [1036,  194, 1206,  459],
                   [ 958,  406, 1239,  573],
                   [1142,  194, 1275,  320],
                   [ 780,  478,  908,  614],
                   [ 766,  612,  914,  742],
                   [ 972,  542, 1120,  678],
                   [ 986,  684, 1120,  820]])}
#以上信息表明样本包含 8 个目标，3 个目标的类别为 1，5 个的目标的类别为 2
```

按照上述要求，通过继承 torch.utils.data.Dataset 类创建一个自定义的数据集，实现螺丝螺母数据集的构造。

```python
from pathlib import Path
from torchvision.io import read_image,ImageReadMode
import json
import torch
class BNDataset(torch.utils.data.Dataset):
    #注意修改数据集的路径
    def __init__(self, istrain=True,datapath='D:/data/lslm'):
        self.datadir=Path(datapath)/('train' if istrain else 'test')
        self.idxfile=self.datadir/('train.txt' if istrain else 'test.txt')
        self.labelnames=['background','bolt','nut']
        self.data=self.parseidxfile()
    def parseidxfile(self):
        lines=open(self.idxfile).readlines()
        return [line for line in lines if len(line)>5]

    def __getitem__(self, idx):
        data=self.data[idx].split('\t')
        x = read_image(str(self.datadir/data[0]),ImageReadMode.RGB)/255.0
        labels=[]
        boxes=[]
        for i in data[2:]:
            if len(i)<5: continue
            r=json.loads(i)
            labels.append(self.labelnames.index( r['value']))
            cords=r['coordinate']
            xyxy=cords[0][0],cords[0][1],cords[1][0],cords[1][1]
            boxes.append(xyxy)
        y = {
            'labels': torch.LongTensor(labels),
            'boxes': torch.tensor(boxes).long()
        }
        return x, y
```

```
    def __len__(self):
        return len(self.data)
```

以上代码对螺丝螺母数据集以 BNDataset 为类名进行封装，主要涉及的难点就是标签文件的解析，具体解析过程要结合上述代码和标签文件进行理解。在对模型进行训练时，还需要使用 DataLoader 封装数据集。

```
def collate_fn(data):
    x = [i[0] for i in data]
    y = [i[1] for i in data]
    return x, y

train_loader = torch.utils.data.DataLoader(dataset=BNDataset(istrain=
True), batch_size=4, shuffle=True, drop_last=True, collate_fn=collate_fn)
test_loader = torch.utils.data.DataLoader(dataset=BNDataset(istrain=
False), batch_size=1, shuffle=True, drop_last=True, collate_fn=collate_fn)
```

封装完成后，使用可视化方法进行样本和标签的可视化，检查数据集构造的正确性，得到如图 10.10 所示的结果。

```
for i, (x, y) in enumerate(train_loader):
    labels=[loader.dataset.labelnames[i] for i in y[0]['labels']]
    colors=[ ('red' if i=='nut' else 'blue') for i in labels]
    image=draw_bounding_boxes(x[0], y[0]['boxes'], labels=labels, colors=
colors, width=5, font_size=50, outtype='CHW')
    vis.image(image)                                    #图 10.10 所示
```

以上就完成了螺丝螺母目标检测数据集的构造，该数据集能够用于 FCOS 模型的训练。下面介绍如何在该数据集中训练 FCOS 模型，以及对 FCOS 模型的评估。

10.3.3　模型的训练和预测

由于 Torchvision 对 FCOS 模型进行了很好的封装，准备好数据集后，训练方法与分类和分割网络的训练并无太大差异，即创建优化器，构造损失函数，对数据集进行多次循环并根据反向传播的梯度进行参数的修正。将训练过程封装为 train()函数，调用 train()函数进行模型的训练，代码如下：

```
def train():
    model.train()
    optimizer = torch.optim.SGD(model.parameters(), lr=0.0001,momentum=
0.98)
    for epoch in range(5):
        for i, (x, y) in enumerate(train_loader):
            outs = model(x, y)
            loss = outs['classification']+ outs['bbox_ctrness']+outs
['bbox_regression']
            loss.backward()
            optimizer.step()
            optimizer.zero_grad()

            if i % 10 == 0:
                print(epoch, i, loss.item())

        torch.save(model, f'./models/tvs{epoch}.model')
```

```
train()
#输出结果:
0 0 2.1866644620895386
...
4 100 0.9854792356491089
```

以上就是 FCOS 模型的训练代码，其中，train()函数实现了模型的训练，在该函数中，将模型切换到训练模式，创建 SGD 优化器，总共训练 5 轮（可根据情况训练更多轮数），每 10 批打印损失值，经过 4 轮训练后，损失值从 2.18 降为 0.98，并且在每轮训练完成后都保存模型。

模型训练完成后，可以在测试集上查看和评估模型的检测效果。评估方法实质上与之前介绍的模型的使用方法是相同的，可以参考 10.3.2 小节的内容。让模型在测试集上运行并可视化运行结果，测试代码如下：

```
def test():
    model_load = torch.load('./models/tvs4.model')
    model_load.eval()
    loader_test = torch.utils.data.DataLoader(dataset=BNDataset(istrain=
False), batch_size=1, shuffle=False, drop_last=True, collate_fn=
collate_fn)

    for i, (x, y) in enumerate(loader_test):
        with torch.no_grad():
            outs = model_load(x)
            res=outs[0]
            boxes=res['boxes']
            scores=res['scores']
            labels=res['labels']
            #阈值过滤
            threshold=0.5                         #保留类别概率大于 0.5 的检测结果
            mask=scores>threshold
            scores=scores[mask]
            labels=labels[mask]
            boxes=boxes[mask]
            labelnames=[loader_test.dataset.labelnames[i]+f'{scores
[idx]:.2f}' for idx, i in enumerate(labels)]
            colors=[ ('red' if i==1 else 'blue') for i in labels]
            img=draw_bounding_boxes(x[0], boxes,labels=labelnames, colors=
colors, width=3, font_size=50, outtype='CHW')
            vis.image(img)                        #使用 Visdom 可视化，见图 10.11
```

图 10.11 为经过 5 轮的训练，FCOS 模型在螺丝螺母目标检测数据集上的测试结果，其中，图（a）和图（b）中的螺丝和螺母均被正确地检测出来，特别是在（a）图中，右边的两个螺母十分靠近也正确地检测出来了，而（c）图和（d）图中均有部分螺丝检测错误。从结果中可以看出，虽然仅仅进行了 5 轮训练，但模型已经能够较好地检测出螺丝和螺母，可以预测，经过更多轮数的训练，能够取得更好的检测效果。

以上就是使用 FCOS 在螺丝螺母目标检测数据集中的训练和评估，对 Torchvision 中的其他模型的训练，只需要修改模型，并在 train()函数中根据模型的输出，修改计算损失各部分的构成和各部分损失的权重即可。

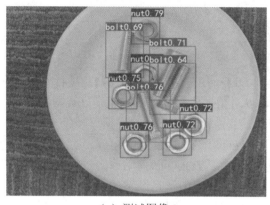

（a）测试图像 1

（b）测试图像 2

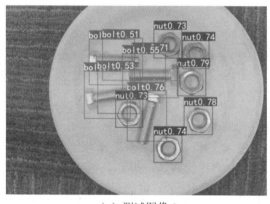

（c）测试图像 3

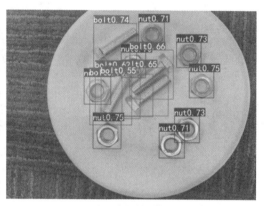

（d）测试图像 4

图 10.11 模型的预测结果

10.4 YOLOv5 模型及其训练

YOLO 是由 Joseph Redmon 等人于 2015 年提出的一种基于卷积神经网络的单阶段目标检测模型。该模型能够实时地进行检测，具有很强的实用性，因此受到了极大的欢迎。在随后的几年中，YOLO 的作者不断地将目标检测的研究成果融入模型中，推出了精度更高的 YOLOv2 和 YOLOv3。YOLOv3 是该系列模型发展的一个里程碑，在保持精度较高的情况下，检测速度远超同时期的其他模型。在 YOLOv3 发表的同时，YOLOv3 的作者宣布退出对计算机视觉的研究。虽然 YOLO 系列模型没有了原作者的进一步更新，但是在研究人员、社区和公司的推动下继续向前发展。YOLOv4、YOLOv5 和 YOLOX 等模型不断诞生，延续了 YOLO 的辉煌。其中，由 Ultralytics 公司主导的 YOLOv5 最为流行，本节就对 YOLOv5 模型的训练进行介绍。

🔔**注意**：在本书定稿时，YOLOv8 已经发布，进一步提升了模型的检测精度，并增加了模型的易用性，掌握 YOLOv5 对于 YOLOv8 的学习具有促进作用。

10.4.1　数据集的构建

与 Torchvision 中需要自定义数据集不同，YOLOv5 将数据集的创建归到项目本身，不需要使用者自定义数据集，只需要按照 YOLOv5 对数据集格式的要求整理好数据和标签，并使用配置文件记录数据集的位置和类别即可。

数据集的配置文件存放于 yolov5 文件夹下的 data 子文件夹中，并且以 .yaml 的格式进行存储。YAML 文件是一种用于记录配置的标记语言，YOLOv5 使用该格式存储数据集和模型的配置。对于创建自定义的螺丝螺母数据集，可以参考该目录下的 coco.yaml 文件进行修改，创建一个名为 lsml.yaml 数据集配置文件，具体内容如下：

```
path: D:/data/lslm # dataset root dir
train: train.txt
val: test.txt
test: test.txt

# Classes
names:
  0: bolt
  1: nut
```

在上面的配置中，path 参数用于指定 lslm 数据集的位置；train 参数指向包含所有图像训练样本路径的文本文件；val 和 test 参数对应文本文件的格式，与 train 参数对应文本文件的格式相同，在文本文件中分别存储验证集和测试集图像的存储路径；names 参数用于指定数据集中包含的所有类别的标签。

train.txt 文件用于记录训练数据集，其的每一行记录了一个样本的图像路径，格式如下：

```
D:\data\lslm\train\63.jpg
D:\data\lslm\train\162.jpg
...
D:\data\lslm\train\88.jpg
D:\data\lslm\train\348.jpg
D:\data\lslm\train\360.jpg
```

样本的标签有多种存储方式，这里我们介绍其中的一种。YOLOv5 可以将样本图像的标签信息存储到与图像名称相同但结尾为 .txt 的文本中，将标签文件与图像文件都放置在同一个目录 D:\data\lslm\train 下，如图 10.12 所示。

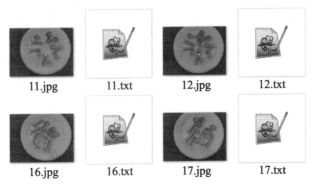

11.jpg　　11.txt　　12.jpg　　12.txt

16.jpg　　16.txt　　17.jpg　　17.txt

图 10.12　数据的保存格式

图 10.12 所示的图像标签文件是由 YOLOv5 定义的一种目标检测标签文件格式。在该文件中，图像中的每个目标对象用一行进行记录，包含用空格分隔的 5 个数值，分别是目标的类别标签值、归一化的目标中心点 x 坐标、归一化的目标中心点 y 坐标、归一化的目标宽度和归一化的目标高度，格式如下：

```
0 0.3884 0.4725 0.2067631944444444 0.13397777777777775
0 0.5565 0.6567 0.12560416666666663 0.2911435185185185
0 0.7498 0.4519 0.18743958333333322 0.22673148148148142
1 0.4261 0.1981 0.115942361111111111 0.14686018518518518
1 0.6193 0.1362 0.10821250000000004 0.1314009259259259
1 0.6184 0.2663 0.09468611111111114 0.13397777777777775
1 0.7256 0.2380 0.10821249999999993 0.14428333333333335
```

通过以上方法就能够将螺丝螺母目标检测数据集转化为训练 YOLOv5 模型所需的格式，为 YOLOv5 模型的训练做好准备。

10.4.2　模型的构建

与数据集定义方式相似，检测模型的构建也使用 YAML 配置文件的方式来完成。YOLOv5 模型的定义保存在 models 文件夹下，按照不同的规模，每个模型使用一个 yolov5*.yaml 进行定义。要训练自定义的螺丝螺母目标检测数据集，就需要创建一个模型。这里选择 yolov5s.yaml 定义的 YOLOv5s 模型。

构建一个螺丝螺母检测的自定义模型方法是：首先复制 yolov5s.yaml 文件，修改文件名为 yolov5slslm.yaml；其次，打开 yolov5slslm.yaml 文件，只需要将表示类别数的 nc 参数修改为 2 后保存退出。整个模型的定义如下：

```
# Parameters
nc: 2                                    # number of classes
depth_multiple: 0.33                     # model depth multiple
width_multiple: 0.50                     # layer channel multiple
anchors:
  - [10,13, 16,30, 33,23]                # P3/8
  - [30,61, 62,45, 59,119]               # P4/16
  - [116,90, 156,198, 373,326]           # P5/32

# YOLOv5 v6.0 backbone
backbone:
  # [from, number, module, args]
  [[-1, 1, Conv, [64, 6, 2, 2]],         # 0-P1/2
   [-1, 1, Conv, [128, 3, 2]],           # 1-P2/4
   [-1, 3, C3, [128]],
   [-1, 1, Conv, [256, 3, 2]],           # 3-P3/8
   [-1, 6, C3, [256]],
   [-1, 1, Conv, [512, 3, 2]],           # 5-P4/16
   [-1, 9, C3, [512]],
   [-1, 1, Conv, [1024, 3, 2]],          # 7-P5/32
   [-1, 3, C3, [1024]],
   [-1, 1, SPPF, [1024, 5]],             # 9
  ]
```

```
# YOLOv5 v6.0 head
head:
  [[-1, 1, Conv, [512, 1, 1]],
   [-1, 1, nn.Upsample, [None, 2, 'nearest']],
   [[-1, 6], 1, Concat, [1]],                        # cat backbone P4
   [-1, 3, C3, [512, False]],                        # 13

   [-1, 1, Conv, [256, 1, 1]],
   [-1, 1, nn.Upsample, [None, 2, 'nearest']],
   [[-1, 4], 1, Concat, [1]],                        # cat backbone P3
   [-1, 3, C3, [256, False]],                        # 17 (P3/8-small)

   [-1, 1, Conv, [256, 3, 2]],
   [[-1, 14], 1, Concat, [1]],                       # cat head P4
   [-1, 3, C3, [512, False]],                        # 20 (P4/16-medium)

   [-1, 1, Conv, [512, 3, 2]],
   [[-1, 10], 1, Concat, [1]],                       # cat head P5
   [-1, 3, C3, [1024, False]],                       # 23 (P5/32-large)
   [[17, 20, 23], 1, Detect, [nc, anchors]],         # Detect(P3, P4, P5)
  ]
```

实际上，在以上配置文件中还包含其他与模型有关的参数。例如：depth_multiple 参数定义了模型的深度系数（模型包含的层数）；width_multiple 参数定义了模型中各层通道的数量；anchors 参数定义了在三个不同尺度特征图像上的锚框，每个尺度上有三组不同形状的锚框，用于表示三个框的宽和高；backbone 参数定义了以特征提取为主的骨干网络的结构；head 参数定义了检测模型三个尺度特征的融合和检测输出方式。

通过以上模型的定义可以看出，YOLOv5 模型的定义使用了配置文件的方式，似乎与 PyTorch 不同，但在底层 YOLOv5 会解析并转化为 Pytroch 模型。如果想进一步了解模型创建，可以查看 models 目录下的 yolo.py 和 common.py 文件中的源代码，这里不再赘述。

10.4.3　模型的训练和预测

YOLOv5 对于模型的训练已经集成到项目代码中，准备好数据集和模型后，直接调用 train.py 进行训练即可。当调用 train.py 时，要设置以上定义的螺丝螺母模型和数据集，由于数据集较小，设置训练轮数为 20 轮，批大小为 4：

```
python .\train.py --cfg yolov5slslm.yaml --data lslm.yaml --epochs 20
--batch-size 4
```

执行上述命令，开始对螺丝螺母数据集进行训练。在训练过程中，终端会显示用于训练的全部参数、模型的结构、保存训练结果的目录，以及详细的训练过程。

完成 20 轮训练后，程序会将结果保存到 runs 目录下 train 文件夹中一个名为 exp*的文件夹下，每训练一次，就会自动生成一个以 exp 开头的文件夹（如果是第一次训练则结果保留在 exp1 文件夹中）。

在 exp*文件夹中会保留大量的图表用于反映模型训练的详细过程。在该文件夹中，最关键的是名为 weights 的文件夹。weights 文件夹中保存了模型最后一轮训练的权重文件 last.pt 和模型训练过程中最优的权重文件 best.pt。当需要检测图像中的螺丝和螺母时，就需要使用训练获得的权重文件。

　　训练完成后，进行测试就十分简单了，直接使用 YOLOv5 预训练模型的方法，调用 detect.py 即可：

```
python .\detect.py --weights ./runs/train/exp1/weights/best.pt --source
D:\data\lslm\test
```

　　在以上命令中，参数--weights 用于加载螺丝螺母目标检测数据集模型和权重，对位于 test 目录下的所有图像进行检测。检测结果会保存在 runs 目录下的 detect 文件夹中名为 exp* 的目录下。打开该目录就可以看到检测结果，如图 10.13 所示。

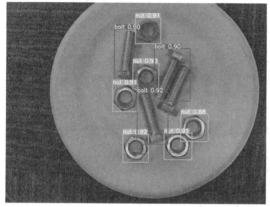

（a）测试图像 1

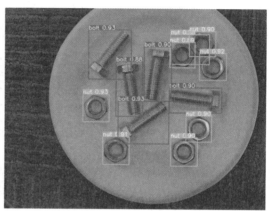

（b）测试图像 2

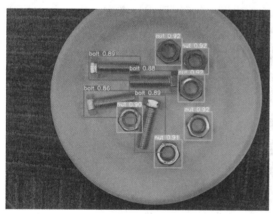

（c）测试图像 3

（d）测试图像 4

图 10.13　YOLOv5 模型的预测结果

　　图 10.13 是经过 20 轮训练，YOLOv5s 模型在螺丝螺母数据集中的测试结果，其中，（b）图、（c）图和（d）图中的螺丝和螺母均被正确地检出来，特别是在（d）图中，中间两个螺丝十分靠近也正确地检测出来了，但（a）图中相邻的两个螺丝没有被检测出来。从结果中可以看出，经过 20 轮训练，YOLOv5 模型已经能够准确地检测出螺丝和螺母。

　　以上就是使用 YOLOv5s 在螺丝螺母目标检测数据集上的训练和测试过程，YOLOv5 中的其他模型的训练只需要修改模型即可，选择更大的 YOLOv5l 或 YOLOv5x 模型，经过更多轮数的训练，有望取得更好的检测效果。

10.5　小　　结

目标检测是计算机视觉中的一个重要问题，卷积神经网络的出现在给目标检测带来了突破性的进展。本章对 PyTorch 中的目标检测进行了初步介绍。首先介绍了目标检测的关键概念，如目标检测的两阶段和单阶段、有锚框和无框等方法的区别和联系。其次介绍了 Torchvion 中预训练检测模型和 YOLOv5 预训练检测模型的使用。最后通过对一个自定义的螺丝螺母检测任务，演示了使用 Torchvion 中的 FCOS 模型和 YOLOv5 模型进行训练和预测的方法。

10.6　习　　题

1. 什么是目标检测？其与图像分类和图像分割有哪些异同点？

2. 解释在目标检测中，感受野、锚框、交并比的含义。

3. 什么是两阶段的目标检测方法？什么是单阶段的目标检测方法？分别给出这两种方法的典型目标检测网络。

4. 相较于有锚框的目标检测方法，无锚框的目标检测方法的优点是什么？

5. 安装和配置 YOLOv5 目标检测模型，并使用预训练权重进行推理。

6. 在螺丝螺母检测数据集中，训练和使用 FCOS 目标检测模型。

7. 在螺丝螺母检测数据集中，训练和使用 YOLOv5 目标检测模型。

第11章 模型部署

对图像进行分类、分割和检测，完成深度学习模型的训练和测试并不是最终目的，将模型集成到系统中，在工程和生产中进行部署并发挥价值才是最终目的。相对于模型的训练，模型的部署有其自身的要求和特点。本章将对几种常见的 PyTorch 模型部署方法进行重点介绍。

本章的要点如下：

❑ 模型部署基础知识：介绍模型部署的要求、特点及其进展，以及常见的模型部署方法。

❑ LibTorch 模型部署：介绍 PyTorch 的 C++实现，以及使用 PyTorch 官方的 C++库 LibTorch 进行模型部署。

❑ ONNX 模型部署：介绍 ONNX 的基础知识，以及将 PyTorch 模型导出为 ONNX 格式，并使用 ONNX Runtime 库进行模型部署。

❑ OpenCV DNN 模型部署：介绍 OpenCV 对深度学习模型的支持，以及如何使用 OpenCV 中的 DNN 模块进行模型部署。

❑ OpenVINO 模型部署：介绍 OpenVINO 的基础知识，以及如何使用 OpenVINO 进行模型部署。

11.1 模型部署简介

模型部署就是在使用深度学习框架构建和训练深度学习模型后，将训练好的模型集成到项目或工程中作为整个系统的一部分，以提升系统的性能。与模型的构建和训练不同，模型的部署面临以下问题：

❑ 深度学习框架多，各框架有自己的模型保存和推理方法。除了 PyTorch 外，还有 TensorFlow、Chainer、Keras、Caffee 和 PaddlePaddle 等多种深度学习框架，各个框架虽各有特点，但在模型的保存和部署上都自成体系，这就给模型在部署时带来了困难。例如，对于同一个分类模型 ResNet18，不同的框架有各自的模型存储格式，这样在部署该模型时就需要参考模型存储格式所属的框架 API，增大了部署难度。

❑ 深度学习框架通常较大，包括大量与部署无关的功能，不利于把模型部署和集成到其他工程中，模型训练完成后，如果直接使用深度学习框架把模型部署到生产环境，则会造成系统臃肿和"大材小用"的情况。

❑ 目前大部分的深度学习框架都使用 Python 作为接口语言，但在实际部署时环境是多样的，可能会是 C++、C#、Java 和 Web 等，编程语言多样。

❑ 与模型在训练时既需要进行前向传播又需要进行反向传播不同，模型在部署时通常只需要进行前向传播即可。这样在部署时，可以通过取消反射传播的功能，裁剪和减小推理库，使得模型部署更敏捷。

为了解决以上深度学习模型在部署上的问题，各大企业和开源社区持续地改进和优化模型部署方法，使得模型的部署不再是一个令人头疼的问题。一方面，各框架本身依然提供对自有模型的部署方法，以保持本框架的完整性和独立性，继续保留其自身特色；另一方面，各框架基于深度学习模型的特点，共同提出了一种交换格式 ONNX（Open Neural Network Exchange），作为各框架的中间桥梁，以期在模型的推理上进行统一，从而既方便模型部署，又不影响各框架的功能。

PyTorch 作为一种当前成熟和流行的深度学习框架之一，提供了多种模型部署方法。一种是利用 TorchScript 把 PyTorch 深度学习模型（继承自 nn.Module）转化为一种能够被 C++等高性能环境使用的中间格式。TorchScript 通过向模型中传入一个数据，追踪该数据从输入到输出的计算过程，把 PyTorch 中定义的动态图模型，转化为静态图模型，从而导出可以被 LibTorch 库加载的模型，在 C++等环境中进行高性能的部署；另一种是利用 PyTorch 提供的一个 onnx 子包，将模型导出为 ONNX 格式，从而使模型可以在任何支持 ONNX 的环境中进行部署。

ONNX 是一个由社区发起的、完全开放的 AI 生态系统，旨在打破 AI 中各自为营的情况，提升 AI 的互操作性（Interoperability）。具来说，ONNX 定义了一系列标准和一组基于标准的工具集，为 AI 模型（深度学习和传统机器学习）提供可扩展的计算图模型和开源格式，并且内置了张量数据类型和张量算子。ONNX 的开放性得到了各深度学习框架和硬件厂商的支持，有效地提升了不同框架之间的互操作性，简化了深度学习模型从研究到生产的全过程，有助于提高人工智能的创新速度和生产价值。ONNX 整个项目以开源的方式发布在 https://github.com/onnx/onnx/上。目前，ONNX 社区专注于深度学习模型推理所需要的功能，因此，非常适合深度学习模型的部署。

OpenCV 长期以来作为最经典、应用最广泛的图像处理库，也提出了用于深度学习模型部署的 DNN 模块。受益于 OpenCV 在图像处理领域的深耕，DNN 模块在无 GPU 环境中使用 CPU 进行模型的推理具有极优的性能。目前，DNN 模块支持图像分类、分割、检测、文本识别、姿态估计和深度估计等各种深度学习模型，同时也支持 Caffee、TensorFlow、DarkNet 和 ONNX 等格式模型的推理。因此，当在一个项目里需要共同使用经典的图像处理库和深度学习模型时，用 OpenCV 部署是最合适的。

OpenVINO 是 Intel 专门针对自己的处理器和其他硬件平台，对各种深度学习模型进行优化和布署的一整套方案。OpenVINO 也是以开源的方式发布在 GitHub 上，网址为 https://github.com/openvinotoolkit/openvino，其支持 TensorFlow、PyTorch、PaddlePaddle、ONNX、XNET 和 Keras 等多种深度学习框架的视觉、语音和自然语言等模型，在 CPU、IGPU、GPU、VPU 和 FPGA 等各种硬件平台上进行高性能地部署。图 11.1 为 OpenVINO 功能示意。

除此之外，还有 TensorRT 和 ROCm 等深度学习模型部署方法。随着深度学习的发展，模型在工业和生产中的使用越来越广泛，掌握模型的部署方法，能够更好地发挥深度学习的价值。下面对常用的几种模型部署方法进行简要介绍。

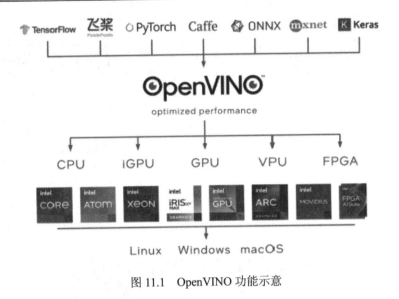

图 11.1　OpenVINO 功能示意

11.2　使用 LibTorch 进行模型部署

LibTorch 是 PyTorch 的 C++版本，PyTorch 就是 LibTorch 对 Python 语言的绑定，因此，LibTorch 十分适于将 PyTorch 模型以 C++的方式进行部署。LibTorch 实质就是一个 C++库，下载地址位于 PyTorch 的官网主页上，与 PyTorch 的下载位于同一块区域，单击下载即可。LibTorch 库下载后是一个压缩文件，将该文件解压到相应的文件夹下即可，如图 11.2 所示。

LibTorch 实质上是一个 C++库，其使用方法与其他 C++库没有区别。在 Visual Studio 中新建一个 C++任务后，将项目配置为 Release 版本，把 include 文件夹放入项目编译所包含目录下，把包含.dll 和.lib 的 lib 文件夹放入项目的库目录下，然后在链接器的"输入附加依赖"中添加所有.lib 结尾的库文件，如图 11.3 所示。最后还需要在项目属性页中将 C/C++选项的语言选项下的符合模式修改为"否"。

📁 bin
📁 cmake
📁 include
📁 lib
📁 share
📁 test
📄 build-hash
📄 build-version

图 11.2　LibTorch 的目录结构

图 11.3　配置 LibTorch

配置完成后可以在项目的主 cpp 文件中输入并编译以下代码:

```
#include <iostream>
#include <ATen/ATen.h>
int main()
{
    at::Tensor a = at::ones({ 2, 2 }, at::kInt);
    at::Tensor b = at::rand({ 2, 2 })*5;
    auto c = a + b.to(at::kInt);
    std::cout << c;
    return 0;
}
```

在上面的代码中创建了一个 2×2 值为 1 的张量 *a* 和一个范围在 0~4 的随机张量 *b*,计算 *a* 和 *b* 的和并输出。运行结果如图 11.4 所示,表明 LibTorch 库配置成功。

图 11.4　运行结果

编译后产生的可执行文件会保存在项目文件夹下名称为 x64 目录的 Release 文件夹里。此时,还需要将 LibTorch 库中 lib 文件夹下的所有.dll 文件复制到 x64 目录下的 Release 文件夹下,后面进行模型部署时会使用这些动态链接库。

配置好 LibTorch 库后,部署具体的深度学习模型主要包括 4 个步骤。

(1)把 PyTorch 训练的模型使用追踪的方式转化为 Torch Script 格式。例如,对 Torchvision 中预训练的 ResNet-18 模型的转化方法如下:

```
from torchvision import models
import torch as tc
#创建一个带有预训练的 ResNet-18 模型
res18=models.resnet18(weights=models.ResNet18_Weights.DEFAULT)
res18.eval()
#生成一个尺寸正确的伪造图像
img=tc.ones((1,3,224,224))
#得到 Torch Script 格式的模型
traced_md=tc.jit.trace(res18,img)
#测试 Torch Script 格式的模型,推断图像的分类结果
traced_md(img)[0].argmax()
```

(2)通过序列化将 Torch Script 模型保存为文件。第(1)步得到的 traced_md 对象拥有一个 save()方法,可以将 Torch Script 对象的实例保存为模型文件。

```
traced_md.save('./res18.pt')      #将模型保存到当前目录下名为 res18.pt 的文件中
```

💭注意:保存模型时,虽然设置扩展名为.pt,与使用 torch.save()函数保存的文件的后缀名相同,但是二者在本质上是不同的,具体差异请查看 torch.jit.save()和 torch.save()文档。

（3）在 C++工程中加载 Torch Script 序列化后的模型。在 C++中加载 Torch Script 模型时需要包含<torch/script.h>头文件，并使用 torch::jit::load()方法加载第（2）步以文件形式保存的 Torch Script 模型，加载后的模型是一个 torch::jit::script::Module 对象。模型加载的方法代码如下：

```cpp
#include <iostream>
#include <torch/script.h>
#include <ATen/ATen.h>
#include <memory>
int main() {
    torch::jit::script::Module module;
    try {
        //使用torch::jit::load()从 Torch Script 模型文件中加载模型
        module = torch::jit::load("C:/Users/Administrator/cvtorch/
13.deploy/res18.pt");                                 //模型的路径
    }
    catch (const c10::Error& e) {
        std::cerr << "模型加载出错! "<< std::endl;
        return -1;
    }
    std::cout << "模型加载成功! " << std::endl;
    return 0;
}
```

（4）使用模型进行预测。成功加载模型后，就可以使用 forward()方法运行模型，进行数据的推断了。由于在本例中使用了 ResNet-18 分类模型，在第（2）步进行模型序列化时确定了模型输入张量的尺寸为 $1\times3\times224\times224$，因此在推断时也需要以该尺寸的张量作为输入。对于输出，ResNet-18 模型输出尺寸为 1×1000 的张量，表示输入图像在 1000 类上的输出，通过找到最大值的索引，可以得到分类结果。具体实现代码如下：

```cpp
#include <iostream>
#include <torch/script.h>
#include <ATen/ATen.h>
#include <memory>
int main() {
    torch::jit::script::Module module;
    try {
        //使用torch::jit::load()从 Torch Script 模型文件中加载模型
        module = torch::jit::load("C:/Users/Administrator/cvtorch/
13.deploy/res18.pt");                                 //模型的路径
    }
    catch (const c10::Error& e) {
        std::cerr << "模型加载出错! " << std::endl;
        return -1;
    }
    std::cout << "模型加载成功! " << std::endl;

    //构造模型输入数据
    std::vector<torch::jit::IValue> inputs;        //创建输入对象
    //以值为 1 的张量模拟一张图像
    at::Tensor img = at::ones({1, 3, 224, 224});
    inputs.push_back(img);
    //调用模型
    at::Tensor output = module.forward(inputs).toTensor();
```

```
//得到分类结果
//输出分类结果与第 2 步相同
std::cout << "分类结果是："<<at::argmax(output[0]).item();
return 0;
}
```

在以上代码中，首先创建了一个尺寸与模型匹配的张量 img；其次，将该张量设置为模型输入对象 inputs 的参数，调用模型 module 的 forward()方法进行数据预测，把模型的输出结果转为张量后保存到 output 张量中；最后，使用最大值索引函数得到模型分类结果。

以上就是使用官方的 LibTorch 库对 PyTorch 模型在 C++环境中进行部署的简单介绍。LibTorch 仅适于对 PyTorch 框架模型的部署，不能对其他框架模型进行部署，适用范围较窄。鉴于社区和各企业的推动，ONNX 已经成为深度学习模型事实上的标准，PyTorch 也加入了对 ONNX 格式的支持，使用 ONNX 进行 PyTorch 模型部署是一种更好的选择。

11.3　使用 ONNX 进行模型部署

ONNX 不仅定义了一种机器学习模型的开放格式，而且提供了该格式模型的 API 和工具库。这就使得当前各种深度学习框架按照 ONNX 规范即可将自己的模型转化为 ONNX 格式，从而使用 ONNX 提供的 API 统一部署的模型，非常有利于深度学习模型的落地。目前许多深度学习框架都支持将自己的模型转化为 ONNX 格式，PyTorch 也通过 onnx 子包实现了模型格式的转换。

对于 ONNX 格式的深度学习模型的部署，ONNX 提供了专门用于模型推理的 ONNX Runtime 环境，其官网是 https://onnxruntime.ai/。ONNX Runtime 环境支持 Python、C++、C#、Java 和 JavaScript 等多种语言，适配 Windows、Linux、macOS 和 Android 等多种平台，只需要掌握一套 API，几乎就能适配所有应用场景，极大便利了模型的跨平台部署。下面以 ONNX Runtime 的 Python 环境为例，介绍 PyTorch 模型的部署方法。

PyTorch 提供了一个 onnx 子包，用于将 PyTorch 模型导出为 onnx 格式。导出原理与 Torch Script 几乎相同，都是通过追踪输入数据来确定模型的运行流程，把该流程以特定的格式记录到 ONNX 定义的模型文件中。在 onnx 子包中，export()函数负责把 PyTorch 模型转化为 ONNX 格式的模型。在调用该函数时必须设置 3 个参数，此外还可以设置数个可选的参数：

```
torch.onnx.export(model, args, f, export_params=True, verbose=False,
training=<TrainingMode.EVAL: 0>, input_names=None, output_names=None,
operator_export_type=<OperatorExportTypes.ONNX: 0>, opset_version=None,
do_constant_folding=True, dynamic_axes=None, keep_initializers_as_inputs
=None, custom_opsets=None, export_modules_as_functions=False)
```

其中，model 参数为要导出的 PyTorch 模型，可以是 nn.Module、torch.jit.ScriptModule 和 torch.jit.ScriptFunction 类型之一；args 参数为输入模型的数据，可以是张量类型，表示模型只有一个输入数据，也可以是包含多个张量的元组类型，表示模型有多个输入数据；f 参数为导出模型的路径，设置时一般以.onnx 作为导出模型的后缀；export_params 参数表示导出的模型是否包含权重，对于完成训练的网络，包含权重的话可直接用于推理，默认值是 True，表示导出权重；verbose 参数表示是否在导出时在终端时显示相关信息，默认不输出；training 参数表示模型是否以训练方式导出，默认以评估方式导出；input_names 和 output_names 用于给模型的输入和输出设置名称，以增加模型的可读性。其他可选参数一般无须设置，这里不再赘述，使用默认参数即可。

使用 export()函数把 PyTorch 模型导出为 ONNX 格式的模型。

```
from torchvision import models
import torch as tc
#创建一个模型
res18=models.resnet18(weights=models.ResNet18_Weights.DEFAULT)
res18.eval()
#生成一个正确尺寸的伪造图像
img=tc.ones((1,3,224,224))
tc.onnx.export(res18, img, "res18.onnx", input_names=['img'], output_
names=['out'])
```

以上代码将 PyTorch 定义的 ResNet-18 模型导出名称为 res18.onnx 的 ONNX 格式的模型文件，然后就可以使用 ONNX Runtime 进行模型部署了。

在部署之前，需要安装 Python 版本的 ONNX Runtime 库：

```
pip install onnxruntime                    #安装支持 CPU
pip install onnxruntime-gpu                #安装支持 GPU
```

安装完 ONNX Runtime 库后，就可以使用 InferenceSession()方法加载 ONNX 模型，得到用于模型推断的会话，调用会话的 run()方法进行输入数据的计算并获得模型的输出。对于输入数据，不能直接使用 NumPy 数组，需要使用 OrtValue.ortvalue_from_numpy()函数将 NumPy 数组进行格式转化。此外，当调用 run()方法时，输入和输出数据的名称要与模型导出时设置的名称一致。在下面的代码中利用 ONNX Runtime 库对 ResNet-18 模型进行预测：

```
import onnxruntime
import numpy as np
#导入 ONNX 格式的 ResNet-18 模型
session=onnxruntime.InferenceSession('./res18.onnx')
#创建并转换数据
img=np.ones((1,3,224,224)).astype(np.float32)
ortimg = onnxruntime.OrtValue.ortvalue_from_numpy(img)
#使用模型对输入数据进行预测并获得预测结果
results = session.run(["out"], {"img": ortimg})
#得到模型运行结果
results[0][0].argmax()
```

注意：对于其他编程语言环境下的 ONNX Runtime 库的使用方法及 ONNX Runtime 库的更高级的用法，可参考其官网文档，网址为 https://onnxruntime.ai/docs/。

11.4　使用 OpenCV 进行模型部署

OpenCV 长期以来作为图像处理的"瑞士军刀"，在经典图像处理上取得了极大的成功。近年来，随着深度学习在图像处理中对经典图像处理方法的绝对占优，OpenCV 也在积极转变，开发出了 dnn 子包用于支持对深度学习模型的部署。借助 OpenCV 优良的跨平台特性，深度学习模型可以很容易地部署在大型机和物联网的边缘计算模块中。在 dnn 子包中，神经网络被表示为有向无环图，神经网络中的层作为节点，各层间的输入/输出关系作为边，神经网络中的每个层都有自己独一无二的编号和名称。

OpenCV 目前提供了对 Caffe、TensorFlow、Torch 和 Darknet 等框架模型的支持，能够直接读取以上框架导出的模型并直接使用。同时，OpenCV 还对 ONNX 格式的模型提供了支持。对于 PyTroch 模型，OpenCV 并没有为其提供单独的模型加载接口，可以将 PyTorch 模型导出为 ONNX 格式，按照 ONNX 模型的导入方法部署。

下面使用 OpenCV 的 Python 接口，对 PyTorch 模型的部署方法进行简要介绍。在将 PyTorch 模型导出为 ONNX 格式后，使用 dnn 下的 readNetFromONNX()函数即可加载模型。模型加载完成后，使用模型的 setInput()方法设置模型的输入数据，再使用 forward()方法进行预测，得到模型的输出结果。使用 OpenCV 部署深度学习模型的实现代码如下：

```python
#导入 OpenCV 和 NumPy
import cv2
import numpy as np
#使用 readNetFromONNX 加载已经转换为 ONNX 格式的 ResNet-18 模型
res18=cv2.dnn.readNetFromONNX('res18.onnx')
#生成一个 OpenCV 格式的图像，并使用 blobFromImage()方法将其转换为模型接受的数据类型
img=np.ones((224,224,3)).astype(np.float32)
img=cv2.dnn.blobFromImage(img)
#设置模型的输入数据
res18.setInput(img)
#利用模型对输入的数据进行预测
pred=res18.forward()
#得到分类结果
pred[0].argmax()
```

从以上代码中可以看出，使用 OpenCV 部署转化为 ONNX 格式的 PyTorch 模型十分方便，并且很容易与 OpenCV 提供的其他图像处理方法联合使用，从而更方便地进行项目集成和工程部署。

注意：OpenCV 支持多种语言和各种硬件，但使用的是同一套 API，因此使用其他语言进行部署与上述方法并无太大差异。安装 Python 版的 OpenCV 的命令是 pip install opencv-python。

11.5　使用 OpenVINO 进行模型部署

OpenVINO 是由 Intel 开发并维护的一套深度学习模型推理工具集，秉承了高性能、易开发、一次定义处处部署的理念。特别是，Intel 从硬件底层对模型进行优化，从而提升了模型推理的效率。

OpenVINO 提供了 Windows、macOS 和 Linux 等平台上的工具集，针对模型部署提供了 OpenVINO 运行时环境。OpenVINO 运行时定义了深度学习的相关运算，支持 Python 和 C++两种语言。

下面介绍使用 OpenVINO 运行时的 Python 接口进行 PyTorch 模型的部署。OpenVINO

的安装使用 pip 命令即可：

```
pip install openvino==2022.3.0
```

检查 OpenVINO 安装是否完成，可以在 Python 中运行以下代码：

```
import openvino.runtime as ov
print(ov.get_version())                          #显示版本
#输出:
'2022.3.0-9052-9752fafe8eb-releases/2022/3'
```

看到上述输出后，即表示 OpenVINO 运行时环境安装成功。

OpenVINO 将深度神经网络抽象为有向图模型，数据从网络输入，推断结果从网络输出，并基于上述模型定义了一种 IR（Intermediate Representation）格式用于保存深度神经网络学习模型。IR 格式由两个文件组成：一个是 XML 文件，其中记录了神经网络各层的配置及各层间的连接关系；另一个是 bin 二进制文件，用于保存模型的权重。

对于 PyTorch 模型的部署，OpenVINO 通过对 ONNX 格式的支持，从而对导出为 ONNX 格式的 PyTorch 模型进行间接支持。OpenVINO 对 ONNX 格式的模型提供了方便的接口，在 Python 环境中与 NumPy 库中的数组相配合，极大降低了 PyTorch 模型部署的难度。下面的例子是使用 OpenVINO 对转换为 ONNX 格式的 PyTorch 模型进行部署，代码如下：

```
import openvino.runtime as ov
import numpy as np
#加载保存为 ONNX 格式的 PyTorch 模型
resnet18=ov.compile_model('res18.onnx')
#模拟待检测的输入图像
img=np.ones((1,3,224,224)).astype(np.float32)
#得到模型的输出
output=resnet18.output(0)
#利用模型对输入图像进行预测
pred=resnet18(img)[output]
#根据模型的推断得到分类结果
pred[0].argmax()
```

在上面的代码中，使用 OpenVINO 的 compile_model() 函数加载 ONNX 格式的 ResNet-18 分类模型；对于输入数据，OpenVINO 可以直接接受 NumPy 数组表示的图像，便于利用其他图像处理库进行图像预处理；为了得到模型运行后的特定输出结果，需要先行指定获取的输出结果的索引，由于 ResNet-18 模型只输出一个分类结果，所以，只需要在获取模型输出结果时指定获取第 0 号输出即可。在利用模型进行预测时，只需要传入待预测图像的 NumPy 数组，然后从返回的字典类型的结果中取出图像的分类结果，最后根据分类结果得到具体的类别编号。

以上介绍了使用 OpenVINO 部署 PyTorch 模型的方法，对于 OpenVINO 更复杂的用法，可以参考文档中心，网址为 https://docs.openvino.ai/latest/home.html。

11.6　小　　结

由于深度学习模型在图像处理上已经接近或达到了人的视觉能力，具备了落地应用的条件。模型的部署对于深度学习的应用和实践越来越重要，相关的社区和厂商已经开始进行布局并推出了各种部署方法。本章对当前 PyTorch 模型部署的几种主流方法进行了简单介绍。LibTorch 是 PyTorch 原生支持的部署方法，支持对所有 PyTorch 模型进行 C++部署；ONNX 作为一种开放的深度学习模型的中间格式，得到了各个主流的深度学习框架的支持，已经成为事实上的深度学习模型的标准格式，对于模型的跨平台部署具有重要且积极的意义；OpenCV 作为老牌的图像处理工具，积极适应深度学习图像处理方法的"变革"，给出了相应的深度学习模型部署方案，在经典图像处理和深度学习相结合的图像综合应用上具有优势；OpenVINO 是 Intel 提出的推理框架，其对在 Intel 的硬件上部署深度学习模型进行了优化，在特定场景下是最优的部署方式。模型的部署方法目前仍在快速发展中，随着对深度学习模型结构的加深认识，模型的部署方法也会向更高效、更易用的方向发展。

11.7　习　　题

1. 为什么要进行模型部署？与模型训练有什么差异？
2. PyTorch 模型有哪些部署方法？
3. ONNX Runtime 是什么？其主要功能有哪些？
4. 说明 OpenCV DNN 模块的功能，如何使用 OpenCV DNN 模块进行 PyTorch 模型部署？
5. OpenVINO 是什么？其主要功能有哪些？适用于哪些场景？